普通高等教育艺术设计类专业系列教材

U0740367

葛露 常涛 主编

环境设计
专题设计

化学工业出版社

·北京·

内容简介

　　本书依据专业知识的学习规律，以设计实践流程为主线，通过环境设计专题设计概述章节（第一章），使学习者了解专题设计的基本原理及方法；通过专题设计前期——项目选题与调研章节（第二章），使学习者掌握选题与调研的方法；通过项目设计、专题设计中期（一）、专题设计中期（二）、专题设计中期（三）四个章节（第三章至第六章），从宏观到微观、从整体到细节全面讲授环境设计专题设计的步骤、方法及室内外空间的要素设计；通过专题设计后期章节（第七章），使学习者掌握设计方案表现的相关知识、方法及操作步骤；通过专题资料参考，为学习者提供不同专题设计类型的参考资料，使学习者在实践的过程中能够抓住关键要素，提高设计的质量与效率。

　　本书兼具理论性与实践性，既注重知识的讲授，又强调具体的操作步骤，可作为普通高校环境设计类专业相关课程的教学用书，也可作为环境设计工作者和爱好者进行自我提升的阅读材料。

图书在版编目（CIP）数据

环境设计专题设计 / 葛露，常涛主编． -- 北京：化学工业出版社，2025.8. -- （普通高等教育艺术设计类专业系列教材）． -- ISBN 978-7-122-48626-4

Ⅰ．TU-856

中国国家版本馆CIP数据核字第2025G51S94号

责任编辑：李彦玲　　　　　　　文字编辑：任欣宇
责任校对：刘曦阳　　　　　　　装帧设计：梧桐影

出版发行：化学工业出版社
　　　　　（北京市东城区青年湖南街13号　邮政编码100011）
印　　装：河北京平诚乾印刷有限公司
787mm×1092mm　1/16　印张16　字数309千字
2025年10月北京第1版第1次印刷

购书咨询：010-64518888　　　　售后服务：010-64518899
网　　址：http://www.cip.com.cn
凡购买本书，如有缺损质量问题，本社销售中心负责调换。

定　　价：69.80元　　　　　　　版权所有　违者必究

前言

在人类文明的长河中，环境设计始终扮演着塑造空间、影响行为、传递文化的重要角色。从远古先民穴居的洞窟壁画，到现代都市中鳞次栉比的摩天大楼，环境设计始终与人类社会发展紧密相连，并不断回应着人们对美好生活的向往。环境设计是一个跨学科的领域，融合了建筑学、城市规划学、环境心理学、设计美学、社会学、环境生态学等多个学科的知识，它不仅关注空间的美学，还强调功能性和可持续性。

环境设计不仅关注物质需求，还注重精神内涵，对社会、经济、文化和生态发展具有深远的积极影响。其意义在于通过科学化、艺术化和最优化的设计，创造出既满足功能需求又具有审美价值和文化内涵的空间。优秀的环境设计能够提升生活质量，营造舒适健康的空间，改善心理健康；促进社会和谐，增强社区凝聚力和文化认同感；推动经济发展，提升商业价值和城市吸引力；传承和弘扬文化，保护历史遗产；促进生态可持续性，推动环境保护和资源节约；提升空间效率，优化空间利用；塑造城市形象，增强城市品牌和艺术氛围。

"环境设计专题设计"作为一门设计类本科专业课程，旨在引导学生深入理解环境设计的本质与内涵，掌握环境设计的基本理论与方法，并能够运用所学知识解决实际问题，创造出功能合理、美观舒适、富有文化内涵的人居环境。本书包含环境设计专题设计概述、专题设计前期——项目选题与调研、项目设计、专题设计中期（一）——项目方案总体设计、专题设计中期（二）——室外空间要素设计、专题设计中期（三）——室内空间要素设计、专题设计后期——项目方案展示、专题资料参考等内容，围绕着项目设计的方法与步骤进行知识的讲授，以便在设计的过程中能够将理论知识灵活应用。

本书不仅注重培养学习者的专业技能，还强调创新思维与审美能力的提升，鼓励学习者在理解环境设计基本原则的同时，勇于探索新的设计理念和技术手段，以适应不断变化的社会需求和环境挑战。通过学习，学习者将能够独立完成从项目策划到实施的全过程，包括理解用户需求、进行场地分析、制定设计方案、选择适宜的材料与技术，以及有效地展示设计成果。本书提供的丰富的专题资料参考，有助于拓宽学习者的视野，激发创作灵感，为未来的职业生涯打下坚实的基础。

本书中设置了"文化小课堂"栏目,将课程思政的理念融会于环境专题设计的教学过程中;同时设置了"AI技术拓展应用"栏目,帮助学习者建立起新时代专业学习的思维意识,以迎接人工智能应用时代的新要求。

本书由郑州航空工业管理学院葛露、常涛担任主编,河南财政金融学院褚振伟、河南师范大学马蒙超参编。编写分工如下:第一章至第四章、第七章、第八章由葛露、常涛共同编写;第五章由褚振伟编写;第六章由马蒙超编写。

由于编者学识和水平有限,书中如存在不妥之处,敬请读者和专家批评指正。

编者

2025年5月

目录

第四章　专题设计中期（一）——项目方案总体设计

第五章　专题设计中期（二）——室外空间要素设计

第六章　专题设计中期（三）——室内空间要素设计

第七章　专题设计后期——项目方案展示

第一章

环境设计专题设计概述

知识目标

1. 了解环境设计专题设计的课程的概念：什么是环境设计专题设计，课程的目标，课程的特点及课程中所涉及的相关名词解释。

2. 了解课程所依托的前期知识与技能基础：理解相关的专业知识、专业能力和其他相关领域的知识在环境设计专题设计中的作用和关系。

3. 掌握环境设计专题设计的准备工作及设计的过程步骤：了解设计的基本方法，对整个课程的操作过程有宏观的认识。

技能目标

1. 专业技能综合应用能力：通过分析课程的知识能力构成，能够将相关知识关联起来并应用于专题设计的实践过程中。

2. 课程学习与实践准备能力：能够从理解课程任务目标的角度进行课前的学习准备，并根据课程的步骤进行针对性准备工作。

素养目标

1. 培养自我价值的实现意识：通过学习能够理解专题设计与社会建设之间的关系，并思考如何通过专题设计进行社会服务，为社会建设提供帮助。

2. 培养社会生活洞察力：通过对课程所需要的多方面知识的分析，能够带动主动观察社会的专业习惯培养，对社会生活中的相关问题具有敏锐的洞察力。

第一节　相关概念

一、课程说明

专题设计是指针对特定的主题或问题进行系统性的设计规划和实施，是为了解决某一问题或者为了达到某一目标而进行的设计，具有目的性。环境设计专题设计是以完成具体项目命题为目标，综合运用专业知识与技能，从而实现设计目标并展示设计成果的专业课程。环境设计专题设计常作为实验实践性质的课程设置于本科及硕士研究生学习阶段的中后期，是检验专业知识的掌握与专业技能应用的重要课程，具有以下特点。

1. 综合性

环境设计专题设计的目标是解决问题，在此过程中需要综合专业相关的各个理论知识与技能，而非某一独立的理论范围，以建筑室内外一体化设计为例，该设计需要综合运用景观设计、建筑设计、室内设计相关理论，同时，每一个体系下都有极为系统的知识点，如室外部分需要运用规划、绿化、铺装、设施等相关设计理论，室内部分需要运用空间设计、材料、灯光、陈设、软装、施工等相关理论知识。

在设计过程中，根据不同阶段的任务目标，需要不同的辅助技能支撑，如在设计初期阶段需要考察与调研等数据收集的能力，中期需要专业领域各个技能，后期需要建模、制图、展示等相关技能。

环境设计专题设计的综合性较强，因此需要以大量的专业知识与技能积累为前提（图1-1）。

2. 实践性

环境设计专题设计的过程中每一个步骤都建立在上一个步骤的基础之上，环环相扣，各个步骤紧密相连，前期的成果直接影响中期的设计，中期的设计又会影响后期的表现，每一个步骤都是实践的过程。例如前期调研环节需要实地考察；中期的方案设计需要对比分析；后期表现需要电脑模型建模制图或实物模型制作。

在前期调研阶段，深入实地去考察场地状况、周边环境、人文氛围等要素是必不可少的，唯有如此才能获取到一手且翔实的资料，为后续设计奠定基础。

进入到中期的方案设计环节，通过对诸多案例进行细致的对比分析，剖析其设计思路、功能布局、材料运用等方面的优劣，从而汲取精华并融入自己的设计当中，塑造出独具特色的方案构思。

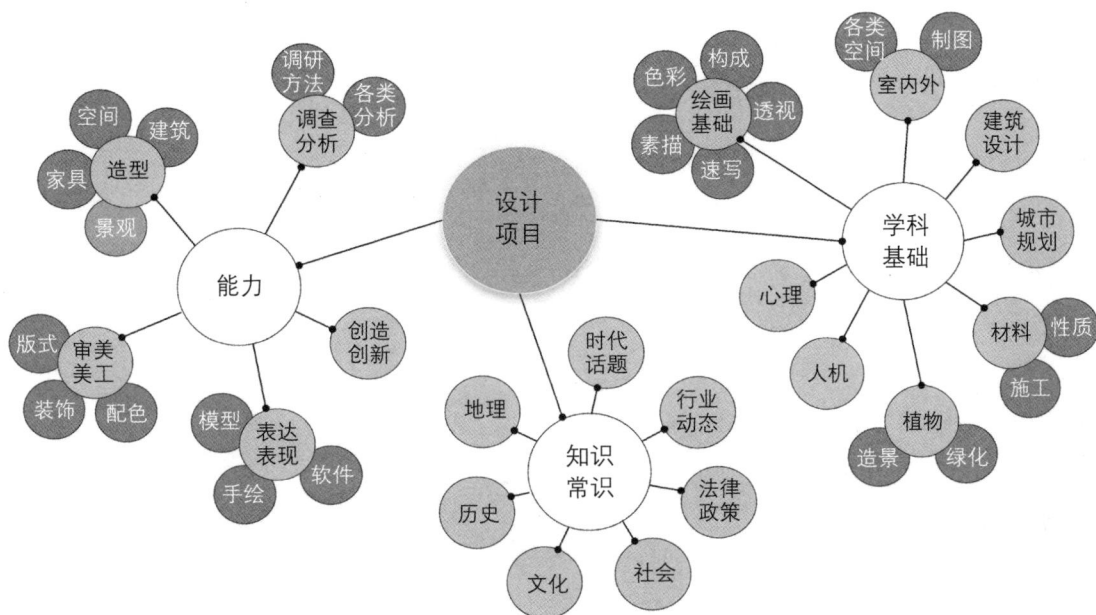

图1-1　项目设计需要掌握的主要知识与技能

　　而到了后期表现阶段，无论是借助电脑软件进行精准的模型建模与制图，还是亲手打造实物模型，都需要设计师以极高的专注度和精湛的技艺来呈现。这要求设计师能够精准把控每个细节，将前期积累以及中期构思完美地通过这些方式展现出来，让设计理念得以完整且生动地传达给受众。

3. 应用性

　　环境设计专题设计的选题多以实际问题为依据，是经过调查研判与分析而得出的。通常情况下，选题来自社会实际的项目或特定课题，即使是虚拟命题，也是基于从现实社会中发现问题这一根本思路而形成的课题（图1-2）。以问题为导向设计出的方案，无论是设计理念、设计思路还是设计成果，都体现出解决实际问题的方法。这种设计方式不仅锻炼了学生的实践能力，还培养了其解决问题的思维方式。学生在面对实际问题时，需要综合考虑场地条件、文化背景、功能需求等多方面因素，不断地探索与尝试，找到最优化的设计方案。这样的过程，可以让学习者在实践中学习，在学习中实践，形成良性循环，不断提升其专业素养和综合能力。此外，环境设计专题设计的应用性还体现在其成果的转化上。许多优秀的设计作品不仅获得了学术界的认可，还被广泛应用于实际项目中，为社会带来了积极的影响和效益。这进一步证明了环境设计专题设计的应用价值，也为学习者未来的职业发展奠定了坚实的基础。因此，环境设计专题设计具有广泛的应用性。

图1-2　环境设计中的问题

二、名词解释

为方便理解和学习，现将本书中出现的相关名词进行概念的解释，由于同一名词的解读在不同领域、不同方向有所不同，因此本节名词解释内容仅针对本书，专业领域内可作为参考。

1. 环境设计

本书中"环境设计"指普通高等学校本科专业——环境设计专业所包含的对城市、乡村、建筑、自然景观等室内外空间与环境的设计、改造实践。

2. 专题

本书中的"专题"指通过环境设计解决的某一特定问题或某一类问题的设计实践。如"乡村公共活动空间设计""城市公共空间设计""博物馆设计""餐厅设计""旧厂房改造设计""生态公园景观设计"等。"环境设计专题设计"在本书中简称"专题设计"。

3. 命题

本书中的"命题"指对某一具体问题的研究内容的概括与描述，与文中"选题"的概念相同。如"乡村振兴背景下城中村空间改造设计——以洛阳市涧西区唐村为例""河南省周口市郸城县书法文化主题展厅设计"。

4. 项目

本书中"项目"指针对某一环境设计命题所进行的完整设计内容，同时也是问题的解决形式与方法的载体。任何一个命题都是通过具体的项目来达到解决问题的目的，同时某些项目具有代表性，能够代表解决某专题的思路。

5. 学科竞赛

本书中"学科竞赛"特指环境设计领域及相关专业竞赛，通常由举办方发布周期性的各类赛事，面向各层次学生及社会相关人群，并设置不同级别的奖项，如国家级一、二、三等奖，省级一、二、三等奖，优秀奖等。环境设计专业学科竞赛除室内外设计以外，通常也包含城市设计、建筑设计规划设计及一些概念设计范畴。

第二节　设计要求

一、知识构成

完成一个环境设计项目需要按照一定的步骤，并在每个阶段运用不同的方法。因此，在整个专题设计过程中，设计师需要具备丰富的专业知识与技能，根据专题设计的内容，可将所需知识与技能概括如下。

1. 专业能力

（1）调查分析能力

在项目设计的前期需要对项目背景、基地条件及周边环境等因素进行综合调研，并分析其中的影响因素。因此，设计师需要具备较为全面的调查分析能力，能够在有限的条件下最大化获取准确信息，为后续设计提供依据。

（2）造型能力

项目设计最终是通过造型来体现理念，成功的项目设计需要具备美观的造型感，如果没有优秀的形象，那么再好的设计理念也会显得黯然失色，因此，设计师需要具备优秀的造型能力。在环境设计中，造型按照不同的要素可以分为空间造型、景观造型、建筑造型、家具与陈设造型等（图1-3）。

图1-3 建筑造型/郑州航空工业管理学院 余鑫

（3）审美与美工能力

审美能力指审美活动中个体对审美对象的形象的感知力和理解力。设计师需要具备对环境设计中各个要素的审美能力。在项目设计过程中，良好的审美能够促使设计师对空间进行从整体到局部的形象把控。美工是在审美的基础上对设计内容进行实质性的加工与装饰，旨在增加设计的造型与色彩等方面的美感。美工不仅体现在项目设计阶段，也体现在后期的展示阶段，如项目的图纸、说明书、展板、图册等。

（4）表达表现能力

表达表现能力体现在专题设计过程的各个环节，在初期需要手绘概念图、草图等图纸；中期需要通过软件来对项目的整体或局部进行平面图、立面图、剖面图等图纸绘制；后期需要将设计成果总结为效果图、说明书或展板等。因此、设计师需要具备全面的表达表现能力，包括手绘能力、电脑软件应用能力、实体模型制作能力、展板制作能力等（图1-4）。

（5）创新能力

创新作为设计师最基本的素质要求，是一个设计的灵魂所在，是决定设计成功与否的重要标准。创新能力的提升建立在理论知识的学习、大量的实践与思考基础之上。创新能力是从事设计领域的必备素质。

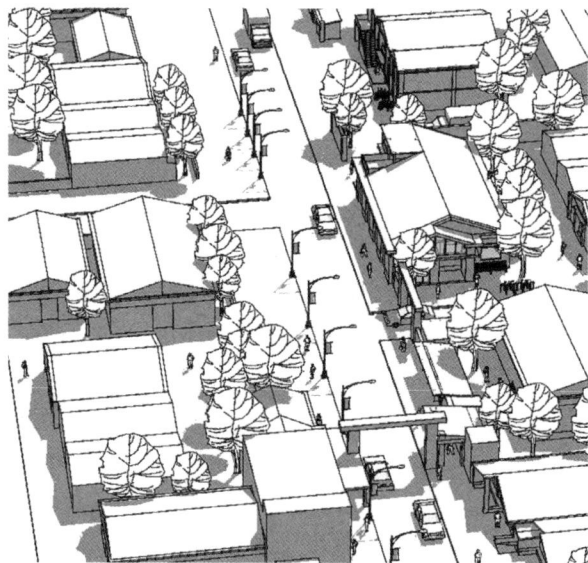

图1-4 手绘风格的电脑模型表现/
郑州航空工业管理学院 李亚鑫

2. 专业知识

（1）绘画基础

绘画基础是设计草图绘制的必要前提，同时也是设计师对造型把握的先决条件，扎实的绘画基础能够保证设计师有效地将概念与想法表现出来。除此之外，绘画基础还能够培养设计师的审美能力和空间感知能力。通过绘画训练，设计师能够更敏锐地捕捉形态、色彩和光影的变化，从而在设计中更好地运用这些元素。绘画基础的学习不仅限于传统的素描和色彩，还包括对材质、光影和透视等方面的理解和运用（图1-5）。这些技能在设计过程中至关重要，能够帮助设计师更准确地表达设计理念，创造出更具吸引力和实用性的设计方案。

图1-5 景观手绘

（2）室内外理论知识

室内与室外设计的专业知识是环境设计最主要的内容，也是环境设计专业核心的知识构成，需要设计师不断学习、完善与更新。

室内设计涵盖了空间规划、色彩搭配、材料选择、照明设计、家具布置等多个方面。设计师需要了解不同空间的功能需求，以及如何通过设计来提升空间的舒适度和美观度。此外，关于室内环境的物理性能，如声学、热学、光学等方面的知识，设计师也应熟练掌握。

室外设计则更多地关注于城市规划、景观设计、绿化配置以及公共设施的规划与设计。设计师需要具备对自然环境的敏感度，以及如何将自然环境与人工环境相融合的能力。同时，对于室外空间的交通流线、活动区域、观赏点的规划，也是室外设计师需要重点考虑的内容。

随着时代的发展，新的设计理念、材料和技术不断涌现，室内与室外设计的专业知识也在不断更新和扩展。因此，作为环境设计专业的学生或从业者，需要不断学习新的知识和技能，以适应不断变化的市场需求。

（3）建筑设计

建筑是环境设计中的重要内容，建筑物通常会成为室外景观设计中的节点，同时也是室内设计的空间界限，具有极强的主体性。在本科环境设计专业中需要大量建筑相关的知识支撑，例如空间布局、结构选型、材料运用、风格定位等多个方面。

（4）材料与施工

在环境设计过程中，设计师虽然不直接参与项目的施工，但项目中所应用的材料属于设计范畴，材料的选择与应用会直接影响到项目中的质感、色彩、风格等视觉效果，同样影响到项目工程进展，如结构、造价、施工等方面。因此，设计师需在设计过程中将材料选用与施工考虑到位，并通过图纸明确表示出来。

（5）植物设计

在室外项目中，绿化均占有一定的面积比例，无论是公园、广场、居住区，绿化的要求都非常细致。一些大型的公园往往包含庞大的自然景观成分，即使是室内空间，也需要通过放置植物来营造环境和改善空气质量。由于植物不同的生长环境、习性、形态及色彩，植物设计早已成为环境设计中的重要环节，并形成一门系统的理论。

（6）人机工程

环境设计以人的活动为首要因素，任何情况下人都是主体，一个项目设计的始终都需要围绕着"如何服务于人"这一核心要求进行，从整体的布局、空间划分到局部细节，都需要考虑是否适合人的身体与心理尺度。人机工程是设计师必备的知识储备。

（7）心理学

环境设计不仅需要满足人的活动需求，还需要兼顾人的心理需求，设计的过程中应时刻考虑心理方面的因素，对心理学的了解有助于设计师更加全面地把握人的行为习惯，活动方式与精神需求，使设计最大限度服务于人。

3. 其他知识

（1）地理环境

项目设计的初期需要对项目进行基础调研，项目所在地的地形、气候、植被等情况会直接影响设计定位、设计内容、材料与施工等各个方面，设计师应能够对地理环境进行最基本的分析，确保设计理念不会与地理条件相违背。

（2）历史文化

任何一个项目所在地都会有一定的历史背景，尤其是在我国，每个省、市、县，甚至是一个小村落，都有可能蕴藏着悠久的历史和独特的文化，历史文化一方面会影响设计的主题定位，另一方面也会为设计的概念提供元素。设计师应具备调研当地历史文化的能力，能够将关键元素提取出来，以便准确地应用于设计中（图1-6）。

环境设计中的文化自信与本土文化传承

文化自信是指对自身文化价值的认同和信心。在环境设计中，文化自信可以通过以下方式体现。

1. 尊重本土文化：设计师应深入挖掘本土文化元素，将其融入设计中，而不是盲目追随国际潮流或西方风格。

2. 创新表达：在传承传统文化的基础上，结合现代设计手法和技术，创造出既有文化底蕴又符合当代审美的设计。

3. 文化符号的运用：通过建筑、景观、室内设计等载体，展现本土文化的独特符号，如传统图案、色彩、材料等。

本土文化传承是环境设计的核心之一，它能够通过设计展现地方特色，让人们感受到归属感和文化认同；将传统文化元素融入现代环境设计，有助于保护和传承濒危的文化遗产；在全球化的背景下，本土文化的传承能够丰富世界文化的多样性，避免文化同质化。

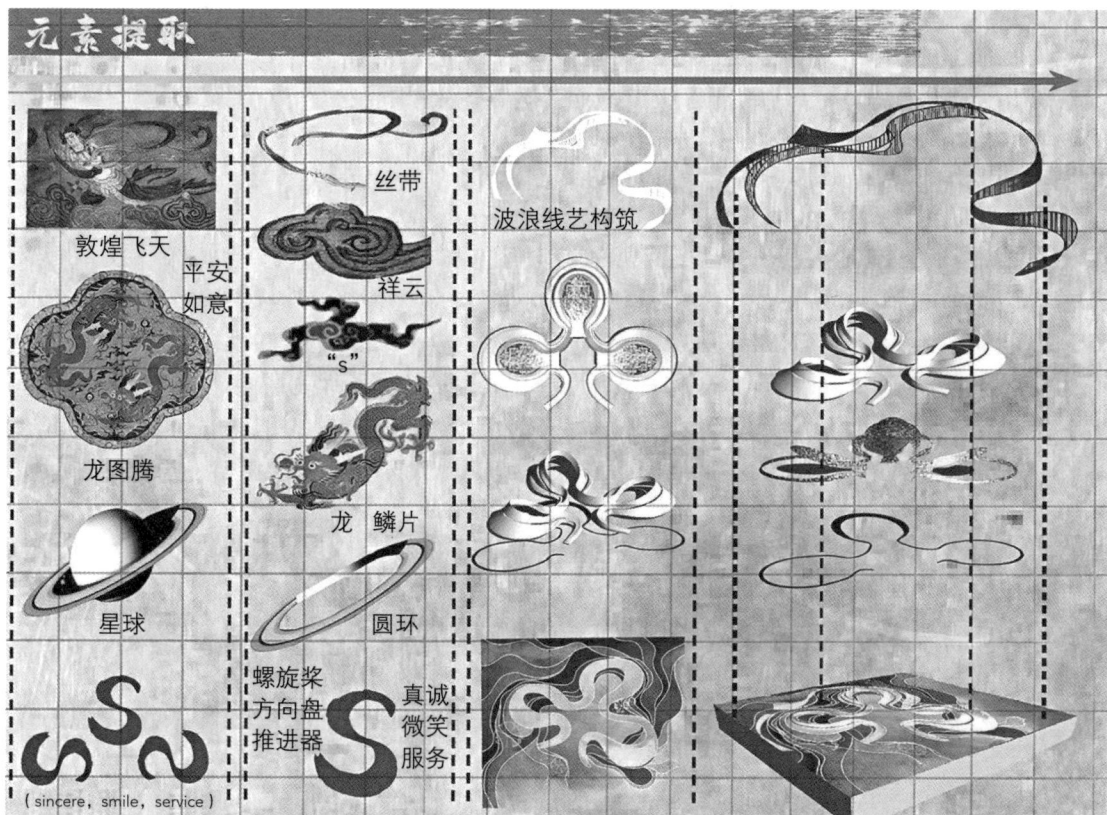

图1-6　文化元素在景观造型设计过程中的应用/郑州航空工业管理学院　李滢琛

（3）人群活动

环境设计需要以人为中心，人类的群体性与社会行为决定了人群的活动方式，在不同的场合、不同的环境中，人群的活动方式会有所不同，因此在项目设计的初期需要对目标人群进行全面的分析，通常称为人群分析。人的活动方式是一个项目空间布局、功能分区和交通流线设计的重要依据。

（4）法律与政策

环境设计中的项目基本上都是实际存在的，即使是学科竞赛选题，也需要以实际的项目作为选题进行设计，而项目的建设自然要遵守国家相关法律与政策的要求，因此，设计师需要了解相应的法律、政策、制度、规范等要求，确保设计的项目符合国家规定。

（5）行业动态与时代话题

环境设计随着社会的发展在不断地变化，新理念、新技术、新材料的出现会使环境设计具有新的时代特征，很多专业理论会随着时代变化而发生改变，设计实践也会产生新的方法与手段，设计师需要时刻关注社会发展变化，关注时代话题，更新知识储备，掌握新的技术，具备为当下社会服务的能力。

环境设计领域内包含了诸多内容，每一方面都是一套细致的知识体系，本节所列的各项内容仅仅从较为宏观的角度去分析，而一个项目的细节之多，并非简单几个知识体系能够概括的，设计师需要广泛学习相关的理论，最大限度地拓宽知识面，做好与时俱进，紧跟行业动态，消化新知识，应用新技能的准备。

二、工作准备

1. 前期工作准备

环境设计专题设计的前期工作主要包括选题、调研与初步概念的形成。准备工作需要结合每个阶段的任务目标，根据需要进行准备。

（1）选题准备工作

对于已经给定的命题，需要对其进行全面的研究与评判，分析命题的必要性和可行性，如对某小区中心广场进行改造，首先需要分析当前区域是否存在必须通过改造去解决的问题，同时考虑当下的条件能否实现改造。尤其是一些实际项目，往往都会有较多的限制，例如资金预算等。对于自拟命题而言，发挥空间较大，选题范围限制较少，在必要性与可行性的基础上可以优先选择有发挥空间的命题。通常专业学科竞赛都会设置自由命题的赛道，而此类赛道在评判的过程中较为强调创意与效果。

（2）调研准备工作

首先要对选题有宏观上的认识，即明确选题的设计目标，调研始终围绕着该目标进行，因此要做好实地考察的准备，并有计划地实施，从而获取一手资料。同时，利用互联网，查阅书籍文献等多种方式最大限度获取需要的信息。

（3）初步概念设计准备工作

在形成初步概念之前，要对项目的基地有明确的了解，确定设计的范围，对当前基地的各方面现状及已有数据进行整理，确保概念的形成与基地环境及各种条件相适应，综合考虑制约性条件和有利条件，避免产生不必要的冲突。

2. 中期工作准备

中期工作主要指项目的方案设计阶段，这一阶段设计的表现主要通过电脑软件来完成，如CAD、3dmax等主流设计软件及一些具有针对性功能的设计软件，如专门用于模型渲染的Vray。另外，随着网络技术的发展，市场上也逐渐出现基于云技术的应用程序，如酷家乐等，软件技术的发展为设计带来了极大的便利，无论是流程化还是专业化程度都得到了提升，同时也为设计师提出了新的要求，掌握相关的软件及程序的应用也是这一阶段的基本准备工作。

3. 后期工作准备

环境设计的后期工作主要指对已完成的设计进行全方位表现及说明，需要将各种已完成的图纸、模型、动画等根据需要进行后期制作，以便更好地展示效果及说明思路。需要运用渲染软件、图像处理软件和视频编辑软件。对于实体模型，则需要通过摄影的方式获取特定角度的图像或影像。设计后期的整体方案展示往往需要制作海报、展板和图册，将各种图纸、说明等综合在特定的展示版面中，这个过程需要运用图形图像处理软件或专业排版软件。

第三节　　实验过程

环境设计专题设计的核心是解决问题，问题发现建立在充分的调研与分析基础之上，而解决问题的思路和方式均通过完整的项目方案来实现，这一过程具有实验的相关特点，因此也可以作为实验课程进行研究，专题设计具有完整的思维过程（图1-7），因此，围绕核心的思路，可以安排并实施相应的操作步骤。

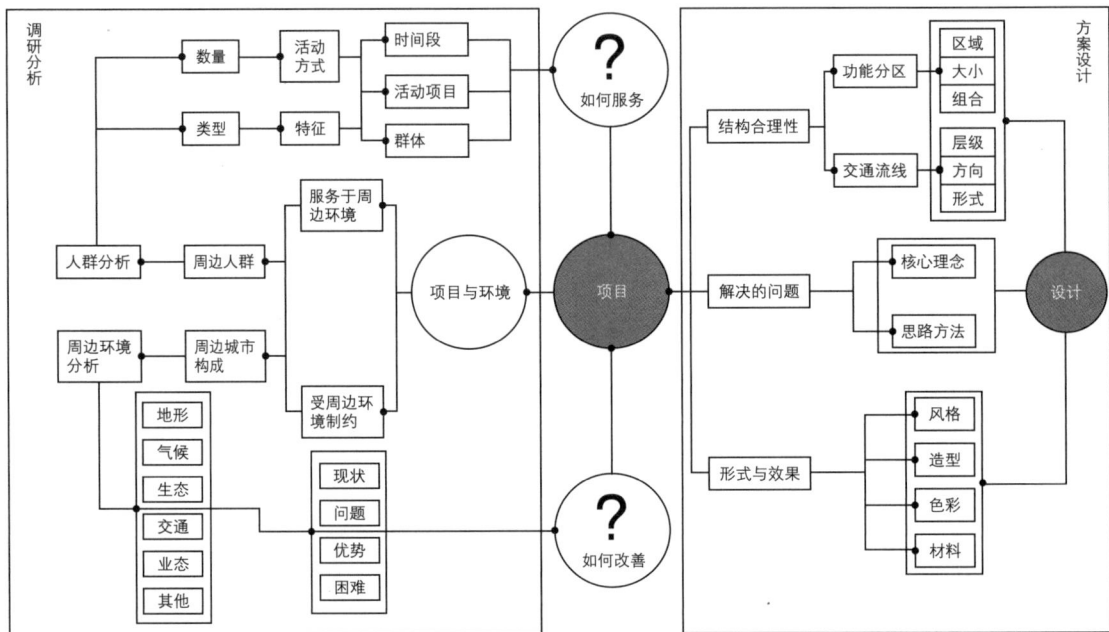

图1-7 环境设计专题设计总体思路框架图

一、实验步骤

1. 选题

环境设计选题指根据任务目标、实际需要、竞赛章程等相关要求选择设计的题目，即"做什么设计"。这一步骤中我们要确定项目的位置、大小边界等信息。

2. 调研

对所选题目的项目进行条件分析，即项目处于什么样的环境中，有什么背景，有哪些有利因素与不利因素，有哪些问题需要解决等。

3. 项目定位

确定项目的位置、面积、边界等信息。明确项目的性质、功能以及目标客户群体。通过这一步骤，我们能够为后续的设计工作奠定坚实的基础，确保设计方案能够精准地满足项目需求，同时与周边环境相协调，实现设计实用性和美观性的统一。

4. 概念生成

也可以称为设计理念，即项目主要通过什么样的理念来解决问题，包括项目要达到的目标、项目的造型与元素、项目设计使用的方法等，从什么角度出发，用哪些手段。概念生成常以思维导图的形式进行表现。在这一阶段，设计师会深入挖掘项目的核心价值和独特卖点，通过创意性的思考，提炼出能够引领整个设计方向的设计理念。这些理念不仅体

现了设计师对项目的深刻理解，也反映了其对环境、文化、社会等多方面因素的综合考量
（图1-8）。

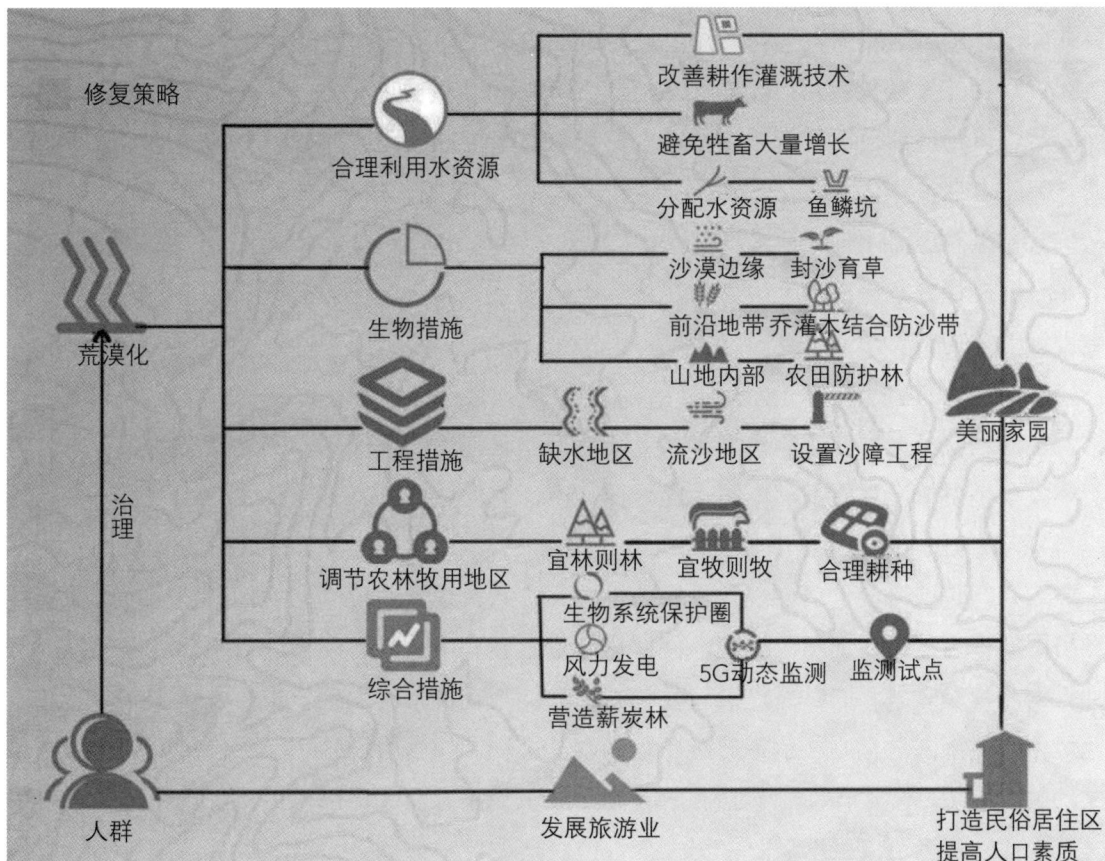

图1-8　设计思路导图/郑州航空工业管理学院　王梓筱

5. 草图设计

通过草图绘制出项目主要造型的大概视觉效果，建立整体形象观念，这一过程是一个
反复推敲、不断修改的过程。同时，由于草图具有抽象性和自由性，因此最后确定下来的
草图方案也有可能与最终方案有所差别。

6. 平面空间设计

对项目进行平面上的布局及规划改造。最终以总平面图的形式表现出来，包括平面视
角下的所有内容：分区、道路、节点，以及各要素之间的空间关系，如项目为建筑设计，
那么此步骤包括建筑外空间、建筑外观和建筑内部空间的平面图。

7. 立面空间设计

在平面空间设计相对完善的基础上将纵向空间的尺度、结构、造型、材质、色彩等要

素体现出来，此过程是对细节的深入，基本上反映了项目的大多数局部与立面。

8. 细节处理

节点及局部细节处理，该步骤需要深入到项目的细节处，对项目中的雕塑、设施、家具、陈设等进行细致的表现与设计。完成项目中期设计阶段的所有工作。

9. 项目方案整体调整

从整体到局部对项目方案进行检查分析，对于存在的问题或不够完善的地方进行修改调整，使方案整体化。

10. 电脑模型制作

根据设计方案进行电脑模型的制作。电脑模型是制作后期各类图纸的基础资料，在环境设计中较为重要。

11. 实体模型制作

根据电脑模型制作实体模型，在电脑模型相对完善的情况下，实体模型并非必要，但实体模型有更加直观的展示作用，优秀的实体模型也具有较高的观赏性。

12. 效果图与动画展示制作

效果图是项目设计表现视觉效果的最主要方式，主要通过电脑软件对模型进行渲染并导出图像，再进行后期图像处理，使之具有展示性和审美性，优秀的效果图能够达到以假乱真的照片级效果。同时，借助软件的强大功能与设计师的创意思维，也能制作多种艺术化风格的效果图。动画展示是通过三维动画、影视制作、后期处理等软件将电脑模型制作成动画，一般环境设计动画包括漫游动画与展示动画，前者可以模拟人的视角进入项目中进行观察，后者可以根据需要多角度全方位观察项目。

13. 分析图制作

分析图指将前期分析资料与数据以图像的形式展示出来，是制作展板说明书、图册的基本构成要素。

14. 说明图制作

将项目以图像的形式进行说明解释，可以理解为项目的图解说明书。说明图往往需要在一些图纸的基础上进行制作，例如项目功能分区说明图通常以平面图作为底图，通过标记划分出功能分区，并辅以文字说明。

15. 项目方案展示

包括展板、图册、海报、汇报演示文件等。其中，印刷品中需要将各类图纸、分析图、说明图、效果图通过一定的逻辑顺序进行编排与组合，基于数字平台的展示方式中可插入动画与影像。

二、实验方法

为确保专题设计项目具有实际的必要性与可行性，符合设计目标并且具有良好的功能与视觉效果，在设计过程中需要运用一定的方法。

1. 资料分析与整理

项目的选题是否成立、项目的功能是否合理、项目的具体造型与色彩风格应该如何定位都取决于多方面的因素，政府的规划、项目周围的城市建设、区域类型、主要节点、地域文化与基地地理环境都会影响项目的实现，而不同的项目对影响其建设实施的因素有不同的要求。因此，有效且可靠的调查研究资料十分重要，在项目设计的前期需要通过多种方法对资料进行细致地分析与整理，使之服务于项目设计。

2. 案例分析与对比

与项目相似的或同类的优秀案例具有较高的参考价值，相似案例指与目标项目具有环境、规模、性质、功能、主题、风格等共同特点的已有项目或已有设计作品，同类案例指与目标项目的类型相同的已有项目或已有设计作品，比如目标项目为博物馆设计，那么可参考的同类案例为其他优秀的博物馆设计。通过对优秀案例的研究与学习，可以使设计师对项目具有更全面的认识与参考。主要体现为以下几点。

①通过分析与研究相似案例与同类案例的优势与存在问题，能够对未着手的项目具有一定的预判，从中了解到哪些因素能够有助于设计的实现，哪些因素不利于设计，提前避免一些问题发生。

②通过分析与研究同类型案例，可以使设计师针对性地吸收经验，促进新灵感的产生，同时也能够了解支撑本类型项目的当前技术水平与理念。

③通过分析与研究相似案例与同类案例的设计思维，可以使设计师学习先进的理念、思路和手法，有助于设计师在基础上进一步发挥创造性思维，实现项目的创新。

④通过案例之间的相互对比，有助于设计师提高项目的设计标准，扩充对项目类型的认知，增加设计的灵感与素材储备。

3. 逻辑分析与推演

在项目设计过程中需要时刻把握设计的逻辑顺序与关系，项目设计过程是一个环环相扣，相互关联的过程，每一个环节都受上一个环节影响，并且影响着下一个环节，在项目中的任何一个理念、观点、认知都是有目的的。大到项目定位与布局，小到景观设施、道路铺装材料都与设计整体存在一定的逻辑关系。在设计中需要运用逻辑分析与推演的方法来组织每一个环节，明确设计的先后顺序，层层深入。

4. 草图绘制与演绎

由于设计过程的综合性与复杂性，设计师不可能将一切细节都存在脑海中，因此需要草图来辅助形成完整、细致的设计思路。通过草图可以多方位概括设计要素，包括推导设计中的逻辑关系，指导设计的流程性提纲，展示形象的效果图等方面。在环境设计中的草图主要包括以下几类。

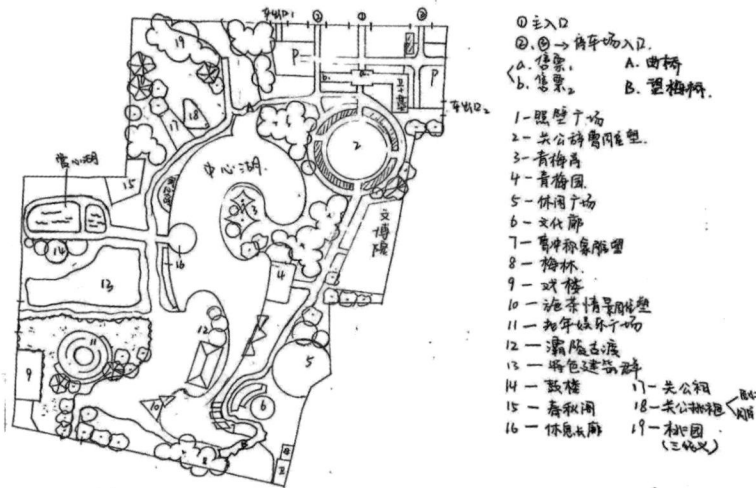

图1-9　平面草图/郑州航空工业管理学院　周艺凡

①用于整理素材与罗列灵感的发散性思维草图与综合性思维草图。

②用于推导与演绎设计理念与方案的思维导图与概念性草图。

③用于设计空间布局、分区、流线、节点等要素的平面草图（图1-9）与立面草图。

④用于展示某一具体空间尺度、形象或色彩的效果草图。

5. 模型观察与展示

环境设计模型从形式上来讲包括电脑模型和实体模型，其中电脑模型主要通过专业软件来进行制作，主要环节可分为建模—渲染出图—动画制作—后期制作等。专业软件种类较多，均有不同的优势与分工。实体模型则通过不同种类的专用材料来制作同比例缩小的模型。无论是实体模型还是电脑模型，都以展示设计效果为主要目标，模型的制作与展示可以帮助设计师从较为真实的角度去观察项目成果，同时也能及时发现问题，制作精良的模型往往带有更多的附加效果，例如作为广告、海报等主题素材，起到广告与宣传的作用，在实际项目中有助于方案竞标，在学科竞赛中有助于提高作品效果。

◉ 思考

1. 进行环境设计专题设计实践应具备哪些知识和技能？

2. 设计前要做哪些准备？

第二章

专题设计前期
——项目选题与调研

知识目标

1. 了解项目选题：了解环境设计专题设计选题的方向和类别。明确选题所遵循的原则，掌握项目题目的命名方法和规律。

2. 理解调研分析的概念：了解环境设计专题设计基础调研的相关知识，理解进行分析所需要的思维方式，掌握问题分析和SWOT分析在项目中的作用。

3. 掌握调研分析的方法：通过学习，理解几种常用调研分析方法以及这些方法在前期工作中的应用场景。

技能目标

1. 查阅资料能力：能够高效收集和整理相关领域的最新研究成果和实践案例。具备辨别信息来源可靠性的能力，能够从海量资料中筛选出有价值的内容。

2. 实地考察能力：掌握科学的调研方法，能够根据项目需求设计合理的调研方案。具备敏锐的观察力，能够发现环境设计中的关键问题和潜在机会。

3. 资料分析与整理能力：能够运用专业工具对收集的数据进行系统化处理，具备将原始资料转化为可视化图表和简明报告的能力，能够通过逻辑分析提炼出关键信息。

素养目标

1. 团队意识的培养：通过项目前期调研与分析的实践，能够培养团队协作与分工的意识与能力，强化对团队意识在设计实践中的重要性认识。

2. 培养认真与严谨的习惯：在调研过程中注重细节把控，养成反复核实的职业习惯。能够以科学态度对待每一个数据来源，确保调研结果的真实性和可靠性。通过规范的调研流程训练，形成系统化的工作思维，提升专业素养和职业道德水平。

第一节   **选题**

一、项目类别

环境设计所涵盖的范围较大，从建筑角度可分为建筑内部空间（室内）和建筑外部空间（室外）；从是否为新项目角度可分为改造类、更新类和新建项目；从空间的性质角度可以分为私人空间与公共空间；从空间体量或项目规模角度可分为大型项目、中型项目、小型项目；从项目的现实性角度可分为实际项目和虚拟项目。

从教学作业与学科竞赛的近几年常见命题来看，除一些官方指定的命题外，通常会从以下几个命题方向入手。

1. 改造与更新

包括对乡村、民居、街道、厂房、学校及一些其他城市空间区域的改建。这类选题基于原有的现实项目因发展、资金、时代更替、周边环境变化等因素形成老旧、废弃、污染等局面，需要设计师从新视角出发，运用新理念、新方法、新技术对其进行改造和更新，使之重新投入使用（图2-1）。

图2-1　老厂房改造设计选题/郑州航空工业管理学院段诗昀

2. 私人空间与公共空间设计

覆盖建筑内外，包括别墅、住宅、社区空间、公园、广场、商业空间等。这类选题具有普遍性与大众性的特点，往往与现实生活联系紧密。

3. 针对特殊群体、环境、社会背景的项目设计

特殊群体包括残疾人、留守儿童、老人、孕妇等；特殊环境包括湿地、沙漠等；特殊社会背景包括战争、疫情、灾害等突发情况。这类选题需要对特殊对象或情况进行非常深入的研究，并利用环境设计方法有效地解决问题。

4. 建筑空间综合体

以建筑为主要对象进行综合全面的设计。包括建筑的外部环境设计、建筑外观设计与

建筑内部空间设计，例如主题展馆、美术馆、纪念馆、文化中心、售楼部等，这类选题的主题性较强，造型风格的统一性较强，由于建筑自身具有较大的体量，因此易于凸显造型、材质、色彩，视觉表现力较强。这类选题需要设计师对建筑结构、材料等知识有一定的了解，对空间内外关系把握到位。

红色文化展馆设计

红色文化展馆是传承弘扬红色文化的关键场所，具有教育、文化传承、凝聚人心及旅游休闲等功能，能让观众了解党史，传承红色文化，增强民族凝聚力，推动红色旅游。其展示内容丰富，涵盖历史文物、图片影像、场景复原及艺术作品等；展示形式多样，有传统图文实物陈列，也有多媒体与互动体验等。如八路军文化数字体验馆、红旗坊红色历史文化展馆、中国国家博物馆（近现代史展区）等，都是知名红色文化展馆的代表。

八路军文化数字体验馆位于山西省长治市武乡县，是全国首个以八路军文化为主题的数字体验馆，也是全国首个"人工智能+红色文化"的研学场馆。该馆由新华社山西分社和长治市委、市政府共同指导，于2024年10月25日正式开馆。具有以下特点。

1. 数字化与沉浸式体验

八路军文化数字体验馆通过人工智能、人机互动、数据可视化、VR实景等技术，打造了沉浸式的红色文化体验空间。游客可以通过触摸屏幕与革命先辈互动对话，甚至与AI修复后的八路军战士合影。

2. 丰富的数据资源

馆内汇聚了超过3000万字的八路军权威文史资料，数据量还在持续增长。这些数据关联形成太行红色文化数据库，记录和保护红色文化，同时保持实时更新。

3. 创新的展示形式

展馆分为序厅、跃马太行、众志成城、烽火热土、抗战堡垒、文化号角、尾厅等七大展区。其中，重点展项包括红色文化驾驶舱、太行群英、战斗数字化复原、太行精神长卷、红色爆款万物墙等。例如，"众志成城"展区的照片墙通过AI复原技术，让40余幅抗日英雄的照片动起来，仿佛重现了那段历史。

4. "会生长"的展馆

八路军文化数字体验馆是一座可以"生长"的展馆，其数据量从最初的1000万字增长到3000万字。这种持续更新的模式让游客每次到访都能体验到新的内容。

八路军文化数字体验馆的建立，是数字技术赋能红色文化的重要实践。它不仅让红色文化"活起来"，还为红色旅游融合发展提供了新的思路。通过这种方式，展馆帮助游客更深入地了解八路军的抗战历史和太行精神（图2-2）。

图2-2　八路军文化数字体验馆

5. 概念性方案设计

强调创新和理念，对未来或当下的问题进行新的思考，寻求新的思路，概念性方案以当下的技术手段不一定能够实现，但概念往往建立在专业、科学的分析基础上，具有一定的逻辑性和合理性。

6. 基于技术与社会发展中产生的新课题

这类选题是随着社会、科学、专业技术的发展阶段产生的新的课题，如虚拟现实技术发展所带来的数字展厅的设计，这类选题学科交叉性较强，需要对新产生的技术领域有所了解。

二、选题原则

选题成功与否决定了项目设计的意义与必要性，好的选题会给后续设计带来更多的研究空间与表现空间，一些比较新颖的选题甚至能够引发或解答专业领域的新问题，可以说在环境设计专题设计的过程中，选题是一个好设计的开始，需要特别重视。因此选题过程中应遵循以下几个原则。

1. 选题应有意义

项目的选题应具有实践意义和理论意义。其中，实践意义包括如何解决实际问题，对同领域相似问题提出办法与措施，对社会的建设与发展提供帮助，以及对未来本方向的课题提供探索与实践积累。理论意义包括项目设计对专业知识带来的补充与完善，对学科理论带来的创新与建设，对设计方法与手段总结得到的经验及对行业发展做出的贡献。

2. 选题应有创新空间

项目的选题应考虑后续设计能否具有创造与创新的空间，能否使后续的设计具有先进的理念、充实的内容、独特的角度、丰富的细节、新颖的造型。在选题的时候需要注意目标的定位，对后续的设计有一定的预期。对于较为陈旧的课题应加强思考，确保能够找到创新点，否则会使后续设计难以突破。

3. 选题应体现一定的技术含量

项目的选题应体现当前较为先进的技术含量，包括先进的理念、材料、工艺、方法等，技术含量的提高会使项目更符合行业发展现状，体现出更多的实践意义与理论意义，尤其是多学科交叉的背景下，跨专业领域的设计课题越来越多，对选题提出了更高的要求。

4. 选题应符合时代特征

项目的选题应符合当前时代特征，符合国情与正确的意识形态，符合国家政策方向与法律、制度相关规定和要求，符合当前社会发展的需要，顺应发展规律与发展趋势。

选题具体措施

具体选题过程中需考虑的具体措施可扫码拓展学习。

三、题目表述

在完成选题以后，需要用文字将题目表述出来，在没有特定要求的前提下，设计项目的题目具有以下几种表述方式。

1. 强调设计活动

题目最后几个字通常为"设计"如"郑州航空工业管理学院航空馆设计""郑州市龙子湖滨水景观设计研究"，这种题目的表述方式是最简单且直接的，一般都会把项目区域表述得较为具体。缺点是仅仅说明要做的设计，对于项目背景、学术理论、技术运用的体现较少，仅从标题无法看到项目研究的深度。

2. 强调知识探索

通过项目设计而对某一专业领域进行的探索。如"城市慢行空间系统设计研究——以郑州市金水区为例""某某小区适老化公共空间景观设计研究"等，这类题目通常会有主标题和副标题，主标题强调理论，副标题表明实践，并且副标题通常会说明具体的项目信息。这种命题方式对项目的概括较为全面，但缺点是文字容易过长，使表述略显烦琐。

3. 强调设计主题与理念

主标题强调设计主题与理念，具有一定的艺术性与抽象性的题目表述，例如"幻境·重生——山水主题文化公园改造创新设计""归园田居——某某景区游客服务系统空间设计"等，这类命题方式在要求较为宽泛的情况下也可以只使用主标题，其优点是具有文艺气息，能够引起人的好奇心，同时体现出项目的情感色彩，但缺点是对于项目的概括不够规范，学术性与严谨性略显浅薄。

4. 强调项目的背景与依托理论

主标题强调项目的背景与依托理论，如"乡村振兴背景下的农村公共空间景观设计——以某某村为例""后疫情时代背景下城市公园景观设计——以某某公园为例""基于海绵城市理论的滨水空间景观设计——以某某项目为例"等，这类命名方式的主标题往往会带有"基于"或"某某背景下"等文字表述，对时代背景或应用的理论有明确的体现，具有时代性和时事性。

第二节　调研分析

环境设计调研基于社会调查研究理论基础之上，其目的是通过对预期项目所处的位置、环境及服务或影响的对象进行充分了解，分析其中存在的问题、项目建设的有利因素与不利因素，从而引导项目设计的方向。归根结底，环境设计的目的是解决问题，包括改善自然环境、提高人的生活质量、带动经济文化发展或解决某一地区具体问题等。环境设计调研基本上围绕着与项目相关的两个方面进行，即环境调研与人群调研。其中，环境调研指对项目基地及周边环境进行的调研；人群调研指对项目所服务或影响范围内的人群进行的调研。分析是建立在调研的基础之上的，设计师会对调研结果进行综合研究之后分析其中的问题及优势与劣势，得出相关的结论，以此作为设计的目的与依据，因此，调研与分析是相互关联的两个环节，缺一不可，没有分析的调研毫无意义，没有调研的分析则缺少依据。通常情况下，分析是伴随着调研结果的整理连带产生的，而对于一些深层次或不容易发现的问题，则需要专门的分析过程，这类问题往往不是某一单方面的调研数据能够证实的，而是需要综合多项数据与资料才能进行的研究。

一、基础调研与分析

调研是对项目所依托的条件的基本分析，环境设计基础调研主要包括以下几个方面。

1. 项目位置

也可称为区位分析，一般介绍项目基地所在的具体位置，面积大小及具体的设计范围或边界，如某省某市某区某街道某处为项目基地，面积为多少平方米或多少亩，通常会使用位置分析图来表示并进行文字描述。

2. 地形调研与分析

对基地所在的地形情况进行调研分析，尤其是针对项目所在位置地形较为特殊或复杂的情况，例如在高差较大的山地或滨水、湿地等地形的项目基地，需要对地形、地质进行非常细致的分析，地形与地质会直接影响到项目设计的形式、形态、结构、技术手段材料使用等要求，同时也会对项目的视线视野、道路设计、造景等环节造成一定的影响。如果地形平坦普通，可进行简单的说明或在区位分析中简要概括即可，例如处于平原地区的城市空间。

3. 气候调研与分析

对项目所在位置的气候状况进行分析，包括当地大的气候类型及项目所在的局部小气候特征，大气候类型包括从各季节温度到降水状况与特征，基本上是相对稳定的，资料的收集和获取较为容易，但一些地形较特殊的区域具有自身的小气候特征，例如一些山区水汽的循环较为频繁，导致降雨频率较高，但降水量并不大，从而导致当地的空气湿度较大。气候包括气压、气温、湿度、风向、风速、降水、雷暴、雾、辐射等要素，在设计中可以对项目影响因素较大的气候要素进行重点分析（图2-3）。

4. 生态环境调研与分析

生态环境包括水资源、土地资源、生物资源和气候资源等，生态环境分析在地形与气候分析的基础上强调对项目的利用价值，在环境设计中，很多项目的建设都会不同程度地影响到原始环境，例如对原有水体的影响、对原生植被的影响、对原生物种的影响等。因此，对于一些对自然生态影响较大的项目，必须在设计之前对原有的生态进行分析，例如物种分析、植被分析等，以便在后期项目设计中考虑环境的保护与改善。

5. 交通情况调研与分析

分析连接项目的交通情况，包括对周围的道路层次、交通动线、方向等进行分析，周围的道路直接影响到项目的方向，出入口的位置、数量与主次也会影响项目内部道路的设计，甚至整个项目内部的布局。例如，项目的主要出入口通常设置在邻近主干道的边界，而项目内部的主干道以主要出入口为节点进行连接。由此可见，对项目周围的交通情况进行分析十分必要。

最高、最低及平均气温（2010-2024）
—— 最高温（℃）—— 最低温（℃）—— 平均气温（℃）

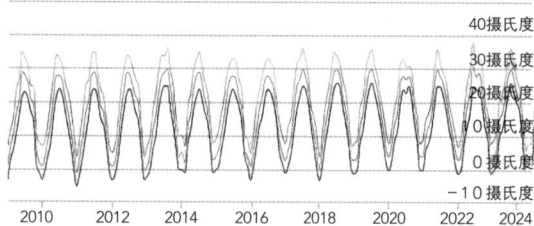

最高、最低及平均气温（2023-2024）
—— 最高温（℃）—— 最低温（℃）—— 平均气温（℃）

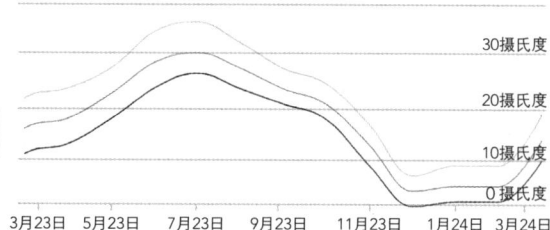

降雨量和降雨天数（2010-2024）
● 降雨量（mm）● 降雨天数

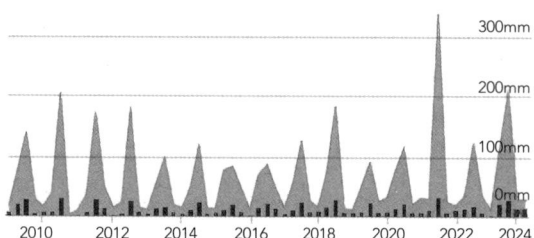

降雨量和降雨天数（2023-2024）
● 降雨量（mm）● 降雨天数

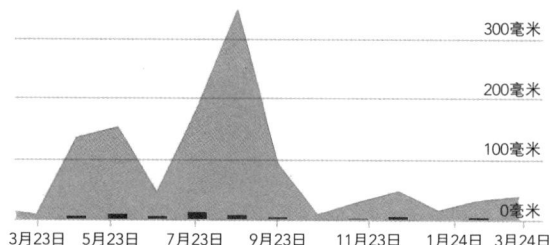

平均云量和湿度（2010-2024）
● 平均云量（%）● 平均湿度（%）

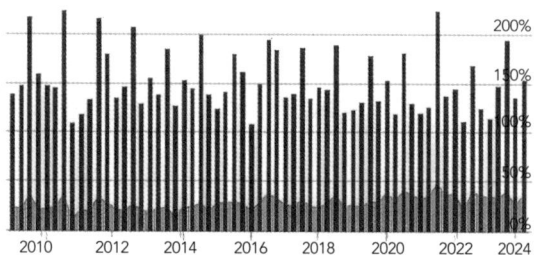

平均降雪量和降雪天数（2010-2024）
● 降雪量（cm）● 降雪天数

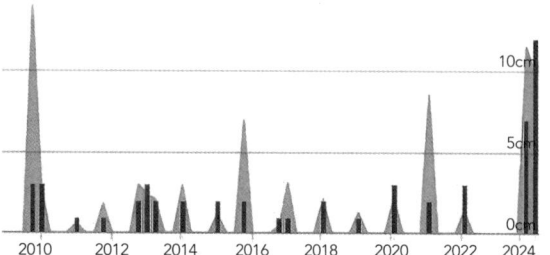

郑州市高新区地处中纬度地区，属于亚热带季风气候区，四季分明，气候温和湿润。年平均气温16.1℃，年平均降水量543.7毫米。年平均日照时数1971.1小时，距平百分率6%。日照异常度数为0.7，较历年平均值正常。

图2-3　气候分析图案例/郑州航空工业管理学院　宋怡宏

6. 周边环境调研与分析

对项目周围一定范围的区域构成及重要节点进行分析，包括项目周边的居住区、商业区、产业园、工厂、休闲区、文化区等区域及学校、医院、政府、公园、广场等特殊节点，如项目位于山区、乡村等区域，则需要分析相邻村庄、旅游景区等，周边环境的分析范围大小根据项目位置的特定情况而定，可根据对项目产生的影响大小或关联程度来划分分析的重点等级，例如对项目周围与项目关系较为密切的区域进行细致分析，相对较远的范围如果仍会产生一定的影响，则可作为次级分析对象，再往外围可以此类推（图2-4）。周边环境的分析会影响项目的各方面定位，如功能定位，人群定位等。

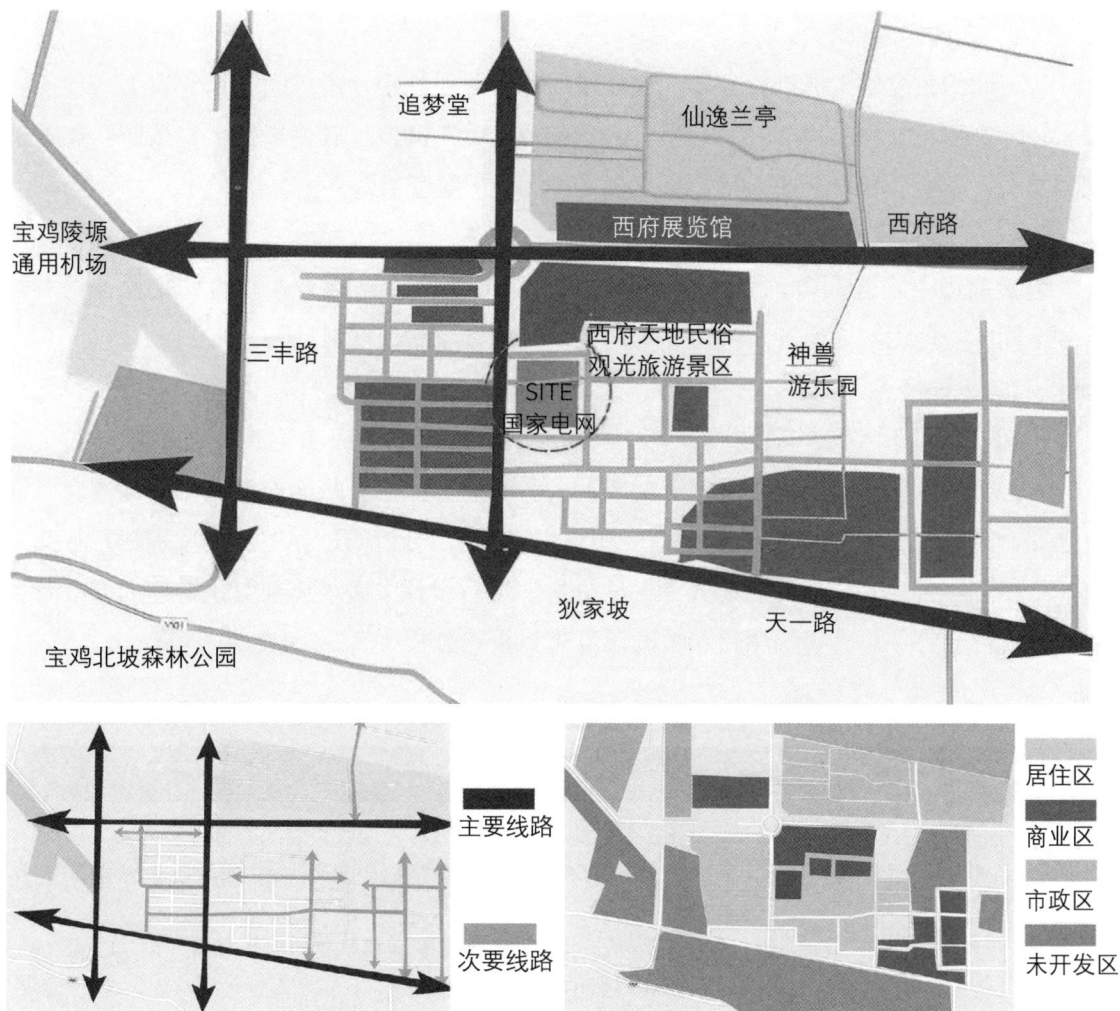

图2-4　某项目基地的周边环境分析/郑州航空工业管理学院　韩奕

7. 人群调研与分析

对项目周边的人群情况进行调研分析，人群可以从两方面进行研究，一方面是项目所在地区一定范围内的活动人群，包括居民、从业人员等，另一方面是项目所服务的对象，没有固定范围限制。前者主要影响项目的规模、位置、大小等，后者主要影响项目的内容、理念等设计角度，并且两者需要进行综合分析。以某地区的博物馆项目为例，设计前需要对周边人群进行一系列调研，通过一系列数据及分析来判定博物馆需要多大的面积、层数、容纳的人数等信息，同时要分析博物馆的预期访客的数量、性质、群体特征，思考如何设计能够更好地提供服务。

环境设计中的人群分析可根据具体项目的情况来决定调研的角度、深入程度和实施方法，调研越细致，越有利于后续的分析与推断，人群调研主要从以下几方面来进行。

（1）人群构成

从不同的角度对人群进行分类，比如按照年龄阶段划定年龄区间（12岁以下、12～18岁、19～25岁、26～35岁、36～45岁、46～60岁、61～80岁、80岁以上），按照职业身份划分层次（学生、社会从业人员、研究人员、游客）等。

（2）人群数量

包括周边一定范围内（可以以项目的正常服务范围为界限）人群的总数及各类人群（如不同年龄段、不同职务及身份、不同性别等）数量的数据统计。

（3）人群特点

包括从不同角度所进行分析的各类人群的活动方式、喜好、作息时间等信息。

人群分析的目的是明确项目服务对象的各种特点和需求，从而作为项目设计理念、设计思路、设计方法、细节设计的依据与参考。同时，在分析的过程中需要特别注意特殊人群（如孕妇、残疾人、幼儿、老人等）的分析，项目设计中必须体现对该群体的服务与照顾。在实际设计中可选择与项目相关的角度进行重点分析（表2-1）。

表2-1 人群分析内容参考

分析角度	内容	说明
人口统计学角度	年龄结构	儿童（0～14岁）：了解该地区是否有较多的教育资源需求 青年（15～30岁）：可能是学生或初入职场的群体，关注娱乐、社交和职业发展 中年（31～60岁）：可能是家庭和职业的中坚力量，关注住房、教育、医疗和消费 老年（60岁以上）：关注医疗、养老和休闲
	性别比例	分析性别比例可以了解该地区是否存在性别不平衡，以及对性别相关产品和服务的需求
	家庭结构	核心家庭：夫妻和子女，关注住房、教育和家庭消费 单亲家庭：可能需要更多的社会支持和教育资源 空巢老人家庭：关注养老和医疗需求
	人口规模与密度	了解该地区的人口数量和分布密度，判断其对基础设施和公共服务的需求

分析角度	内容	说明
社会经济角度	职业分布	学生：关注教育和课外活动 上班族：关注通勤、职业发展和消费 自由职业者：关注灵活的工作空间和创业环境 退休人员：关注休闲和医疗
	收入水平	高收入群体：可能对高端消费、投资和奢侈品有较高需求 中等收入群体：关注性价比高的产品和服务 低收入群体：可能需要更多的社会福利和经济支持
	消费习惯	消费结构：食品、住房、教育、娱乐等支出比例 消费方式：线上购物、线下体验、品牌偏好等
	教育水平	高学历群体：可能对文化、科技和创新有较高需求 低学历群体：可能更关注职业技能培训和就业机会
文化与生活方式角度	文化背景	民族构成：了解不同民族的文化习俗和需求 宗教信仰：影响生活方式和消费习惯
	生活方式	健康意识：是否注重健身、运动和健康饮食 娱乐偏好：喜欢的娱乐方式，如电影、音乐、体育等 社交活动：参与社区活动、志愿者活动的频率
	语言	主要语言和方言，影响沟通和信息传播
地理与环境角度	居住环境	住房类型：公寓、别墅、合租等，反映居住需求和经济状况 社区设施：公园、健身房、学校、医院等配套设施的完善程度
	交通状况	通勤方式：公共交通、自驾、步行等，影响生活便利性和出行成本 交通拥堵：是否需要改善交通规划
	自然环境	气候条件：影响户外活动和生活方式 绿化程度：对居民的生活质量和健康有影响
社会心理角度	价值观与态度	家庭观念：是否重视家庭和传统价值观 环保意识：对环保产品和服务的需求 社会参与度：是否积极参与社区事务和社会活动
	满意度	对居住环境的满意度：包括住房、社区和基础设施 对公共服务的满意度：教育、医疗、交通等
	需求与期望	当前需求：如改善基础设施、增加就业机会等 未来期望：对区域发展的期望，如经济繁荣、文化丰富等
技术与数字化角度	数字化水平	互联网普及率：影响信息获取和消费方式 智能设备使用率：如智能手机、智能家居等
	在线行为	社交媒体使用：了解信息传播和社交习惯 在线购物习惯：影响商业布局和营销策略

分析角度	内容	说明
健康与医疗角度	健康状况	常见疾病：了解该地区的主要健康问题 健康意识：是否注重体检和健康管理
	医疗资源	医疗机构分布：医院、诊所、药店等 医疗服务质量：居民对医疗资源的满意度
特殊人群角度	老年人	养老需求：养老设施和服务 健康需求：慢性病管理、康复护理等
	儿童	教育资源：幼儿园、小学、课外辅导等 安全需求：校园安全、社区安全等
	残疾人	无障碍设施：交通、建筑等方面的无障碍设计 康复与就业支持：康复服务和就业机会
	外来人口	融入情况：是否面临文化、语言或社会障碍 居住与就业需求：临时住所、职业培训等

8. 历史文化分析

对项目所在地区的历史发展和文化进行调研与分析，其中，历史发展包括项目所在地（城市、村庄、山区、景区等）从古至今的发展与建设历程或者以某一重要阶段作为起始点进行的历史发展资料收集，例如某村曾是革命根据地或者革命历史中某一重要战役的起始地，那么这段历史就可以作为历史调研的重要部分。文化调研可以从两方面来分析。

（1）传统文化

包括历史文化（如典故、传说、人物、事件等）、地域文化（由地理气候等因素所导致的生活方式，建筑特色、行为习惯、民俗活动等）和特色文化（如各类非物质文化遗产、地标建筑、工艺技术等）。当然，以上几类文化具有一定的交叉性，在很多情况下既是历史文化，又是特色文化。

（2）现代文化

在近现代城市建设与发展中所积累的技术、产业等代表当前该地区发展特色的文化。

历史文化调研与分析的目的在于使项目设计能够与当地特色相一致，同时还能够带动当地特色文化建设与发展。在具体实践的过程中需要对所收集到的资料进行整理，从中提炼出具有代表性的文化元素符号，以便在项目设计中的相关环节进行应用。优秀的项目设计往往能够从概念、结构、造型、色彩等方面体现出特色文化。不同的文化种类适用于项目设计的不同方面，一些文化元素寓意性较强，适合作为设计理念的参考与借鉴，一些文化适合提取出可视化的元素与符号，能够很好地应用于项目的造型设计中。

需要注意的是，很多地区的文化含量极为丰富，时间跨度大，那么项目设计应如何选择元素，选择哪些元素就成为了设计师不得不面临的思考与抉择，对于上述问题可以按照以下方法来解决。

①对文化进行分类整理，使文化元素不至于特别杂乱，同时在后期使用的时候可以避免同一类型的文化重复使用或者某一类文化未使用等不均衡的情况。可将相关元素以表格的形式全面地罗列出来，在表格的设计中体现出类型、主次的区分。

②对各种文化进行排序，可按照影响力的程度或独特性进行横向对比，罗列出次序，以便在选择的时候可以优先考虑重点的文化元素。

二、问题分析

任何一个项目的建设都会在某种程度上解决一些问题（图2-5），对于环境设计领域而言，问题往往有以下几大类。

图2-5　某项目基地的问题分析/郑州航空工业管理学院　韩奕

1. 自然环境的改善

对项目所在地自然环境条件进行分析，可以推断出该地区所存在的环境问题，包括可能存在的空气质量、水体、土地、生态等问题。在项目设计的过程中，可以综合考虑对自然环境的保护和改善方法。例如，可通过生态规划与设计最大限度保留原有自然环境和生物群落；通过水体保护与净化，控制污染，改善水生态；通过绿化和绿色景观设计方法，改善空气质量；通过节能设计，降低对传统资源的依赖，增强资源循环利用等。

2. 当地建设与发展

任何一个环境设计项目的新建一定是有利于当地城市或乡村建设和发展的，从另一方面讲，一个项目的建设计划也同样是城市建设发展的需要，可以起到城市更新、乡村振兴的作用。对项目所在地的城市环境或乡村环境进行分析，可以总结出当地建设的需要，在设计时就可以思考如何通过该项目来增强当地的建设与发展。

3. 社会服务的升级

通过前期的各项分析，可以对当地的社会状态、人群生活现状有一定的了解，其中普遍存在一些问题，包括人们的生活、工作、活动需求及社会服务的缺失等问题，这些问题可作为项目设计的一项目标，在设计过程中使之得以解决。例如，某地区居住区较为密集，人群数量大，但城市空间相对拥挤，周边缺少公共活动的空间，那么，在对周围闲置公共用地的改造项目中，就可以考虑增加公园、广场等活动空间来解决问题。

4. 特殊问题的解决

一些项目是针对解决某些特殊的问题而存在的，这种针对性问题较为明显，甚至不需要进行分析就显而易见，那么前期分析的目的就是为解决这一特殊问题创造条件或者为这一项目的定位收集资料，例如某地区出现了规模较大的考古发现，让人们能够很好地了解这些文化遗产，就成为当地政府的一项课题，那么在周围建造主题博物馆是很好的选择。也就是说，"考古发现和展示"是特殊的问题，"博物馆的设计"是解决该问题的一种思路。当然，也可以通过主题公园、主题景观的方式增强该文化的宣传。

三、SWOT分析

SWOT分析是一种广泛应用于企业战略规划、项目评估等领域的分析方法。它通过对内部因素（优势和劣势）以及外部因素（机会和威胁）的综合考量，为决策提供有力的依据。在环境设计中，我们可以使用这种方法对项目的建设条件进行相关分析。

1. 优势（Strengths）

项目所具备的独特资源、能力或竞争力。例如项目能够很好地体现本土文化、充分实现功能、满足人们的需求，以及项目设计与建设所使用的新技术，体现的新理念等。

2. 劣势（Weaknesses）

项目的设计与建设自身存在的潜在问题，例如项目在建设过程中或建成后可能对周围环境造成一定的破坏、对当地生态产生一定的影响以及对当地的居民生活带来的负面影响等。

3. 机会（Opportunities）

外部环境中存在的、有可能被利用以促进项目的设计与建设，实现目标的有利形势或条件。通过分析，可以罗列出哪些条件与因素有利于项目的设计与建设。例如政府对项目的扶持，周围环境发展水平较高，该地区对项目的需求较为迫切等。例如，某区域学校较多，对于一些适合学生活动的项目如青少年活动中心、研学基地等，能够带来一定的有利条件。

4. 威胁（Threats）

项目设计所处环境中的不利因素，例如地形复杂、周边发展滞后、环境污染严重、人力资源不足、交通条件欠佳、周围业态不够丰富等。对劣势条件的分析能够对后续设计产生一定的影响，设计师需要思考如何避免这些条件对项目设计产生制约，以及如何通过设计改变这些条件。

例如，在某地区新建一个公园，那么通过SWOT分析可能会得到以下结论。

①优势：可根据当地居民需求与特色进行个性化设计，打造独一无二的景观与功能区域，如结合本地文化元素设计特色建筑或景观小品。能够采用新型环保材料与节能技术，实现可持续运营，降低长期维护成本，例如选用太阳能照明设备、雨水收集灌溉系统等。

②劣势：建设初期资金投入大，包括土地购置、规划设计、施工建设等环节，资金筹集困难可能导致项目进度延迟或设计方案缩水。缺乏对周边生态环境影响的长期数据支撑，在建设过程中可能出现对生态平衡破坏的情况，如惊扰本地野生动物栖息地、改变原有水流走向造成积水或干旱等。

③机会：可借助当地旅游资源，打造旅游景点，吸引外地游客，带动周边餐饮、住宿等行业发展，实现以园养园。响应国家绿色发展政策，获得政府补贴与政策扶持，例如在税收优惠、土地审批等方面得到便利，有利于项目推进。

④威胁：周边可能存在其他类似公园或休闲场所的竞争，争夺有限的游客与本地居民休闲资源，导致游客量不足，运营效益不佳。受不可预见的自然因素影响，如洪水、地震、极端气候等，可能对公园设施造成破坏，增加额外的修复与维护成本，影响正常运营。

四、调研方法

调研的目的是全面地掌握设计的条件，明确设计的定位。通过调研所得到的材料必须具有真实性、代表性，因此，需要使用较为有效的调研方法。根据环境设计的特点，适用于环境设计的常用调研方法有以下几种。

1. 资料查阅

资料查阅是通过网络、书籍等渠道对项目所在地进行一系列的研究，包括历史背景、气候环境、传统文化等信息，这种方法适用于较为宏观的背景资料收集，其优势是较为快捷方便，节约时间，能够快速掌握大致的信息，但对于较为细致的信息难以收集，并且，通过网络与书籍所得到的部分信息具有一定的滞后性。以某项目所在地为例，通过资料查阅可以了解到当地的历史发展、地域特色、文化习俗等信息，但对于人群情况、当前周边环境等信息无法准确获取。资料查阅的方法一般用于调研初期，以项目所在的大背景大环境为主要研究对象。

2. 实地考察

对于较为深入的问题，无法通过资料查阅获取的信息，需要设计者到达项目现场进行一系列实地考察，其目的是全面、完整、细致地掌握项目设计的所有条件与资源。考察的内容包括以下几方面。

①通过对接项目委托方、当地政府或负责人获取项目计划、基地情况等信息。

②对项目所需要明确的基地尺度、地形地貌等进行测量与记录。

③对项目所在地周边环境（包括交通情况、生态环境等）进行实地考察，整合资源，获取最新的信息。

④对项目所在地的人群构成与特征进行调研。

⑤对项目所在地的历史文化进行深入考察并详细记录。

在具体的考察过程中，可根据具体的目标进行针对性的调查设计，例如人群分析过程中可以通过统计的方法来了解人群构成与数量，通过抽样的方法对每一类人群的活动方式与行为习惯进行了解。

3. 资料与数据整理分析

对于调研的资料与数据，需要进行一定的分析从而得出结论，其中根据不同的资料与数据可以采用不同的分析方法。

（1）逻辑推理

根据调研结果通过推理分析现象背后的原因。例如某项目周围的河流在近几年产生了一定的污染，水质下降，水量减少。通过调研发现周边在近几年新建了一些居住区，同时在一定的范围内也有新兴的工厂，那么通过推理，可以将原因初步定位于以上两点，再通过进一步调查来证实。

（2）数据整理

将调研中的数据按照相应的顺序与关系进行整理，可采用图表的方式，能够帮助设计师更为直观地对比数据，把握结果。

AI技术拓展应用

使用AI交互工具中的关键词提问，可以对某一类型的项目内容进行深入了解。例如，在广场设计的时候可以输入相关提示（如"广场设计相关知识点"）进行相关知识的总结，或根据需要进行更细致的提问。

使用AI工具对某一特定选题的同类案例进行资料的查阅和分析，例如输入提示

对郑州市2024年每个月的气温进行统计

✅ 已阅读21个网页 ⌄

以下是郑州市2024年每个月的气温统计情况：

月份	平均最高气温（℃）	平均最低气温（℃）	极端最高气温（℃）	极端最低气温
1月	8℃	−3℃	17℃	−7℃
2月	9℃	−1℃	20℃	−8℃
3月	19℃	6℃	28℃	−2℃
4月	26℃	13℃	33℃	5℃
5月	31℃	18℃	40℃	8℃
6月	36℃	23℃	43℃	18℃

图2-6　通过AI工具获取数据

词"国内有名的红色文化展馆有哪些"。该提问能够快速且精准地收集同类案例的相关资料。或者对某项目的设计特点和创新点进行分析。

AI工具可辅助设计师进行相关的基础调研工作，问题分析或SWOT分析，并且能够辅助制作各种数据的分析图。

例如：对郑州市2024年的气候进行分析并制作折线图。

1. 在AI工具中进行提问并得到基础数据表格（图2-6）。

2. 将表格进行整理（图2-7）。

月份	平均最高气温（℃）	平均最低气温（℃）	极端最高气温（℃）	极端最低气温（℃）
1月	8℃	−3℃	17℃	−7℃
2月	9℃	−1℃	20℃	−8℃
3月	19℃	6℃	28℃	−2℃
4月	26℃	13℃	33℃	5℃
5月	31℃	18℃	40℃	8℃
6月	36℃	23℃	43℃	18℃
7月	33℃	24℃	38℃	20℃
8月	34℃	25℃	37℃	21℃
9月	29℃	20℃	38℃	11℃
10月	23℃	12℃	29℃	6℃
11月	17℃	8℃	25℃	2℃
12月	9℃	−1℃	16℃	−4℃

图2-7　整理后的数据表格

3. 使用AI工具将表格制作为折线图（图2-8）。

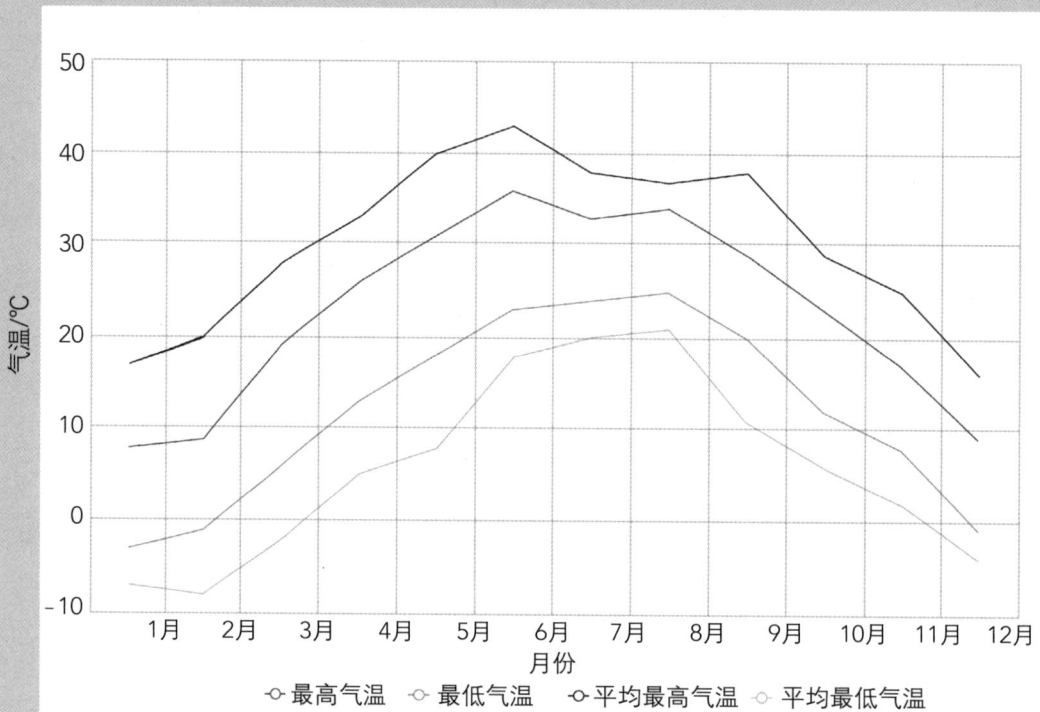

图2-8　每月气温变化折线图

思考

1. 你认为对于一个环境设计项目来说，哪些方面的前期调研分析是较为重要的？

2. 运用所学的知识，试着对你所生活的小区、村庄等进行较为全面的调研分析。

第三章
项目设计

知识目标

1. 了解项目设计的整体思维方式：项目设计的思考是从宏观到微观，从概念到形式，从总体到局部，由主到次，由大到小的方式。设计过程需要始终把握逻辑顺序。

2. 掌握项目设计的基本原则：在项目设计的过程中要注重时代性原则、科学性原则、创新性原则和整体性原则。

3. 了解项目设计的构成要素：理解项目设计中的功能分区、交通流线、节点、结构造型、材料与色彩和细节处理等要素，以及各个要素之间的关系与层次。

4. 了解项目设计中的各个图纸：通过学习，掌握各类图纸的概念和作用，对各种图纸的特点有明确的认知。

技能目标

1. 概括与分解能力：通过对项目思维方式的学习，能够从宏观到微观的角度去进行思考，建立整体观念，同时也能深入到局部思考。

2. 设计识图能力：通过学习图纸的基本知识，能够认识图纸内容，并应用特定的图纸表达相关内容。

素养目标

1. 创新意识的培养：通过学习科学的思维方法以及项目设计的原则，能够认识到创新在设计中的重要性，增强创新意识。

2. 传统文化的关联：能够了解中国传统文化中的视图特点，建立起文化关联的意识。

<table>
<tr><td></td><td></td></tr>
</table>

| 第一节 | 项目设计的思维方式 |

项目设计是按照一定的逻辑顺序进行思考与实施的，一般按照从宏观到微观、从概念到形式、从总体到局部、由主到次、由大到小、从抽象到具体的顺序进行思考与设计。

一、项目认识从宏观到微观

在项目设计的过程中，从宏观到微观的理念要求设计师需要首先知道这个项目的目标是什么，需要解决的主要问题是什么，项目的主要设计思路是什么。通俗来讲，设计师需要知道自己要设计一个什么样的项目，在脑海里建立一个宏观的概念，并且结合周边环境去思考。在明确以上问题的前提下，再逐步思考较为微观的问题。例如如何布局、使用哪些具体的方式来解决问题、在项目中体现哪些功能等。在具体的设计过程中，可以参考表3-1中所列出的问题，对项目进行从宏观到微观上的认识（表3-1）。

表3-1　认识项目的相关问题

宏观认识	微观认识
1. 我要设计一个什么样的项目？	1. 我应该如何去设计这个项目？
2. 项目的核心理念是什么？	2. 项目中包含了哪些具体的理念？
3. 项目要解决的核心问题是什么？	3. 项目通过哪些方式来解决问题？
4. 项目在哪里？有多大？边界是什么样的？	4. 在特定的大小、边界范围内如何布局、组织空间？
5. 项目能容纳多少人？	5. 项目如何服务于人，能够为受众群体提供哪些活动方式？
6. 项目周围的环境大概是什么状态？	6. 项目如何同周边环境相协调？
7. 项目的主题和特色是什么？	7. 项目中的造型、色彩是怎样的，如何设计？

二、项目思考从概念到形式

在充分认识项目的基础上，需要思考如何实施设计任务。项目设计的出发点往往是从概念开始的，概念是设计师为项目建立的核心框架，涵盖项目的所有内容，包括设计思路、结构布局、造型元素等，概念同时也是这些要素的指导提纲。概念的完整形成也预示着设计构思的完成。通常，通过一个方案的概念就可以初步判断设计的可行性和创造性。在概念完善的前提下，即可着手具体形式的设计。形式是实现概念的具体措施，也是一个方案展示出来的外在形象，通常具有现实性、可视性、艺术性等特征。例如，某地气候湿润多雨，在建设某项目时计划将"海绵城市"理念应用与设计中，那么，"海绵城市"理念的应用即是该项目设计的概念之一，为此，在具体的形式上，可以应用"海绵城市"实施的相应措施来实现（表3-2）。

表3-2　"海绵城市"理念相关具体措施

形式	具体措施
1. 绿色屋顶	在建筑物顶部种植植被，形成绿色屋顶。植被和土壤层可以在降雨时滞留雨水，一部分雨水通过植物蒸腾和土壤下渗消耗，减少屋面径流的产生，同时植被还能起到一定的隔热保温作用，改善建筑能耗状况
2. 雨水花园	在地势较低且利于雨水汇集的区域，建设雨水花园。通过种植耐湿水的植物、铺设具有透水性的土壤层等，当雨水流入雨水花园后，植物根系和土壤中的微生物可以对雨水进行过滤、净化，一部分雨水下渗补充地下水，多余的雨水再缓慢排出，从而削减雨水洪峰流量
3. 生物滞留池	利用植物、土壤和微生物系统来滞留、过滤、净化雨水。通过设置不同的进水口、缓冲区、种植区等，使雨水在池中停留足够时间完成自然净化过程，下渗的雨水可回补地下水
4. 下沉式绿地	绿地设计低于周边地面，形成下凹的形态。降雨时，周边地表径流会优先流入下凹式绿地，通过绿地土壤和植被的渗透、吸收作用，使雨水下渗，多余的雨水再通过溢流口排出
5. 透水铺装	采用透水砖、透水混凝土、嵌草砖等材料铺设城市道路、广场、停车场等地面。这些材料具有孔隙结构，能让雨水直接渗透到地下，补充地下水，减少地表径流
6. 植草沟	利用植被的截留、土壤的渗透以及微生物的作用，对雨水进行收集、输送、过滤和下渗处理，从而达到削减地表径流、去除污染物、补充地下水等目的
7. 雨水湿地	利用湿地植物、土壤、微生物等组成的生态系统，在雨水流经湿地时，通过物理、化学和生物等多种作用方式，实现对雨水的净化、滞留、渗透以及对洪峰的削减等功能
8. 雨水收集利用系统	通过设置雨水收集装置，如雨水桶、地下雨水收集池等，收集建筑物屋顶、广场等区域的雨水，经过简单过滤、消毒等处理后，用于城市绿化灌溉、道路冲洗等非饮用水用途

三、项目设计从总体到局部

"总体"指项目的整个区域或某一分区的完整区域，"局部"指在某一总体部分中的具体细节部分。一个项目中可能包含很多部分，此时项目为一个总体，而每一个部分为其局部。但如果这些局部中包含了更细致的部分，那么这一局部也可以形成一个总体，也就是说，局部也可能是深入一个层面的整体。项目设计就是从整体到局部，局部又作为整体，再次到下一层的局部这样不断深入的过程。因此，从项目的空间组织到节点设计，需要层层深入，而不是直接设计最细节的造型。

例如，某公园设计总体分为"休闲娱乐区""体育竞技区""健身活动区""儿童游乐区"等分区，而每一个分区又包含了具体的一些小空间，如"儿童游乐区"包含了"游乐设施""趣味沙滩""科普娱乐""滑板坡道"等空间。那么在设计的时候可以先将公园整体作为总体，"儿童游乐区"等分区作为局部进行组织；再将"儿童游乐区"作为总体，将"游乐设施"等空间作为局部来设计；再进一步将"游乐设施"空间作为整体，将具体设置哪些设施作为局部区组织安排。

四、空间组织由主到次、由大到小

按照从总体到局部的原则，在空间组织上需要按照由主到次、由大到小的思路进行。

由主到次，指项目的空间组织首先考虑相对重要的空间。项目中的不同空间根据情况会有不同的主次之分，主要空间在项目中占有相对重要的地位，其位置、大小、范围、形态等需要优先考虑，但并不是要一次性完成主要空间的所有设计，而是为主要空间的设计要求创造条件，同时也并不意味着独立或随意组织主要空间，而是结合项目中的其他空间综合布局。

从大到小，指项目设计的大范围到小范围。项目的边界作为最大的范围，应首先确定。然后在布局的过程中考虑相对较大的分区边界，再进一步考虑小分区的边界。通常情况下大的分区往往是相对主要的分区，但并不绝对，如果在项目中较为重要的分区并不是范围最大的分区，则需要以重要程度作为设计顺序先后的标准。

五、细部设计从抽象到具体

项目方案逐步由概念走向形式，在设计的过程中很多细节都会从较为模糊的状态逐步清晰并最终落实为具体方案。在布局设计的时候，项目的边界、分区的边界会逐步确定。

在后期进入到细节的设计阶段时，项目中的造型、色彩才会逐步呈现出来。针对具体的造型设计，应遵循从抽象到具体的原则，经过一个思考、推敲、演变的过程，而不是直接设计出最终的形态。例如，对某项目中的雕塑进行设计，首先要根据定位与计划确定这个雕塑的概念，根据概念来确定其大致的设计方向，例如体量有多大、风格是什么样的、融入什么元素等，这些都是相对抽象的。随着逐步深入，雕塑的具体造型经过逐步推敲最终形成，其结构、材料及色彩等视觉要素逐步清晰，最终完成具体方案。

第二节　项目设计的原则

一、时代性

当今社会发展迅速，时代特征更新与变化更快也更加明显，人们每时每刻身处在室内外环境中，环境设计是时代特征最直观的体现，好的环境设计甚至能带动某一区域的经济社会发展，促进人流量增加，为社会注入新的活力，创造更多的资源。同样，落后于时代的环境设计也会给社会带来一定的发展阻力。由于环境设计项目所持续的周期较长，无法实现较为频繁的更新，因此需要在项目设计的时候充分考虑对时代性的把握。项目设计所体现出来的理念、使用的技术、展现出的风格与造型，以及项目能够给人带来的服务

项目设计的时代性原则

与活动方式，应符合时代特征，反映新时代的发展方向。时代性原则的具体内容可扫码进行拓展学习。

需要注意的是，对于一些时代突发的事件或解决某一时期特殊问题的设计项目，需要考虑项目后期的转型问题，例如新冠病毒疫情期间为防疫而进行的环境设计项目，如检测站和隔离区等，由于疫情变化的不确定性，很难判断该项目的使用周期，因此在设计与建设的时候应考虑当疫情结束后如何使项目转化或改造为其他可利用的空间，减少资源的浪费。

二、科学性

环境设计的项目落地不仅是形象的展示，更重要的是项目的功能为社会和受众群体带来的服务，环境设计的科学性要求项目设计的方方面面都体现出严谨的科学知识与正确的设计方法。

1. 设计程序的科学性

按照科学的程序进行项目设计，认真完成每一个设计步骤，使整个项目设计过程环环相扣、紧密结合。第一，充分发挥每一个步骤的作用，不做无用的、重复的工作。第二，根据项目的目标定位来决定调研的工作安排和具体内容，合理规划时间，充分整合资源，提高效率。第三，优化设计流程，提高过程的逻辑性和关联性，使每一步都能为下一步提供充分的条件。

2. 设计思维的科学性

思维是解决问题的关键，正确的思维能够提供更优的解决方案，设计师应用科学的思维方式进行设计，充分发挥不同思维方式的优势。项目设计的不同阶段，不同类型的空间，不同的造型与风格需要应用不同的思维方式。环境设计常用思维方式可扫码进行拓展学习。

环境设计常用思维

3. 设计方法的科学性

项目设计应注重科学的设计方法，在专业的设计方法基础上，综合交叉学科的知识应用。例如在调研阶段对于基地信息的考察与收集需要用到地理学、气象学、生态学等方面的知识；对于数据与资料的整理需要应用社会调查、统计学、大数据等方面的知识；设计阶段需要应用制图、建模等方面的知识。在近年来，环境设计的方法更为丰富，也更为科学，几种标志性的体现可扫码进行拓展学习。

设计方法科学性的体现

4. 设计表现的科学性

使用合适的方案展示方式，运用高效的制图、建模方法，使用较具特色的表现角度，都是设计表现科学性的体现。科学的表现方式，能使设计内容更通俗易懂，更直观，更快捷，也更具表现力和视觉效果，对于项目来说，除设计本身以外，还需要全面地解释说明方案，对于每一项需要说明的内容，都需要使用较为适合的表现方式。具体内容可扫码进行拓展学习。

设计表现科学性的体现

三、创新性

是否能够通过设计体现出创新是衡量一个方案成功与否的重要标准，在专业学科竞赛中，创新性更是重要的评价标准。项目设计的创新性体现在以下几个方面。

1. 设计理念的创新

理念创新是环境设计最具竞争力的因素，可以说项目创新程度的决定性因素就是理念上的创新，理念是设计师对项目的深层次思考，体现在设计的每一个环节。大到概念设计、小到艺术造型，都能够反映理念的创新（表3-3）。

表3-3 环境设计理念创新

角度	内容	说明
用户体验方面	个性化定制	打破传统的标准化设计模式，充分考虑不同用户群体的独特需求、兴趣爱好和生活方式等因素，为每个项目量身定制设计方案
	多感官体验设计	关注视觉效果，综合考虑人的听觉、触觉、嗅觉等多种感官感受
可持续发展方面	生态系统整合	将设计项目视为更大生态系统的一部分，强调与周边自然环境的有机融合和相互促进
	资源循环利用	创新地运用回收材料和可再生资源进行设计
文化与社会价值方面	地域文化传承与创新	深入挖掘当地的历史文化、民俗风情等元素，并巧妙地融入设计作品中
	社会互动促进	设计出鼓励人们互动交流的空间场所。打破人与人之间的隔阂，促进信息交流和社交活动
科技应用方面	智能技术集成	在建筑和空间设计中广泛应用智能控制系统，实现对灯光、温度、湿度、通风等环境因素的自动调节
	数字化设计与制造技术	采用计算机辅助设计、建筑信息模型等数字化设计、3D打印、数控加工等技术，提高设计效率和精度，为设计创新提供了更多的实现手段
跨学科融合方面	设计与多学科协作	与生态学、社会学、心理学、工程学等多学科进行深入融合
	综合知识运用	将不同学科的知识和方法综合运用到设计过程中

2. 设计方法的创新

设计方法是设计师处理设计目标与设计成果之间关系的方式，创新设计方法能够在一定程度上带来更好的结果，当今人们对环境空间的要求不断增加，陈旧的设计方法难以解决新的问题，例如在有限的空间内如何满足多种情境的体验；如何在有限的滨水空间创造活动场所，这些问题的共同点在于条件的局限，那么解决问题的思路很可能需要创新性的方法，例如在空间布局、环境融合、文化传承、科技融入等方面进行创新设计。设计方法往往是设计理念的具体实现手段，下表列举了一些当今环境设计领域的创新设计方法，以供参考（表3-4）。

表3-4　环境设计创新方法

名称	说明
数据驱动设计	借助大数据分析人口、交通等各类数据，了解场地与用户情况。运用机器学习和人工智能生成方案并模拟预测影响，辅助设计师科学决策，提供创意灵感
可持续设计	被动式设计：依靠建筑与景观自身设计，利用自然采光、通风等，减少对机械系统依赖，实现能源高效与环境舒适 循环设计：选用可回收、可再生材料，设计便于循环利用的结构与系统，达成资源循环，降低环境影响 生物多样性设计：在城市等环境中创建绿色空间与栖息地，保护和增加生物多样性，促进生态平衡
体验式设计	沉浸式设计：运用VR、AR、MR等技术，让用户提前沉浸式体验设计效果，以便设计师依据反馈调整方案 情感化设计：关注用户情感，借色彩、故事性元素等唤起情感共鸣，增强用户对环境的认同与归属
协同设计	跨学科合作：组建含多领域专业人员的团队，从不同专业视角协作，打造综合全面的设计方案。 公众参与：通过多种方式收集公众意见，使设计贴合当地居民需求与喜好，提升项目接受度与满意度。
适应性设计	弹性设计：针对环境变化与不确定性，设计具备应对自然灾害、气候改变等能力的空间与设施 模块化与可变设计：采用模块化理念，使建筑与景观设施可灵活组合、改变，满足不同场景与需求变化

3. 艺术风格的创新

艺术风格作为环境的外在表现，实际上是内涵的反映。艺术风格通过项目中的造型特点、色彩呈现、材料质感来体现出来，这些因素利用特有的视觉符号的组合形成特有的形象识别性，长期以来环境设计在发展中形成了一些常见的艺术风格，例如中式古典园林所体现出的传统中式风格、结合西方雕塑与建筑艺术形象的西方古典风格、体现现代社会特点的现代主义风格等，但随着环境设计的发展，这些传统的风格并不完全适合新的意识形态、新的空间使用要求以及新的互动体验需求。因此，艺术风格的创新也越来越重要。对于新时代空间环境、景观、建筑来说，创新艺术风格更具吸引力，不仅能够在一定时间引起关注，间接起到带动人群流向，形成连带效应的作用，成功的案例甚至还能够成为地标，带动更大的发展与建设机遇。下表列出了一些艺术风格的创新设计思路，可供参考（表3-5）。

表3-5 艺术风格的创新思路

名称	内容	说明
形式与造型创新	打破常规几何形状	运用自由曲线、不规则多边形、扭曲变形等形式来塑造空间和建筑的外观。例如，一些现代景观建筑的屋顶采用起伏的波浪状曲线，不仅增加了建筑的动感和趣味性，还能更好地呼应自然地形或周边环境的流动感
	立体构成与层次丰富	通过立体构成手法，打造多层次的空间结构。比如在景观设计中，利用高低错落的地形、架空的步道、悬挑的平台等，形成地上、地下、半空等多个层次相互交织的空间体验，使人们在游览过程中能感受到丰富的空间变化和视觉冲击
材料运用创新	传统材料的新诠释	对传统材料进行重新解读和运用方式的创新。比如，将木材以一种全新的拼接方式或表面处理工艺进行加工，使其呈现出不同于传统木材制品的质感和外观；或者把石材通过雕刻、打磨等手段制作成富有现代感的景观雕塑，而不是仅仅用于常规的地面铺设或墙体砌筑
	新型材料的引入	一些新型材料具有独特的物理性能、质感或外观，为艺术风格创新提供了新的可能性。例如，具有自清洁功能的玻璃、高强度且轻质的碳纤维复合材料、能根据温度或光照改变颜色的智能变色材料等，它们被应用在建筑外立面、景观小品等方面，赋予作品新颖的视觉效果和功能特性
色彩搭配创新	大胆撞色与高对比度	传统的空间环境和景观建筑色彩搭配相对较为保守，遵循一定的和谐、协调原则。创新风格敢于大胆采用撞色组合，如将鲜艳的红色与冷静的蓝色、明亮的黄色与深沉的紫色等搭配在一起，通过高对比度的色彩关系来营造强烈的视觉效果，吸引人们的注意力并传达出活泼、动感的艺术氛围
	色彩的动态变化	借助科技手段，实现色彩的动态变化。比如在一些景观建筑的外立面或照明系统中，利用LED灯的可调控性，根据不同的时间、季节、活动主题等因素，让建筑或空间呈现出不同的色彩方案，使其具有一种"活"的感觉，不断给人以新的视觉体验
光影效果创新	独特的采光设计	改变传统的采光方式，通过巧妙的建筑布局、窗户设计、采光井等手段，创造出独特的采光效果。例如，采用大面积的天窗、侧光、顶光等多种采光形式的组合，使室内空间在不同时间能接收到不同角度的光线，形成丰富的光影层次，如同在室内营造出一幅幅光影画卷
	人工光影营造	利用灯光设计，如投射灯、聚光灯、灯带等，在夜晚或低光照环境下，为空间和建筑创造出特定的光影氛围。可以通过灯光的强度、颜色、角度等的调控，打造出神秘、浪漫、温馨等不同的艺术氛围，使空间环境在不同时段呈现出不同的风貌
主题与文化融合创新	多元文化碰撞	在全球化的背景下，空间环境和景观建筑的艺术风格不再局限于单一的本土文化，而是呈现出多元文化碰撞融合的趋势。例如，将东方文化元素与西方文化元素有机结合，在建筑的外观造型、装饰细节等方面体现出来，创造出一种既具有国际视野又不失本土特色的艺术风格
	当代文化主题诠释	结合当代社会的文化主题，如环保、科技、可持续发展等，对空间环境和景观这个问题进行诠释。比如，以环保为主题的景观建筑可能会在设计中大量采用可回收材料、绿色植物等元素，通过建筑的形式、布局等方面体现出环保的理念，使艺术风格与当代社会的重要文化主题紧密结合

名称	内容	说明
互动体验创新	人与空间的互动	创新的艺术风格注重人与空间环境、景观建筑的互动体验。例如，设计一些具有互动功能的景观小品，如触摸式灯光雕塑，人们通过触摸不同部位可以改变灯光的颜色或亮度；或者在建筑内部设置可移动的隔断、家具等，人们可以根据自己的需要调整空间的布局，增加人与空间的互动性和参与感
	空间与自然的互动	强调空间环境与自然的互动关系，使建筑和景观仿佛成为自然的一部分，同时也让自然元素能更好地融入建筑空间中。比如，雨水花园能让雨水自然地流入花园进行过滤和吸收，同时花园里的植物也能为建筑空间带来清新的空气和自然的美感，实现空间与自然的互动

四、整体性

环境设计的项目是一个完整的综合体，具有独特的应用价值和审美价值。因此，项目设计要体现整体性原则，使项目具有完整的识别度与特色。整体性包括以下几点。

1. 设计理念的整体性

设计理念的整体性能够确保时刻把握项目目标，使项目的设计始终围绕着核心理念进行，这也要求项目中的理念系统化，而不是相互独立的若干理念。理念的系统化是指在项目中的设计理念作为核心理念的具体分支来实现。因此，每一个具体的理念都指向其所要实现的核心理念。例如，某项目以互动体验为核心理念，那么在项目中呈现了若干模块，其中有人与人的互动形式、人与环境的互动形式、人与虚拟场景的互动形式等，这些形式均经过精心设计的活动空间来实现。

2. 空间组织的整体性

项目整体由多个空间组合而成，每个空间既有自己独立的功能与定位，同时又和其他空间形成一定的联系，空间之间的关系包括并列、过渡、延伸、包含等关系（表3-6），整体性要求设计师在组织空间的时候始终围绕着项目空间的逻辑关系进行，避免空间的随意安排和没有联系的空间组织，这也要求设计师在组织空间的时候具有清晰的思路，知道项目中人的活动顺序和活动方式并合理安排组织。

表3-6　空间之间的关系类型

空间关系	说明
并列	空间之间具有相同或不同的功能，相对独立，根据项目设计的安排布局在相应的位置，例如居住空间中的两间卧室，功能相同但相对独立
过渡	由一个空间过渡到另一个空间，每个空间相对独立但相互临近；或者其中一个空间过渡空间，如连廊等
延伸	一个空间是另一个空间的延伸或辅助，通常为功能上的附加
包含	在一个空间中包含另一个空间，二者具有功能的一致性，被包含的空间通常为功能的延伸

3. 风格特色的整体性

项目设计的风格整体性体现在从整体到局部的风格一致，需要注意在项目中所体现出来的线条、色彩、造型、图案等元素符号的统一，寻求元素中的统一性特征，使用合适的方式进行元素提取、变形与取舍，使之内化在景观造型与空间形象上，风格特色一直以来都是环境设计中的重要研究内容。例如，近年来环境设计非常注重地域文化的体现，地域文化往往通过一系列视觉形象体现出来，融入特色文化元素的环境设计项目具有艺术性的特点，风格上也更具整体性。一些地区的环境设计项目的核心目标就是地域文化的弘扬，很多景区的建设与当地旅游资源的开发也得益于风格特色的体现。

**文化
小课堂**

红色文化主题空间设计中的常用元素

近年来，红色文化主题空间设计成为较为热门的课题，表3-7罗列了红色文化主题的环境设计中常用的元素符号，以供参考。

表3-7　红色文化主题环境设计常用元素

元素类型	表现形式	说明
人物与事件元素	革命人物雕像	塑造革命领袖以及英雄烈士的雕像，以直观的形象展现他们的风采和精神，让人们能够更真切地感受到他们的伟大事迹和崇高品格
	事件场景再现	通过雕塑群、壁画、景观小品等形式，再现重大历史事件的场景，使人们仿佛置身于那个波澜壮阔的时代，增强对红色历史的认知和体验

元素类型	表现形式	说明
地点场所元素	革命圣地微缩景观	借鉴标志性建筑和地理风貌，打造微缩景观或局部复原场景，如井冈山的八角楼、延安的宝塔山等，让人们在有限的空间内感受到这些圣地的独特魅力和历史意义
	红色遗址复原	对于一些具有重要历史价值的红色遗址，如战场遗址、会议旧址等，在设计中进行适当的复原或保留，并通过景观设计手法加以烘托和展示，使其成为红色文化教育的重要场所
物品物件元素	红色文化实物展示	展示党旗、国旗、红军军装、军帽、枪支弹药等革命时期的实物或复制品，以及与红色历史相关的书信、文件、徽章、奖状等文物，让人们能够近距离接触和感受这些珍贵的历史遗迹，增强对红色文化的认同感
	红色文化创意小品	以红色文化元素为灵感，设计制作一些具有创意和趣味性的景观小品，如以五角星、红旗等为造型的雕塑、座椅、灯具等，或者将红色文化符号与现代设计手法相结合，创造出新颖独特的景观元素，使红色文化在现代景观中焕发出新的活力
精神理念元素	精神主题广场	打造以红船精神、井冈山精神、延安精神、长征精神、西柏坡精神等为主题的广场，通过广场的命名、景观布局、雕塑小品等设计，突出这些精神的内涵和价值，为人们提供一个感受和传承红色精神的场所
	文化长廊与碑林	设置文化长廊或碑林，展示与红色精神相关的诗词、语录、故事等内容，以文字的形式传递红色文化的精神力量，让人们在欣赏书法艺术的同时，受到红色文化的熏陶和教育
艺术表现元素	红色主题壁画与浮雕	在建筑墙面、广场地面、山体护坡等位置绘制或雕刻红色主题的壁画与浮雕，内容可以涵盖革命历史、英雄事迹、红色精神等方面，通过艺术的表现手法，增强景观的视觉冲击力和文化感染力
	红色音乐与灯光秀	利用现代科技手段，如音响设备、灯光系统等，在特定的时间和地点播放红色经典音乐，或举办红色灯光秀，以音乐和灯光的艺术形式展现红色文化的魅力，营造出浓厚的红色文化氛围，吸引人们的关注和参与
自然植物元素	红色植物寓意	选择一些具有象征意义的植物，如松柏象征着坚韧不拔的革命意志，红梅寓意着革命者的高洁品质等，通过合理的植物配置，营造出具有红色文化内涵的植物景观
	生态纪念林	种植大片的树木形成生态纪念林，并将其与红色文化主题相结合，如以英烈的名字命名树木，或者将纪念林的布局设计成特定的图案或符号，使其成为一种具有生态价值和纪念意义的红色文化景观

4. 与周围环境关系的整体性

项目的功能要与周围的环境相一致。例如，在人群较为密集的城市相关区域，建设广场不仅能够有效增加人的活动空间，还能够缓解一定的交通问题。同时，项目的造型、材料、色彩要与周围的环境相协调，构成统一的整体。使项目融入环境之中，又成为环境的主体，这需要对周围环境的特征进行分析，在设计时充分考虑周围环境要素，避免项目孤立所造成的视觉和审美冲突。表3-8罗列了若干关于项目与周围环境整体性的设计思路，以供参考。

表3-8　项目与周围环境整体性的设计思路

名称	内容	说明
场地分析与理解	地形地貌研究	深入了解场地的地形起伏、坡度变化、高地与洼地等情况
	地质条件考察	明确场地的地质承载能力、土壤类型等
	气候特点分析	考虑当地的气候因素，如风向、日照、降水等
	周边环境调研	仔细观察周边已有的建筑风格、色彩搭配、建筑高度等
功能与流线整合	功能互补	分析周边环境的功能需求，使项目的功能与之相互补充
	流线衔接	确保项目内部的流线与周边环境的交通流线顺畅衔接
视觉协调与统一	风格一致	根据周边环境的建筑风格或景观特色，选择与之匹配的风格
	色彩搭配	注意项目中景观建筑的色彩选择要与周边环境相协调
	尺度比例	合理确定项目中景观建筑的尺度比例，使其与周边环境相适配
材料选用与质感	就地取材	优先选用当地的材料，这样不仅能降低成本，还能与当地环境在质感上更具亲和力
	质感匹配	分析周边环境中现有物体的质感特点，使项目中所选用的材料质感与之相呼应
生态融合	植物配置	根据当地的气候、土壤等条件，选择合适的植物进行配置，并使其与周边自然环境中的植物群落相融合
	生态系统构建	注重构建完整的生态系统，将项目中的空间环境纳入当地的生态网络

总之，遵循项目设计的原则，要求设计师紧扣时代主题，研究当下的新问题，不做重复的设计和陈旧的课题；运用科学的方法、合理的逻辑，符合各领域相关要求，不犯低级错误；创新理念，创新造型，突出特色，创新风格；保持设计的整体性以及与环境的融合性。

第三节　项目设计的构成要素

项目设计的构成要素有功能分区、交通流线、节点、结构造型、材料与色彩、细节处理（图3-1）。

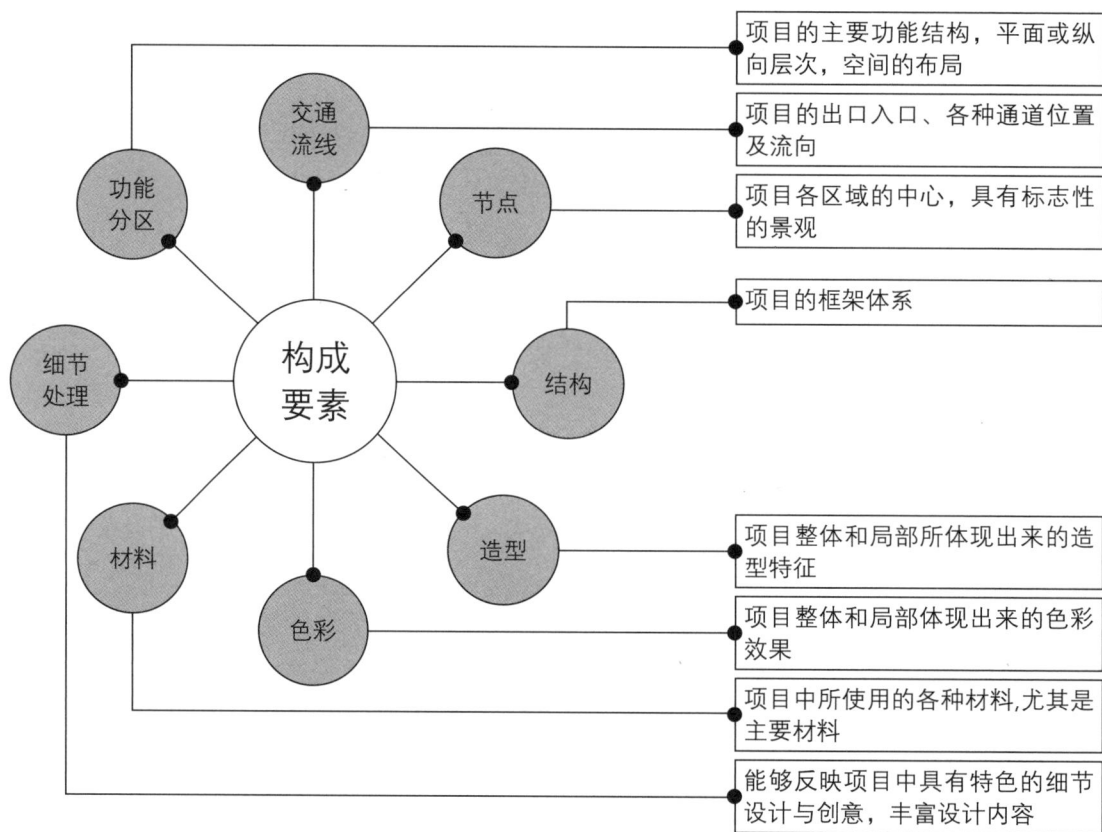

图3-1　项目构成要素

一、功能分区

在环境设计中，功能分区是指在对特定的空间环境进行规划与设计时，依据不同的使用需求、活动类型以及各要素之间的相互关系等，将整体空间划分成若干个相对独立又彼此联系的功能区域，是项目中最基本的构成要素。分区设计是着手项目空间组织的首要步骤，也是项目设计中较为重要的环节。功能分区的设计与组织一方面是将设计理念转化为具体空间的实体化过程，另一方面也是对项目整体与局部进行组织的方法。

1. 功能分区的作用

（1）提高空间使用效率

通过合理划分，使不同的功能都能有合适的空间承载，避免相互干扰，让整个空间环境能够流畅、高效地服务于使用者，比如在公园中，将儿童游乐区与安静的休息区隔开，各自能良好运行。

（2）满足多样化需求

考虑到不同人群（如老年人、儿童、年轻人等）、不同活动（休闲、运动、文化展示等）的需要，设置相应功能分区来提供针对性的空间，例如商业区设置购物、餐饮、娱乐等不同分区以满足消费者多元需求。

（3）营造有序的空间秩序

从整体上对空间进行梳理，让各个部分条理清晰、组织合理，增强空间环境的可识别性和整体美感，便于人们在其中活动，例如校园依据教学、生活、体育活动等功能分区布局后，校园格局会显得井然有序。

2. 功能分区的方式

（1）按照空间的功能进行划分

项目中的分区分别具有不同的具体功能，例如现代私人居住空间中常分为客厅、餐厅、卧室、书房、卫生间、厨房、阳台等空间，这些空间都有自身独特且明确的功能，且分区间的组织较为严谨，根据整体的要求实现有机的结合，使人在整体空间中得到优质便捷的服务。

（2）按照人群特征进行划分

项目中的分区以不同人群特征为划分思路，人群的特征包括人群的数量、人群的类型（年龄、性别、职业、知识层次等）、人群的活动方式等。这种分区方式能够有效体现服务于人的原则，使项目能够适合更广泛的群体。公园与广场的设计常使用此类分区的方法，以满足广大群众活动的需求。

（3）按照空间主题进行划分

项目的分区按照不同的主题进行划分，每个分区都有独立的主题且分区间形成一定的并列关系，这种方式常用在一些特定的主题性项目或项目中较大的分区层次中，这是因为"主题"是个非常宏观的概念，代表着某种概念和大的方向，而不是具体的某个功能或活动。

（4）按照空间关系划分

项目的分区按建筑室内外或不同形态进行划分，例如某公园中的分区为滨水空间、中心广场、休闲草坪、生态树林、观景平台等；某茶楼的分区为入口广场、室内空间、中心庭院、连廊、阳台、屋顶花园等。这种分区方式常围绕着主体建筑展开或地形类型较为丰富且复杂的室外空间。

需要注意的是，一个项目中的分区具有层次性，大分区中很可能包含小的分区，而小分区中又可能包含更小的分区，分区的层次数根据项目定位、规模、需求的不同而有多有少，如果一个项目面积较大，内容较多，分区的层次也会较多，如大型公园，游乐园等。相反，如果项目规模较小，就很难实现多层次的分区。同时，一个项目中的分区可以根据需要采用不同的方式进行划分，呈现多种分区方式综合应用的形式，以达到功能的最优方案。除上述的常见分区方式以外，还可根据具体情况进行其他角度的划分。表3-9罗列了酒店常用的功能分区。其中，客房区、餐饮区、公共活动区、后勤服务区、其他功能区是按照功能划分的；客房区中的标准间、单人间、套房是按照人群性特征划分的；餐饮区中的各类空间是按照主题划分的；公共活动区中的各类空间是按照人的活动方式划分的。

表3-9　酒店常用的功能分区

大分区	小分区	说明
客房区	标准间	配备一张双人床或两张单人床，有独立卫生间等基本设施，适合大多数普通旅客的住宿需求
	单人间	房内放置一张单人床，空间相对紧凑，适合独自出行的客人
	套房	一般由卧室、客厅、卫生间甚至可能还有厨房等多个空间组成，面积较大，装修更豪华，设施更齐全，能够为客人提供更舒适、宽敞且私密的住宿体验，常被商务人士或对住宿品质要求较高的客人选择
餐饮区	中餐厅	以提供中式菜肴为主，通常有多个不同规格的包间，适合家庭聚餐、商务宴请等各种场合，菜品涵盖各地特色的中式菜系
	西餐厅	供应西餐，包括法式、意式、英式等不同风格的西餐菜品，环境布置往往营造出浪漫、优雅的西式氛围，餐具、服务流程等也遵循西餐的规范
	宴会厅	空间较大，可举办大型的宴会活动，如婚宴、公司年会、大型商务宴请等，一般配备有舞台、专业的音响灯光设备以及相应的服务团队，方便进行各种表演、活动展示等
	咖啡厅	环境相对轻松惬意，主要提供咖啡、茶、点心以及一些简餐等，是客人休闲聊天、进行简单商务洽谈或者休憩的好去处
	酒吧	供应各类酒水饮品，有的还有调酒师现场调制特色鸡尾酒，常伴有音乐表演等娱乐项目，营业时间通常较灵活，多在晚上比较热闹，为客人营造出放松、欢乐的氛围

大分区	小分区	说明
公共活动区	大堂	是酒店的门面和客人进出的主要空间，一般设有接待前台、休息区等，还会摆放一些展示酒店文化特色的装饰品，营造出独特的氛围，让客人一进入酒店就能感受到整体的格调
	会议室	包括不同规模大小的会议室，配备投影仪、音响设备、会议桌椅等设施，能够满足企业商务会议、培训讲座等各种会议活动需求，有的大型会议室还可以灵活分隔成多个小会议室
	健身房	配备有各种健身器材，如跑步机、哑铃、动感单车等，方便住客在住宿期间进行日常的健身锻炼，部分高档酒店的健身房还会配备专业的健身教练提供指导服务
	游泳池	分为室内游泳池和室外游泳池，为客人提供游泳健身、休闲娱乐的场所，周边通常还配备有更衣室、淋浴间以及休息躺椅等设施，有的豪华酒店游泳池还会打造特色景观，营造舒适惬意的环境
	SPA中心	提供按摩、美容、身体护理等各类放松身心的服务项目，内部装修注重营造安静、舒适、私密的环境，帮助客人缓解旅途疲劳、放松身心
后勤服务区	厨房	根据不同的餐饮区域，会有相应配套的厨房，比如中餐厅厨房、西餐厅厨房等，内部布局合理，有食材加工区、烹饪区、洗碗消毒区等不同功能区域，配备专业的厨房设备，保障酒店餐饮的正常供应
	员工办公区	供酒店管理人员、各部门工作人员日常办公使用，设有办公室、会议室等不同空间，便于协调酒店各项事务、召开内部会议等
	仓库	用于存放酒店运营所需的各类物资，如客房用品、餐饮食材、清洁用品等，会根据物资类型进行分类存储，并有相应的库存管理系统
	设备机房	放置空调机组、电梯机房、配电设备等各类保障酒店正常运转的重要设备，需要有专业人员定期维护和管理，确保设备安全稳定运行
其他功能区	停车场	为自驾客人提供停车的场所，有露天停车场和地下停车库等不同形式，有的还配备有停车管理系统、充电桩等设施，方便客人停车及车辆充电
	商务中心	提供打印、复印、传真、电脑租赁等办公相关服务，方便商务客人处理一些临时的商务文件等事务
	商店	有的酒店内会设有便利店、礼品店等，出售一些日常用品、当地特色纪念品、食品饮料等商品，满足客人在酒店内的购物需求

二、交通流线

交通流线指的是人、车等在空间环境内活动时所形成的流动轨迹与路线，它直观反映了各功能区域之间的连接方式以及人员、物资等要素的通行情况。是环境设计中需要精心考量的部分，关乎整个空间的使用体验、功能发挥以及安全性等诸多方面。

1. 交通流线的作用

（1）组织空间功能

合理的交通流线能串联起各个分散的功能空间，使整个空间形成一个有机的整体，让不同的活动区域相互关联又各自独立。比如在校园环境中，交通流线将教学区、生活区、运动区等连接起来，方便师生在不同功能区之间转换活动。

（2）引导人流与行为

交通流线可以引导人们按照设计师预期的方向和顺序游览、使用空间，影响人们的行为和体验。例如主题公园精心设计的流线，会引导游客依次经过各个游乐项目、表演场地等，让游客充分感受公园的主题氛围和特色内容。

（3）保障运营效率

无论是日常的人员、物资流动，还是紧急情况下的疏散等，科学的交通流线都能保障相应活动高效、有序地开展，对于商业建筑、公共设施等场所的正常运营起着至关重要的作用。交通流线。

2. 交通流线的分类

（1）按使用对象分类

按使用对象，可分为步行流线、车行流线和特殊流线。

步行流线主要服务于步行的人群，比如公园中散步的游客、商业街里逛街的顾客等，这类流线重点考虑人的行走舒适度、便捷性以及趣味性等，像园林小径蜿蜒曲折，可让行人在移步换景中获得独特体验。

车行流线针对机动车（如轿车、消防车、垃圾清运车等）通行设计。例如居住区内的车行道，要确保车辆能顺畅地进出停车位、驶向小区出入口等，同时还须考虑车速限制、转弯半径等因素，以保障行车安全。而在一些大型景区，会设有专门的游览车道方便游客乘车观光，其宽度、坡度等设计要符合车辆行驶要求。

特殊流线为特殊人群设置的流线，如为残障人士设置的无障碍通道、坡道、盲道等道路，保障特殊群体的通行便利；还有一些景区为自行车骑行爱好者规划的骑行流线，其路面状况、连贯性等要适宜自行车行驶。

（2）按功能属性分类

按功能属性，可分为主要流线、次要流线和消防疏散流线。

主要流线通常是连接重要功能区域、出入口之间的关键路线，承担较大的交通流量。例如在购物中心，从主入口通向主力店铺、中庭等核心区域的通道就是主要流线，要宽敞且指示明确，方便大量顾客快速到达想去的地方。

次要流线用来辅助主要流线，用于连接相对次要的功能空间或者作为主要流线的分流路径。例如在商场中连接一些小型特色店铺、休息区的过道等，它能让空间交通组织更加灵活、细致。

消防疏散流线是关乎生命安全的重要流线，必须满足消防安全规范要求，保证在紧急情况下，人员能迅速、有序地从建筑物内部疏散到安全地带。例如疏散楼梯、疏散通道等，其宽度、疏散距离等指标都有严格规定。

（3）按照等级定位分类

按等级定位可以将项目中的交通流线分为不同的层级，例如主干道、次干道或者一级道路、二级道路、三级道路等。

按照项目中流线的等级，将最主要的流线定位为一级道路或主干道，这个层级的路线将贯穿于项目的主题路线，链接各个出入口，通行的范围，承载的人流量、车流量以及道路的宽度与规模都是最大的，也是项目中体现主要流线方向的道路，对于大型的环境设计项目来说，主干道能够决定游览的大方向。

二级道路或次干道是由主干道分支出来的道路，负责通往主干道周围的相关区域，将这些区域连接在主干道上，这一层级的道路相对窄一些，承载的人流和车流相对少一些，但数量比主干道多，方向也更加自由，但最终都会将人流、车流引导到主干道方向上。

三级道路是更为细致的路线，是二级道路的延展，通往或连接项目中更小的空间，例如公园中的林荫小路，保证人群可以到达项目中的每个角落。

道路的层级可根据项目的规模，定位和需要设置不同的层数，规模较大的项目需要更多的道路层数，来确保人们到达每个区域。

交通流线的设计原则可扫码进行拓展学习。

交通流线的设计原则

三、节点

节点是指在整个空间环境中相对集中、具有一定特殊功能或独特意义，并且能够吸引人们注意力、汇聚人流的关键地点或区域，是空间中的焦点所在。节点往往可以成为人们对整个环境产生深刻印象的关键部分。例如，公园中的湖心亭、广场中心的雕塑喷泉、商业街入口处的标志性门楼等都是典型的节点（图3-2）。

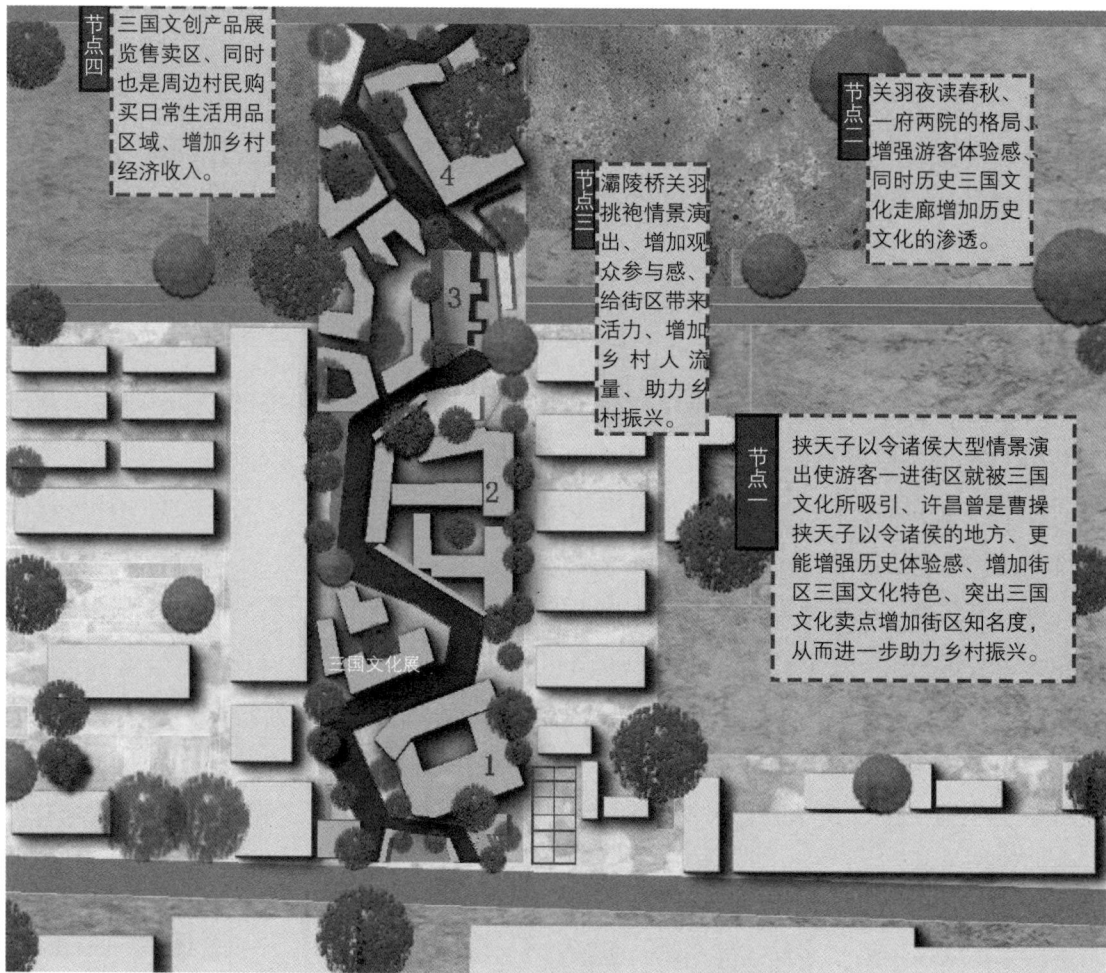

图3-2　节点分析图/郑州航空工业管理学院　康壮

1. 节点的作用

（1）空间组织

节点可以作为空间环境的骨架，串联起各个不同的区域，帮助梳理和组织整个空间的布局，使空间层次更加清晰。比如在一个大型公园中，以几个重要的景观节点为核心，使用道路等交通流线将各个功能区如休闲区、花卉观赏区、科普区等连接起来，可以构建起有序的公园空间结构。

（2）引导行为

节点能够吸引人们的注意力并引导人们的活动走向，促使人们按照设计意图去体验空间、参与活动。例如商业步行街中，通过设置一些具有吸引力的节点，如特色的商业招牌、街头表演舞台等，吸引顾客沿着步行街前行，增加顾客在街区内停留和消费的可能性。

（3）提升环境品质

优秀的节点设计可以为整个景观建筑空间环境增添艺术魅力、文化内涵和趣味性，使空间更具吸引力和活力，满足人们在审美、精神文化等方面的需求。例如一处历史街区，精心打造的文化节点可以让整个街区在保留历史韵味的同时，焕发出新的生机与活力，成为人们休闲游览的好去处。

2. 节点的分类

（1）交通节点

交通节点主要用于汇聚、分流不同方向的交通流线，起着转换和衔接的作用，确保人流、车流能够顺畅地在空间环境中通行。常见于道路交叉口、不同交通方式换乘处等位置。例如，在大型综合交通枢纽中，地铁站、公交站、出租车站以及停车场等不同交通形式汇聚的区域就是交通节点，人们在这里可以便捷地换乘不同的交通工具前往各自的目的地。城市道路的十字路口也是交通节点，行人、车辆在此根据交通信号灯等指示进行方向的转换，保障交通的有序流动。

（2）功能节点

功能节点承载着特定的功能活动，是为了满足人们某类具体需求而设置的节点。这些节点往往根据不同的使用场景配置了相应的设施设备。例如，学校里的操场是供学生开展体育锻炼、举办运动会等体育活动的功能节点；医院中的挂号大厅是患者进入医院后办理挂号、咨询等相关手续的功能节点；而社区内的儿童游乐区，则是孩子们玩耍嬉戏的功能节点。

（3）景观节点

景观节点侧重于营造具有观赏性、美感和艺术氛围的空间，以吸引人们停留观赏、拍照打卡等，提升整个空间环境的品质和吸引力。这类节点通常会运用到各种景观设计手法。例如园林中精心打造的假山瀑布景观，水流从高处落下，周围配以造型优美的植物，形成一处独特的景观节点，让游览者忍不住驻足欣赏；又如在城市广场上摆放的大型抽象雕塑，在夜晚灯光的映衬下，成为整个广场区域引人注目的景观节点，提升了广场的艺术格调。

（4）文化节点

文化节点承载着特定的地域文化、历史记忆或精神内涵，通过建筑、雕塑、展示墙等形式将这些文化元素展现出来，让人们在使用和感受空间环境的同时，能够了解和传承相应的文化内容。例如，古镇中的祠堂是当地家族文化、祭祀文化的重要载体，反映了当地的民俗风情和历史渊源，是古镇中的文化节点；某些城市街头的历史名人雕像及周边的介绍展板，传播了城市的历史文化故事，成为展示城市文化底蕴的文化节点。

节点的设计原则可扫码进行拓展学习。

节点的设计
原则

四、结构造型

项目中的景观、建筑、装饰等一切具有形象的内容都有自身的结构和造型，当项目进入到局部设计阶段，就需深入思考每一个要素的结构和造型，因此结构和造型是项目中整体与局部形象的重要体现。

结构是指能够支撑起整个建筑物、景观设施等实体，并使其稳定存在，承受各种荷载（如自重、人员活动荷载、风荷载、雪荷载等）的骨架体系。它是保障建筑物、景观设施安全可靠、实现其功能的基础（图3-3）。

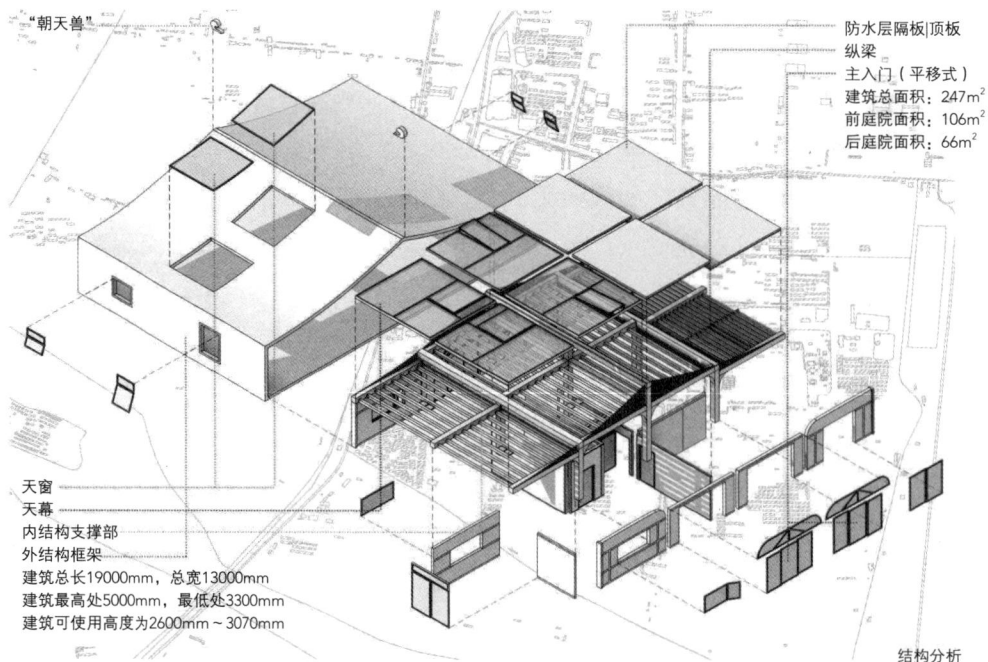

图3-3　结构分析图/郑州航空工业管理学院　林玉龙

造型是指建筑物及景观设施在外观形态、轮廓、比例、尺度以及表面装饰等方面所呈现出的特征，它是最直观地被人们感知的部分，直接影响着人们对整个设计作品的审美感受和印象。好的造型设计不仅可以使建筑物及景观设施成为视觉焦点，吸引人们前来观赏和使用，还能传达特定的文化内涵、艺术风格以及设计意图等。

1.结构设计的原则

（1）安全性原则

结构必须能够承受预期的各种荷载，具备足够的强度、刚度和稳定性，确保在正常使用年限内不会出现坍塌、变形过大等危及使用者安全的情况。例如在地震多发地区设计景观建筑时，结构要考虑抗震要求，采用相应的抗震构造措施。

（2）经济性原则

在保证结构安全可靠的基础上，要合理选用材料、优化结构形式，尽量降低造价成本。例如选择本地常见且价格合理的建筑材料，避免过度设计导致材料浪费和成本增加。

（3）适应性原则

结构要适应所处的环境条件，如气候、地形等。例如在海边设计建筑物及景观设施时，就需考虑防腐蚀问题，因海风带有盐分，对金属等材料有侵蚀作用；而在山地环境中，可能需要结合地形进行灵活调整，以保证建筑的稳固。

2.造型设计的影响因素

（1）功能需求

造型首先要满足建筑物及景观设施的实际功能需要。比如，设计一个户外儿童游乐设施，其造型要方便儿童攀爬、玩耍，整体形态要符合儿童的身体尺度和活动特点，不能有尖锐边角等安全隐患；又如图书馆类的建筑物及景观设施，其造型可能要相对规整、沉稳，营造出安静阅读的氛围。

（2）场地环境

造型要与周边的自然环境、建筑环境等相契合。如果位于山林之中，建筑物及景观设施的造型可多借鉴自然山水的形态，采用不规则、柔和的线条，与山林环境相融合，如采用坡屋顶造型模拟山体起伏，使建筑仿佛从山林中生长出来一样；而处于城市中心的建筑物及景观设施，造型可能会更具现代感和简洁性，与周围的高楼大厦相呼应，展现城市的繁华与活力。

（3）文化内涵

造型可以融入特定的地域文化、历史文化等元素，使其具有深厚的文化底蕴。例如中国传统园林建筑，会通过飞檐翘角、雕梁画栋等造型手法，展现出中国古典建筑文化的韵味；又如一些少数民族地区的建筑物及景观设施，会在造型上融入本民族的特色图案、色彩等元素，传承、弘扬本民族的文化传统。

（4）审美趋势

造型会受到当下及当地流行的审美观念影响。不同时期、不同地区对于美的认知存在差异，现代的景观建筑造型可能更倾向于简洁、流畅的线条以及几何形状的组合，追求简约之美；而在一些具有历史文化传承的地区，人们可能更偏爱带有传统装饰元素、古朴风格的造型设计。

3.造型与结构的关系

（1）结构支撑造型

结构是造型实现的基础，合理的结构体系能够保障造型的稳定呈现。例如，想要实现一个复杂的扭曲造型的建筑物及景观设施，就需要有先进的结构技术和合适的结构构件来支撑，确保其在力学上可行，不会因造型独特而出现结构安全问题。

（2）造型引导结构

造型的需求会促使结构工程师去探索和选择更合适的结构形式。比如，设计师希望打造一个大跨度且轻盈的屋顶造型，这就会引导设计师采用悬索结构或桁架结构等能满足大跨度要求且视觉上相对轻巧的结构形式。

五、材料与色彩

环境设计中，任何一个细节都离不开材料的应用，可以说，材料体现在项目的任何一个部位，从道路铺装到景观雕塑、从建筑外观到内部空间，材料以多样化的质感、色彩、性质构成了丰富的视觉效果。色彩是项目中从整体到局部的视觉要素，是项目主题、风格的表现，项目设计的局部除结构造型、材料质感外，还需要对色彩设计深入思考，色彩往往和材质密切相关，同时也和造型形成关联和适配（图3-4）。材料与色彩的设计原则可扫码进行拓展学习。

材料、色彩的设计原则

图3-4　平面图中体现的色彩设计/郑州航空工业管理学院　李欣芮

六、细节处理

微观设计元素或景观、建筑、空间的细节表现，即细节处理。虽然在宏观层面上对整体项目的影响有限，但在个体感知层面却具有决定性意义。比如公园中的座椅、路灯、垃圾箱等公共设施设计，以及室内空间中的陈设配置，细节处理直接关系到使用者的体验品质以及与环境的和谐共融。细节处理的原则可扫码进行拓展学习。

细节处理的
原则

第四节　项目设计的图纸

一、概念图

环境设计概念图是通过图形化手段展示环境设计理念的图纸。该图在环境设计的各个阶段扮演着记录和传达设计师初步构思的角色。概念图既可以通过手绘形式展现创意，亦可利用计算机辅助设计软件制作。其核心在于阐述设计的核心理念，涵盖空间利用策略、风格定位、功能布局等多个方面，为后续详细设计阶段提供基础框架。概念图的涵盖范围广泛，具体表现可以从以下几个维度进行阐述。

1. 表达理念的概念图

通过概念图的形式表达设计的理念、思路、逻辑和创意思维，建立设计的整体框架，例如，思维导图就是以表达理念思路为主要目标的概念图，在环境设计最初的阶段，得到项目的定位与任务目标后，通常会对项目设计整个过程进行计划安排，在进行具体的设计之前就对整个项目如何设计进行研究并确定方向和思路，这个阶段需要绘制相关的概念图。第一，可以通过概念图表现项目定位、目标、解决的问题、优劣条件等各部分之间的关系；第二，可以通过概念图展示说明设计的核心理念以及设计中参与应用的方法和技术手段；第三，可以通过概念图对项目中的空间进行初步的方案表现（图3-5）。

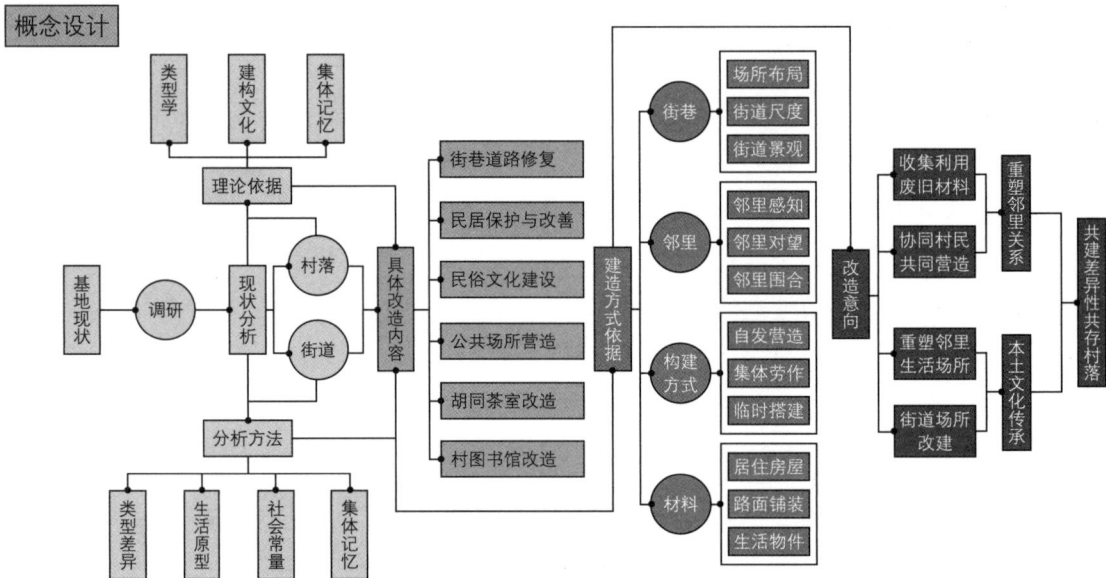

图3-5　表达理念的概念图案例/郑州航空工业管理学院　韩奕

2. 表现布局的概念图

通过概念图来对项目布局进行表现，在设计的初期，通过布局来对项目的功能分区、交通流线、景观节点进行组合与推演。首先它能够梳理布局设计的构思，以直观图形划分功能区域并确定优先级，整合不同设计理念，使其和谐统一；其次概念图能够可视化空间关系，展示功能分区联系并探索空间层次与序列；最后，概念图能辅助布局设计过程中的动态调整，方便比较不同方案，记录设计演变过程，为后续设计的优化提供有力支持（图3-6）。

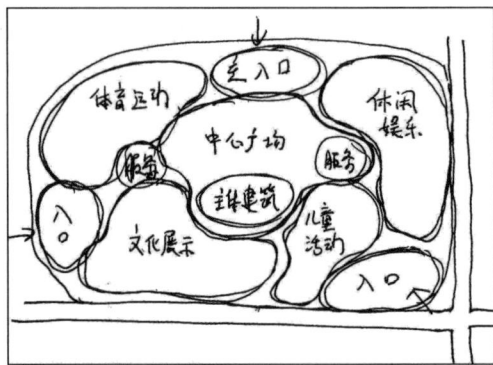

图3-6　某公园布局概念图

3. 表现效果的概念图

通过概念图对项目中的整体或局部空间造型效果进行简要表现，有助于概念的形象化实现，同时能够为后续的空间造型设计提供更多的方案，需要注意的是，这种概念图不同于效果图，它更倾向于表达空间或景观的大致形态与造型理念，而不是展示效果，因此在表现上并不需要过于细致，但需要将形态特征等关键因素展示出来（图3-7）。

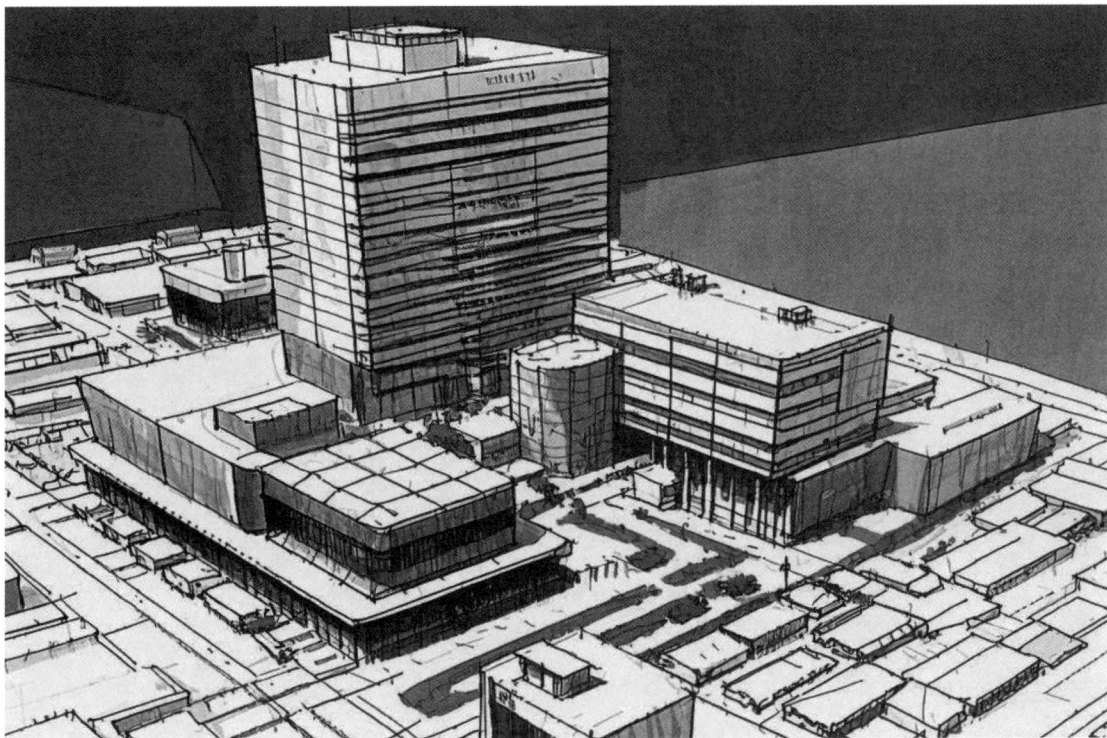

图3-7　表现建筑大致形体效果的概念图

4. 表现细节的概念图

通过概念图展示局部的结构，纹理或技术手段，表达细节处理的关键因素。同表现效果的概念图一样，这种概念图的作用并不是展示细节的效果，而是用于说明一些处理的方式和一些局部的特征，比如应用的元素图案等。

二、分析说明图

分析说明图用于项目中的调研结果、问题分析、设计说明等环节，并且在设计的前期、中期、后期都需要分析说明图，可以说，分析说明图是将设计完整解释的重要环节，可以将其分为分析图和说明图两类。

1. 分析图

对前期的调研内容的资料、数据、问题等进行研究与整理，并通过分析得到一定的结论。以图形、图片、图表、图表等形式配合文字描述进行表现（图3-8）。

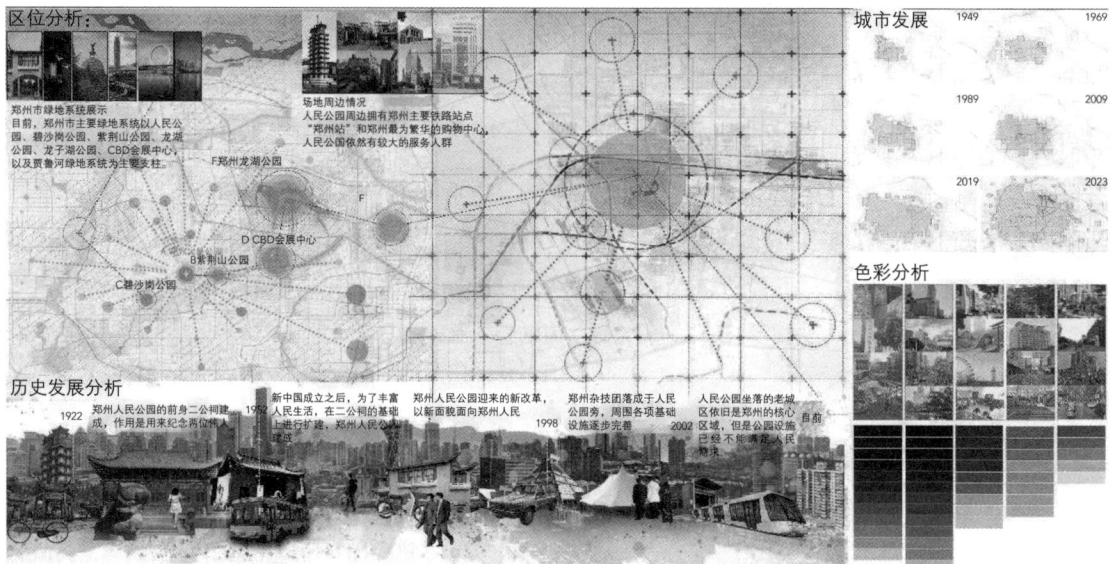

图3-8　某设计项目部分分析图/郑州航空工业管理学院　罗博文

2. 说明图

对项目设计的各方面进行解释，可以理解为项目设计的说明书，说明图通常以项目的图纸为基础，根据想要说明的具体内容对其进行制作，并配合文字及说明性的符号来进行表现。

三、展示类图纸

1. 平面图

平面图是一种用二维图形来表示物体在水平方向上的布局和特征的图纸。它通过正投影的方法，将物体在水平面上的形状、大小、位置关系等信息准确地表达出来，使人们能够直观地了解空间结构和布局。在环境设计中，平面图是重要的设计工具，用于展示景观、建筑、室内等空间的布置和规划。根据环境设计的不同方向可以将平面图分为以下几类。

①建筑平面图。详细描绘建筑物内部各个楼层的平面布局。

②景观平面图。体现景观设计的布局，如绿地、花坛、水体、园路等的布置。

③室内平面图。着重表现室内空间的布置，如家具摆放、空间划分等。

④场地平面图。主要用于展示场地的地形、地貌以及其他相关设施的位置。

在一个项目中，按照表现区域范围的大小与层次，可将平面图分为总平面图和局部平面图。

（1）总平面图

展示一个项目或区域的整体布局和规划，呈现出诸如建筑物、道路、景观、设施等各种元素的位置、形状和相互关系，让人们对整个环境有一个宏观的认识。总平面图是环境设计的重要组成部分，它为后续的详细设计和施工提供了基础和指导。通过总平面图，设计师可以传达设计意图，协调各个部分的关系，确保项目的整体合理性和功能性。同时，总平面图也是与他人交流和沟通设计方案的有效工具（图3-9）。

（2）局部平面图

局部平面图是展示整体平面图中某一特定区域或部分的详细布局。它更侧重于呈现局部区域内的具体设计和安排，包括更精确的尺寸、细节以及与周边环境的关系。局部平面

1.主入口	2.中心风车广场	3.原木小憩	4.篮球场	5.绿叶迷踪
6.生命树休憩广场	7.二号次入口	8.观景亭	9.泡泡游乐场	10.渔网攀岩
11.三号次入口	12.风车廊架观景台	13.麒麟湖	14.贝壳石小品	15.波纹休憩广场
6.公共厕所	17.四号次入口	18.公园管理处	19.停车场	20.一号次入口

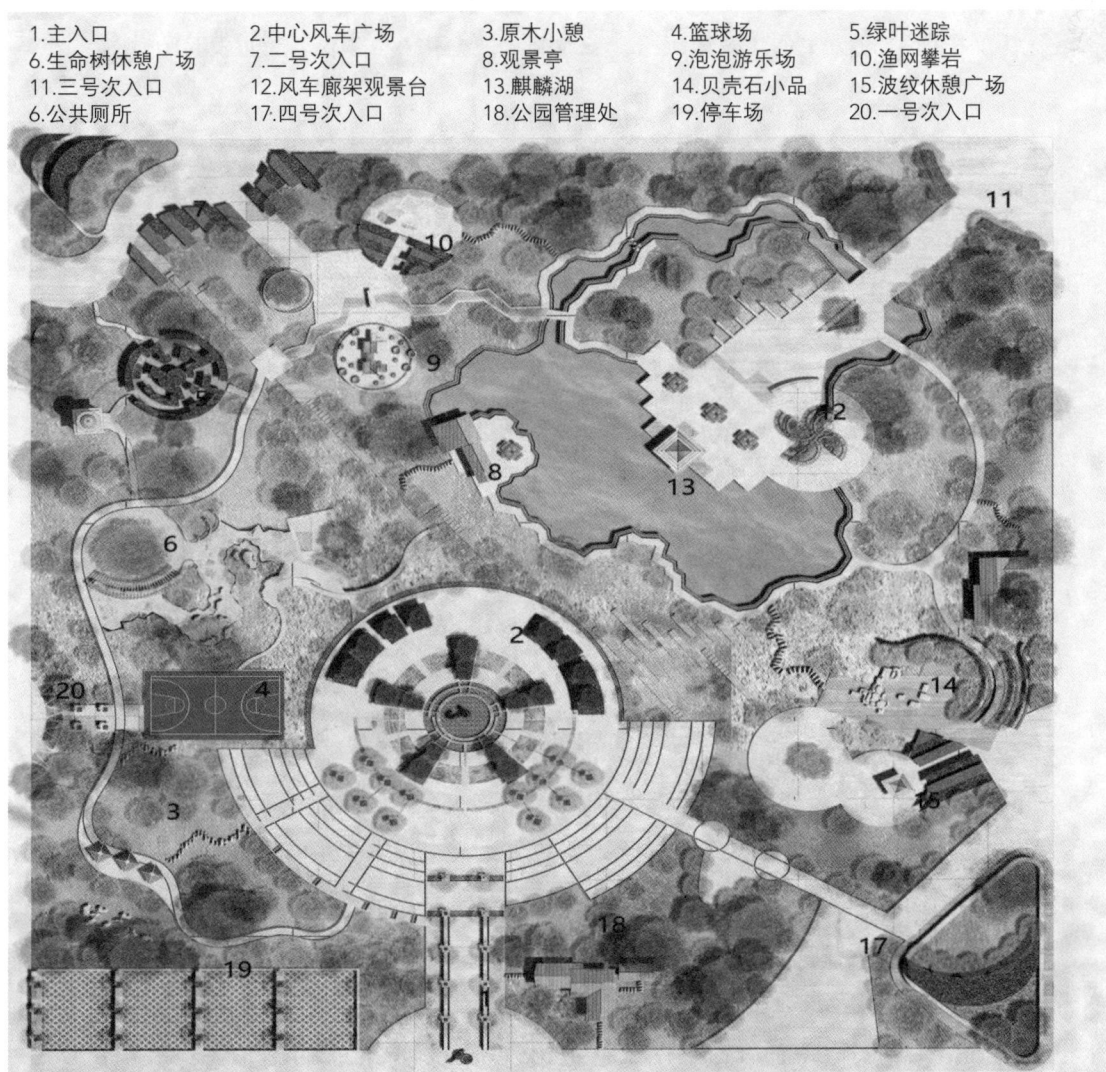

图3-9　总平面图/郑州航空工业管理学院　赫连天梓

图是对总平面图的细化和补充。总平面图提供了整体的布局和框架，而局部平面图则聚焦于具体区域的详细设计。它们相互关联，共同构成了完整的环境设计方案。

2. 剖、立面图

（1）立面图

在设计中，立面图是指建筑物或景观构筑物等垂直方向的正投影图。它主要展现了物体在垂直面上的外观形式，包括建筑的外立面、墙体、围栏等垂直元素的形状、尺寸、材料质感以及装饰细节等内容。在立面图中，可以精确地绘制出建筑物或景观元素各个部分的轮廓形状；标注关键的尺寸信息，如建筑物的总高度、各楼层的高度、门窗洞口的尺寸等；通过不同的线条、图案或符号来表示外立面所使用的材料；展示雕花、浮雕、线条等装饰性构件的位置、大小和形状。通过立面图表现，可以清晰掌握施工目标，体现设计的风格特点，将细节的设计充分展现出来。立面图涵盖了不同的形式，如表3-10所示。

表3-10　立面图的分类

分类方式	立面图形式	说明
投影方向	正立面图	正面投影图，展示主要的外观特征和设计细节
	侧立面图	侧面投影图，展示侧面的外观特征和设计细节
	背立面图	背面投影图，展示背面的外观特征和设计细节
设计阶段	方案立面图	在设计方案阶段绘制的立面图，用于展示设计概念和初步的设计效果
	扩初立面图	在扩初设计阶段绘制的立面图，用于进一步细化和完善设计方案
	施工立面图	在施工阶段绘制的立面图，用于指导施工人员进行建筑的施工
表现手法	线条立面图	用线条来表现，用于展示轮廓和基本的设计特征
	渲染立面图	通过渲染软件或手绘等方式来表现，用于展示真实的材质、光影和色彩效果，使设计更加生动和逼真

（2）剖面图

剖面图是假想用一个剖切平面将物体剖开，移去介于观察者和剖切平面之间的部分，对剩余部分向投影面所做的正投影图。在环境设计中，剖面图可以清晰地展示空间的垂直方向上的结构和层次。首先，剖面图能够直观地展示环境空间的内部结构，包括建筑内部的楼层高度、空间布局、楼梯位置等。其次，剖面图有助有表达设计细节，通过剖面图可以详细展示材料的使用、构造细节以及各元素之间的关系；最后，剖面图能够辅助施工与造价，为施工人

剖面图类型

员提供详细的内部构造信息，帮助他们准确施工，同时为工程造价人员核算工程量提供依据。剖面图的几种类型可扫码进行拓展学习。

剖面图在环境设计领域的应用涵盖多个方面，在景观设计中，剖面图能够详细呈现地形的高低起伏、水体的深度与广度以及植物的高度与层次结构。在室内设计中，剖面图则用于展示室内空间的垂直尺度、吊顶的构造细节以及家具的布局定位。在建筑设计中，剖面图能够详细展示建筑的结构组成和功能区划分，同时能够清晰展现建筑的外观造型与内部构造（图3-10）。

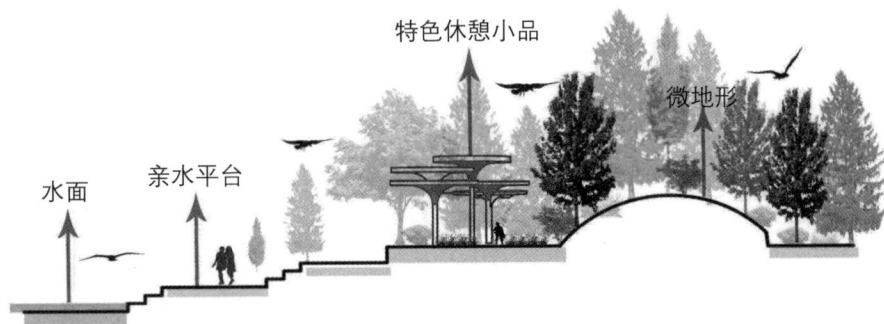

图3-10　景观设计剖面图/郑州航空工业管理学院　邢凯旋

3. 效果图

（1）轴测图

在环境设计领域，轴测图是一种单面投影图。它是用平行投影的方法，将物体连同确定其空间位置的直角坐标系，沿不平行于任一坐标平面的方向，投影到一个投影面上所得到的图形。简单来说，轴测图能够同时展示物体的长、宽、高三个维度的形状和尺寸，给人一种直观的三维空间感。轴测图在项目表现中扮演关键角色，首先，轴测图使设计师能快速将设计概念三维化，便于组织空间和规划功能区域联系，如校园环境中的建筑与景观、道路系统的布局。其次，轴测图作为设计师与客户、施工团队沟通的工具，能够提供直观的空间效果和详细三维信息，便于理解设计要求和施工细节。第三，轴测图用于评估空间利用率、流线合理性、视觉效果等，如商业空间设计中顾客行走路线、店铺布局和氛围的评估（图3-11）。其特点可扫码进行拓展学习。

（2）透视图

在环境设计中，透视图是按照中心投影的原理绘制的，以人的正常视觉感受为基础，将三维空间中的物体和场景投射到二维平面上，从而在平面上产生近大远小、近高远低、近宽远窄的视觉效果，使观者能够直观地感受到空间的深度和物体的真实感。透视图有以下几种形式。

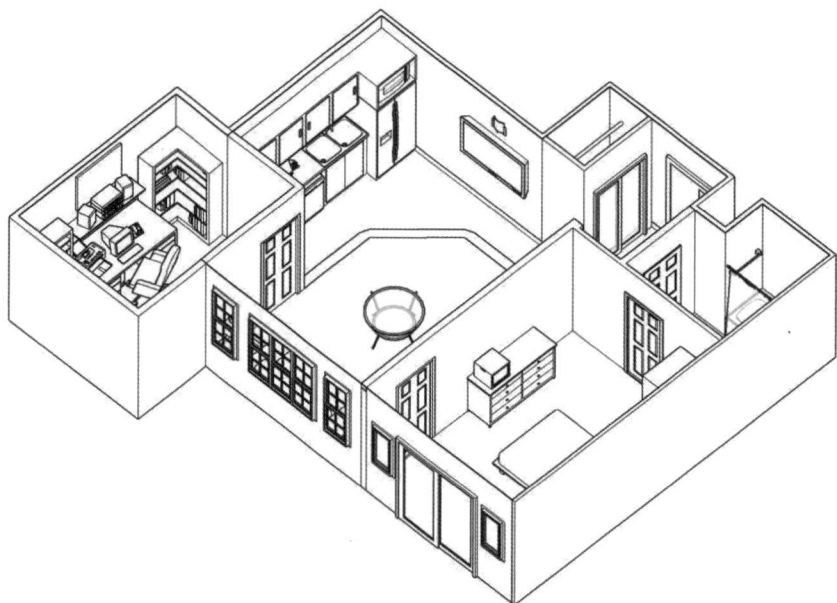

轴测图特点

图3-11　室内空间轴测图

①一点透视（平行透视）。一点透视是最基本的透视类型。在这种透视中，物体的两组主要平行线（通常是垂直方向和水平方向）保持平行，而另一组平行线（深度方向）向一个灭点（消失点）汇聚。

想象一个简单的长方体形状的建筑，正面与观者视线垂直。在一点透视下，建筑的正面的上下边缘和左右边缘是平行的，而建筑向远处延伸的线条（如建筑两侧的墙壁边缘、屋顶的边缘等）会向画面中心的一个灭点汇聚。这种透视常用于表现建筑的正立面、街道的一侧或者室内空间的正面等场景，能够营造出规整、稳定的视觉效果。例如，在绘制一条长长的走廊时，采用一点透视可以很好地表现出走廊的纵深感，两侧的墙壁和天花板的线条向远处的灭点汇聚，让观者能够清晰地感受到空间的延伸（图3-12）。

②两点透视（成角透视）。两点透视中，物体的三组平行线中有两组分别向两个灭点汇聚，剩下一组保持平行。通常是物体的垂直线保持垂直，而两个水平方向的线条分别向不

图3-12　一点透视的景观凉亭

同的灭点汇聚（图3-13）。

③三点透视（斜角透视）。三点透视是在两点透视的基础上，物体的垂直线也不再保持垂直，而是向第三个灭点汇聚。这种透视一般用于表现高大物体的仰视或俯视效果。

图3-13 两点透视的室内空间

④散点透视。散点透视是一种独特的透视方法，它不像前面几种透视那样有固定的灭点和严格的透视规律。散点透视中可以根据需要自由地安排画面中的物体，将不同位置、不同角度观察到的景物组合在一幅画面中。

文化小课堂

中国传统绘画中的散点透视在环境设计的应用

在中国传统绘画中，如长卷形式的山水画，会采用散点透视的方法。比如《清明上河图》，画卷沿着汴河展开，画面中有城市建筑、街道、桥梁、船只和人物等众多元素。画家并不是从一个固定的角度来描绘这些景物，而是随着画卷的展开，将不同位置、不同距离的景物依次呈现在画面上，让观者能够全面地了解整个汴河两岸的繁华景象。这种透视方法在环境设计中，可用于展示大型、复杂的景观环境，如大型园林景观或历史文化街区等，能够突破固定视角的限制，呈现出丰富的空间内容（图3-14）。

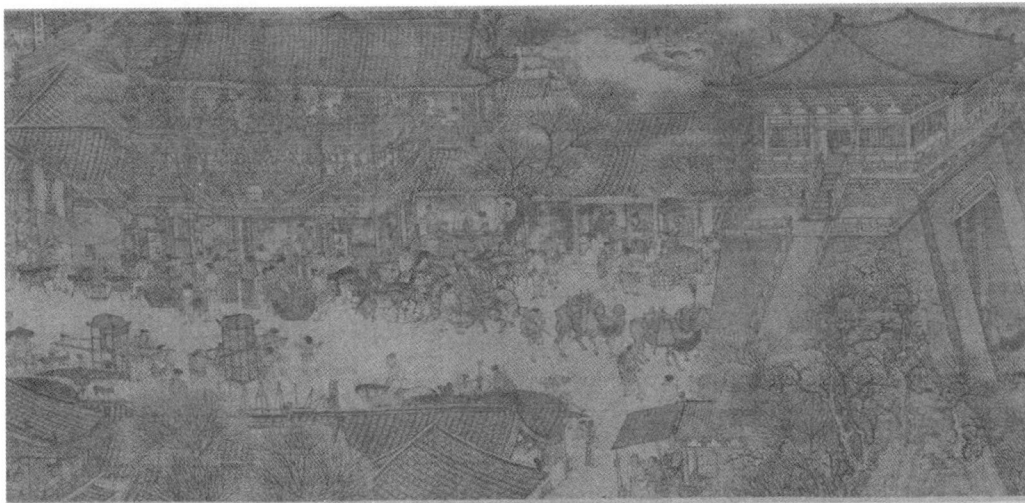

图3-14 清明上河图局部

透视图在项目设计过程中的作用可扫码进行拓展学习。

透视图作用

AI技术
拓展应用

通过AI工具能够快速制作思维导图，提取关键信息，根据要求设置节点和形式即可生成需要的思维导图，并且方便修改与加工。

在方案设计的初期，可以通过AI图像生成工具围绕项目主题和定位进行图像生成，得到广泛的设计灵感作为参考，同时也可以在此基础上进行深入操作，使得到的结果尽可能满足要求。甚至说，好的结果能够进一步制作或生成为三维模型，经修改调整直接用于方案。

图3-15　通过AI图像工具生成的建筑图片

例如：设计一座科技馆的建筑外观，我们可以通过AI提示词进行描述，例如"异形建筑""流线造型""仿生造型"等，获得AI图片参考（图3-15）。

◉ 思考

1. 根据项目设计的思维方式来阐述设计的基本过程。

2. 分析各类图纸分别具有什么特点及适合应用于表现哪些方面。

第四章

专题设计中期（一）
——项目方案总体设计

知识目标

1. 了解项目概念设计相关知识：了解概念设计的含义，掌握概念设计的原则与方法。对概念设计具有较为全面的认识。

2. 掌握空间设计的方法和步骤：了解空间设计的布局原则，掌握空间组织的基本方法以及空间设计的步骤。

3. 掌握图纸绘制的方法和步骤：掌握设计方案平面图和立面图中所包含的要素，学习图纸的绘制方法与步骤。

技能目标

1. 概念设计能力：能够从宏观角度对项目提出概念性方案计划，搭建项目的理念框架，从总体上把握项目计划。

2. 空间组织能力：能够将概念转化为空间并进行合理组织的能力。

3. 图纸绘制能力：具备基本的制图能力和表现能力，能够通过图纸语言阐述设计。

素养目标

1. 科技创新与时代精神：能够从当前专业理论与设计过程方法中体会到新技术、新思维的应用，强化科技创新与时代精神的认识。

2. 弘扬工匠精神：通过对设计过程的理解与实践，培养在设计过程中追求细致、追求品质、精益求精的工匠精神。

第一节　概念设计

一、什么是概念设计

在环境设计领域，概念设计构成了整个设计流程的起始点及核心阶段。它体现为一种创造性的思维过程，设计师在深入理解并分析设计项目的基础上，运用多样化的设计技巧与理念，提出一个富有创新性与前瞻性的设计方向及主题思想。概念设计在引领设计方向、展现设计创意、传达设计意图等方面发挥着至关重要的作用。在环境设计项目中，概念设计涵盖了以下内容。

1. 主题构思

主题是概念设计的核心，它可以从多个方面获取灵感，如地域文化、自然景观、历史故事、流行趋势等。一个鲜明而独特的主题，能够使设计作品在众多方案中脱颖而出，给人留下深刻的印象。设计师需要善于挖掘和提炼这些灵感来源，将其转化为具有创新性和艺术感染力的设计主题。在确定主题时，设计师还应考虑项目的定位、目标受众以及使用功能等因素，确保主题与项目的整体需求和氛围相契合。以文化主题为例，在设计一个古镇的公共空间环境时，可以挖掘当地的民俗文化作为主题。如果当地有独特的剪纸艺术，那么可以将剪纸的图案、色彩和制作工艺等元素融入空间的装饰、地面铺装和景观小品中，打造一个具有地方特色的文化空间。

2. 结构功能

结构功能是在设计过程中为项目布局、功能与结构提出的总体理念。这一理念旨在优化空间布局，确保各个区域既能满足特定的功能需求，又能相互协调，形成一个和谐统一的整体。以办公空间设计为例，需要考虑办公空间的划分，包括独立办公室、开放式办公区、会议室、休闲区等不同功能区域的设置。同时，还要考虑各功能区域之间的流线关系，如何让员工能够高效地在各个区域之间移动，方便交流和协作。例如，将会议室设置在靠近办公区的中心位置，方便各个部门的人员快速到达（图4-1）。

```
                          ┌─ 前台 ──────→ 接待台、茶几、沙发、绿植
                  ┌ 导入 ─┼─ 门厅 ──────→ 文化墙
                  │ 空间  └─ 接待区 ────→ 座椅、茶几
                  │
                  ┌ 通行 ─┬─ 走廊与过道 ─→ 简洁流畅
                  │ 空间  └─ 楼梯 ──────→ 开敞式设计、封闭式设计
                  │
                  │       ┌─ 开放办公区 ─→ 灵活组合办公座椅、团队协作
            办    ┌ 工作 ─┼─ 独立办公室 ─→ 隔音设施、舒适办公家具
            公 ───┤ 空间  └─ 团队型工作区 → 独立空间、白板、投影、小组讨论
            空    │
            间    │       ┌─ 会议室 ────→ 不同大小的会议室、白板、投影、音响系统
                  │       ├─ 洽谈室 ────→ 独立空间、舒适沙发、茶几、商务洽谈
                  ┌ 公共 ─┼─ 休闲区 ────→ 舒适座椅、茶几、咖啡机、绿植
                  │ 空间  └─ 茶水间 ────→ 冰箱、微波炉、咖啡机、水槽
                  │
                  │       ┌─ 储物间 ────→ 储物空间、办公用品存放、文件柜
                  └ 辅助 ─┼─ 打印室 ────→ 打印机、复印机、扫描仪、工作台
                    空间  └─ 资料室 ────→ 书架、文件柜、保险箱、资料安全存放
```

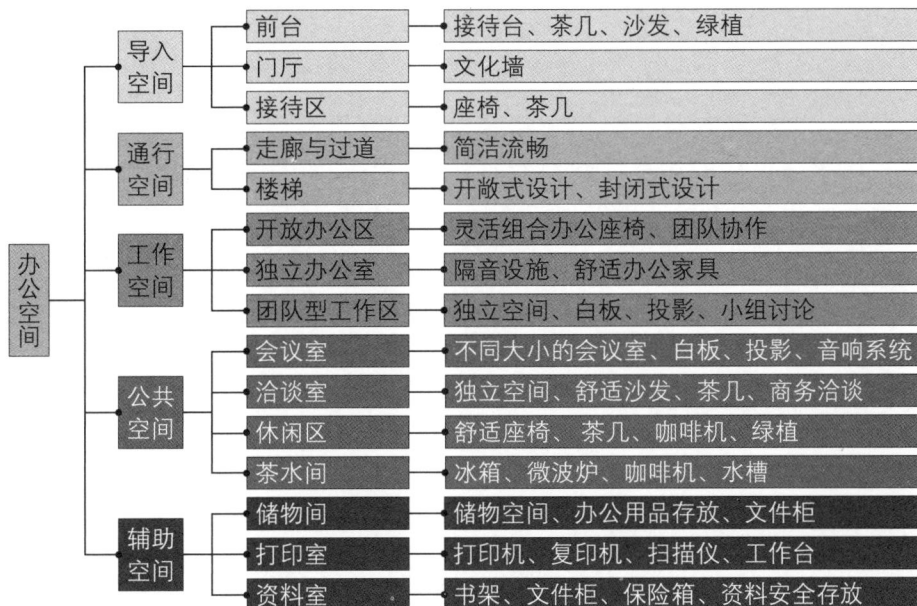

图4-1　办公空间功能概念框架

3.风格定位

环境设计的风格定位必须与主题及功能相契合。在设计过程中，对环境设计项目的风格进行精准定位是至关重要的一步，它将直接影响项目的整体视觉效果和用户的体验感受。在确定风格的过程中，首要任务是明确空间的功能需求，深入理解使用者的需求与偏好，确保设计能够贴合其生活模式与习惯。同时，应将地域文化特色与历史背景融入设计之中，以展现深厚的文化底蕴。此外，还需考虑空间与周

图4-2　中国传统风格与现代风格相结合的建筑

边环境的和谐统一，选择恰当的设计风格。结合当代流行趋势与创新设计元素，可以为项目增添现代感与时尚气息（图4-2）。

综上所述，在项目设计的中期阶段，即在完成初步的调研与分析之后，开始着手设计工作时，首先要确立项目的总体理念，这是设计的核心和宏观的指导视角，它将指导后续所有设计活动的开展；接着，基于这一核心理念，构建起具体的设计概念框架；最终，依据这一完整的概念框架，开展具体的设计工作。概念设计的原则可扫码进行拓展学习。

概念设计的
原则

二、概念设计的方法

1. 获取灵感

（1）通过头脑风暴获取灵感

头脑风暴是环境设计中激发创意灵感的重要手段。其核心在于营造一个开放、自由且包容的思维环境，鼓励参与者摆脱常规思维的束缚，尽情释放想象力与创造力（图4-3）。

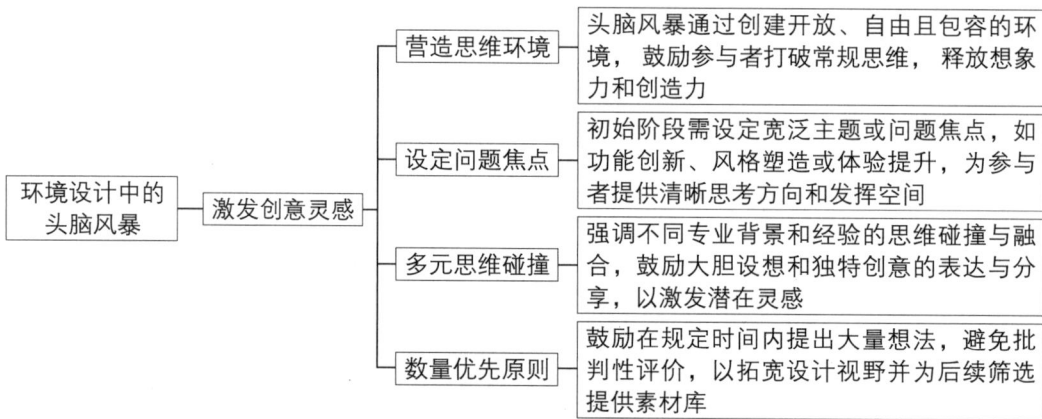

图4-3　头脑风暴的思维方式

①设定问题焦点。在头脑风暴的初始阶段，须设定"明确"又"宽泛"的主题或问题焦点，例如针对特定环境空间的功能创新、风格塑造或体验提升等方面展开讨论。这能为参与者提供一个清晰的思考方向，同时又给予他们足够的发挥空间，使其能够从不同角度、不同层面去探索设计的可能性。

②多元思维的碰撞与结合。在头脑风暴进行过程中，强调多元思维的碰撞与融合。参与者不应受限于自身的专业背景、经验或既定观念，无论是对空间布局的大胆设想、对材料运用的新奇构思，还是对色彩搭配与光影效果的独特创意，都应被充分表达与分享。不同思维方式的相互交织能够产生连锁反应，激发更多潜在的灵感火花。

③数量优先原则。头脑风暴注重数量优先原则。鼓励参与者在规定时间内尽可能多地提出想法，而暂不进行批判性评价。因为在创意萌发阶段，过多的评判可能抑制思维的活跃度与创新性。大量的创意涌现能够拓宽设计的视野，为后续的筛选与整合提供丰富的素材库。即便某些想法在初始看来不切实际或略显荒诞，但其中可能蕴含着独特的视角或元素，经过进一步的提炼与转化，或许能成为设计方案中的亮点或创新突破点。

（2）通过案例分析获取灵感

案例分析在环境设计领域是极为关键的灵感源泉挖掘方式。它起始于广泛且有针对性地收集众多成功的环境设计案例，这些案例的涵盖范围应尽可能全面，涉及不同地域、不同功能类型以及不同规模尺度的环境设计项目，涵盖建筑设计、景观设计以及室内空间设计等各个方面。通过这种广泛的收集工作，设计师能够构建起一个丰富且多元的案例资源库，为后续深入的灵感探寻筑牢根基。

①设计理念分析。在深入探究所收集案例时，对设计理念的深度剖析是首要任务。每个成功案例背后均蕴含着独特且具有深度的设计思想体系，设计师需要着力去解读这些理念，理解其如何从宏观层面主导整个设计进程，怎样贯穿于从项目的初始定位、整体规划布局，到细节处理与元素整合的全过程。这有助于设计师突破自身既有思维框架的限制，接触到全新的、多元的设计思维模式与理念导向，进而为其正在进行的设计项目注入创新性的概念启发。

②设计手法分析。对设计手法的细致分析同样不可或缺。这涵盖了空间组织架构的构建策略、形式与造型塑造的手法运用、色彩搭配与材质选用的考量以及光影效果营造的技巧等一系列具体且关键的设计实施手段。设计师须深入研究在各类案例中，这些设计手法是如何巧妙地相互配合与协同作用，从而达成预期的设计目标与空间体验效果。例如，在空间布局方面，须探究其如何依据功能需求与使用者行为模式进行合理规划，是采用何种方式来优化空间的流动性、开放性或私密性等特质；在造型设计上，要分析是基于何种美学原则、功能诉求或文化内涵来塑造独特的形式语言；在色彩与材质运用中，须领会如何通过色彩的情感表达与材质的质感呈现来强化空间氛围与设计主题；在光影处理上，要明晰怎样利用自然采光与人工照明的巧妙组合来塑造空间的层次感、立体感与氛围感。通过对这些设计手法的全面且深入地分析，设计师能够汲取到丰富的设计技巧与经验，并依据自身项目的特定需求与情境进行灵活调整与创新性应用。

③案例背景环境关系分析。对案例与环境背景之间内在联系的深入探讨是案例分析的重要环节。设计师需要深入研究案例是怎样巧妙地回应场地的自然环境要素，如地形地貌的特征、气候条件的影响等，以及如何精准地体现当地的社会文化内涵，包括历史文化传承、民俗风情特色、社会价值观念等多方面因素。例如，在处理与自然环境的关系时，须

探究如何通过设计手段实现对自然资源的有效利用与保护，怎样使建筑或景观与周边自然景观和谐共生；在文化内涵的体现方面，要研究如何挖掘与提炼当地的文化元素，并将其巧妙地融入设计之中，以彰显地域文化特色与文化底蕴。通过这种对环境背景的深度理解与回应方式的研究，设计师能够在自身项目中更好地把握设计与环境的有机融合关系，创造出既契合环境背景又富有独特魅力与文化内涵的环境设计作品。

④多案例综合分析。案例分析并非局限于对单个案例的孤立解读，而是强调对多个案例的综合比较与系统分析。通过将不同案例置于相同或相似的设计问题情境下进行对比研究，设计师能够精准地发现其中的共性规律与差异特性，进而总结归纳出具有普遍适用性的设计原则、方法与趋势走向。例如，在面对特定类型的设计挑战，如城市公共空间的活力营造、商业空间的消费者体验优化等问题时，对比不同案例在解决这些问题时所采用的不同策略与方法，分析其各自的优势与不足，从而提炼出一套行之有效的应对方案与创新思路。同时，对多个案例优点与特色进行有机整合与创新融合，让设计师能够在自身项目中避免简单地模仿与抄袭，基于对众多案例的深入理解与综合运用，构建出独具创新性与可行性的设计方案，真正实现从案例分析过程中高效获取灵感并转化为具有独特价值与魅力的设计成果。

（3）通过研究讨论获取灵感

研究讨论作为环境设计中获取灵感的重要途径，有着严谨且系统的开展方式。首先，研究环节要求设计师对设计项目相关的各类资料进行全面深入的挖掘与整理。这涵盖了对项目场地的历史资料、地理环境数据、社会文化背景信息等的详尽搜集，同时也包括对当前环境设计领域前沿理论、先进技术以及流行趋势的密切关注与系统学习。通过对这些丰富资料的深入研究，设计师能够建立起坚实的知识基础，对项目的大背景以及设计的宏观走向有清晰的认知，从而为后续的讨论提供充足的素材与理论依据。研究讨论时要注意以下几点。

①成员多元化。团队成员的多元化构成是关键因素之一。不同专业背景、不同工作经验以及不同思维方式的人员汇聚在一起，能够形成多维度的思考视角。

②讨论氛围的营造。讨论的氛围营造至关重要。需要构建一个开放、平等且包容的讨论环境，鼓励每位成员自由地表达自己的观点与想法，无论其观点是否成熟或常规。在这个过程中，没有绝对的权威与主导意见，所有的想法都能得到充分的尊重与倾听。成员们相互质疑、相互补充，对设计概念从不同侧面进行深入剖析。

③规则逻辑化。研究讨论应遵循一定的逻辑框架与流程。从对项目基础信息的梳理开始，逐步深入到对设计目标、功能定位、风格意向等核心问题的探讨，再到对具体设计手法、材料选择、技术应用等细节的斟酌。在每个环节，都要通过充分的讨论来权衡利弊、

评估可行性与创新性，不断地对设计概念进行修正与完善。并且，讨论不应局限于内部团队，还可以适时地邀请外部专家、潜在使用者等参与，进一步拓宽思路，确保设计灵感的获取既具有专业性又贴合实际需求，从而为环境设计项目孕育出富有创意与可行性的设计灵感与方案雏形。

2. 概念提炼

（1）梳理信息与想法

在概念设计的概念提炼阶段，对前期积累的信息与想法展开全面梳理极为关键。要整合项目场地的各类详细数据，涵盖地理信息、空间尺度、环境特质等方面，同时汇总通过多途径调研得来的各种反馈。这些调研包含对多元利益相关群体诉求的考察，如使用者对空间的功能设想、运营者对空间的管理需求、投资者对成本与效益的权衡考量等。并且，将通过多种创意激发方式产生的设计构思予以系统整理，运用科学的分类方法，依据功能属性、设计手法、风格类型等维度进行归类划分，以此清晰地洞察各部分内容间的关联与重点内容，为精准提炼概念筑牢根基。

（2）寻找核心主题与关键元素

在梳理好的信息与创意素材里探寻核心主题是概念提炼的核心任务。核心主题犹如设计概念的核心脉络，主导着整个设计的走向，它必须紧密贴合项目的固有特性与独特定位。须深度剖析项目的性质、目的与文化底蕴等要素，从而确定能统摄全局的核心主题，该主题将引导设计在传承与创新间找到平衡，彰显独特魅力。确定核心主题后，需要甄别关键元素。这些元素是支撑核心主题的重要支柱，能从不同层面与角度展现主题内涵，它们或是具有代表性的文化象征，或是独特的工艺手法，或是别具一格的视觉元素等，通过对这些关键元素的精准把控与有机融合，有力地强化核心主题在设计中的呈现与表达效果。

（3）简化与聚焦

完成核心主题与关键元素的初步确定后，简化与聚焦概念是提升其质量的重要环节。此过程旨在去除概念里繁杂、冗余且分散注意力的信息与想法，使概念表述更为简洁、明确，防止因无关或次要内容的干扰而弱化设计的核心意图。须对众多创意进行严格筛选，剔除那些与核心功能关联微弱、与主题风格契合不佳的部分，将精力高度凝聚于最能凸显核心主题与关键元素的关键之处，确保设计概念紧紧围绕核心目标构建，不受边缘或次要因素的干扰，进而让设计概念更具针对性与向心力，使设计方向更为清晰、精准。

（4）建立逻辑关系

提炼后的概念构建严谨清晰的逻辑关系体系不可或缺。这涉及核心主题与关键元素间的内在逻辑关联，以及各关键元素相互间的协同配合关系。核心主题与关键元素之间应存在紧密的因果联系与内涵呼应，各关键元素之间则须相互补充、相互促进，共同构建起一个有机统一且富有层次的概念体系。借助专业的可视化工具，如思维导图、概念框架图等，可以帮助设计师深入透彻地理解与精准掌控概念的内在逻辑架构，同时方便与团队成员、客户等进行高效沟通交流，确保各方能够迅速且准确地领会设计概念的核心要义和逻辑脉络（图4-4）。

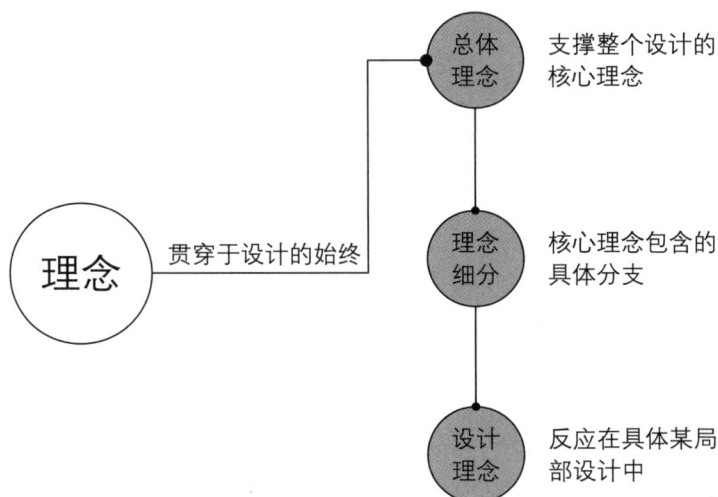

理念　贯穿于设计的始终

总体理念　支撑整个设计的核心理念

理念细分　核心理念包含的具体分支

设计理念　反应在具体某局部设计中

图4-4　概念设计中的理念层级

（5）结合设计目标与约束条件

概念提炼过程必须紧密结合设计目标与约束条件。明确设计的最终目标是保障概念方向正确且有效。设计目标涵盖功能实现、体验营造、文化传递等多方面的预期成果，依据这些目标在概念提炼时要综合考量空间布局、设施规划、元素运用等多种设计要素的规划。同时，要充分重视各类约束条件对概念的限制与影响。在预算约束方面，须精心规划材料选用、施工工艺确定等环节，确保成本可控；在技术可行性层面，要保证设计概念在现有技术手段与资源状况下能够顺利实施；在场地条件约束下，要依据场地的实际空间形态、面积大小、周边环境状况等因素优化概念设计，例如在有限空间场地中，通过巧妙规划空间布局实现功能效益的最大化，使设计概念在达成设计目标的同时，切实符合各种约束条件，具备良好的可操作性与现实可行性。

3. 概念表达

（1）图形表达

图形表达在环境设计初期概念设计中具有不可替代的作用。它不仅能够快速传达设计意图、探索和优化创意，还能增强客户沟通，促进团队协作，记录设计过程，提升设计效率，增强设计的可视化效果，支持设计决策，激发设计灵感，并适应设计变化。通过合理运用图形表达，设计师可以更高效地完成初期概念设计，为后续的详细设计和实施打下坚实的基础。

图形表达具有多样化的形式。在概念草图中，自由手绘的方式能够打破常规束缚，通过简洁直接的线条勾勒出空间的轮廓，并利用线条的特性来展现元素之间的主次关系。在抽象图形表达方面，几何图形的组合，如圆形、方形、三角形等，可以根据它们各自的象征意义，依据设计理念选择合适的组合方式，以传达特定的感受。在系列图形表达中，流程系列可以将如建筑建造、空间使用等动态过程分解为多个步骤，通过按顺序排列的图形来展示运作方式，并注重步骤之间的自然过渡。主题系列则围绕核心主题，从功能、形式、文化等多个角度展开，通过一系列内在联系紧密且聚焦于主题的图形，构建出一个完整的表达体系。

（2）符号表达

运用符号来表达概念，是一种强有力的设计手段。符号，作为信息的载体，能够跨越语言和文化的界限，以直观且富有象征意义的方式传达信息。在概念设计中，设计师可以选择具有特定象征意义的符号，如特定的图案、标志或颜色，来代表设计中的关键元素或理念。这些符号不仅能够快速吸引观众的注意力，还能激发他们的联想和共鸣，从而深化对设计概念的理解。符号表达的巧妙运用可以帮助设计师在概念设计阶段就建立起与观众之间的情感联系，为后续的设计实施奠定坚实的基础（图4-5）。

（3）文字表达

图4-5　符号在概念设计中应用

在设计初期，通过文字表达进行概念设计可从多方面着手。首先要精准地明确设计目标与愿景，其中设计目标作为具体且可衡量的成果期望，需精确界定功能、规模、使用者体验等关键要素，如确定空间的用途、可容纳人数、各元素的功能发挥方式以及使用者在空间中的舒适度与便利性等。愿景则更具前瞻性，描绘出设计期望达成的宏观理想状态。其次应深度挖掘设计理念与灵感来源，设计理念作为核心思想贯穿设计全过程，而灵感来源丰富多样，无论是文化传统、历史建筑、自然现象还是社会需求，都需阐述清楚其如何启发设计，怎样提取与转化特色元素并应用于设计之中以实现传承与创新的融合。最后要着力构建设计故事与场景，从使用者角度出发描绘其在设计空间中的经历体验，同时详细描述不同时间与功能下的具体空间使用情境，使设计更具生命力，便于相关人员深入理解设计的实用性与人性化。

（4）数字媒体表达

在设计初期，数字媒体可通过多种方式表达概念设计。设计师可以利用文本编辑类软件对概念进行框架的搭建，也可以通过一些简单的模型制作来展示项目中的空间特征与造型概念，同样也可以制作简单的幻灯片或动画来展示一些设计理念。通过这些数字媒体技术的应用，环境设计的初期概念设计不仅能够更高效地传达设计意图，还能通过沉浸式体验和动态演示增强客户的参与感和满意度。同时，数据可视化和交互式设计平台的使用，使得设计过程更加透明和灵活，有助于设计师与客户之间的沟通和协作。

第二节　空间设计

在完成概念设计之后，将要对项目进行深入的设计，也就是把概念进行具象化的设计，按照环境设计的程序，会进入到项目空间的设计阶段，在这一过程中，设计从大的布局到细节逐渐深入，造型从理念到具体形象逐渐清晰，并通过一定的逻辑顺序逐步完成。

一、空间布局原则

1.完善功能定位

（1）完善功能构成

根据项目的定位明确主要功能定位，考虑每个功能需要通过什么样的方式来实现。对于较为宏观的功能，则需要通过若干具体的功能实现，由此建立起功能结构，理清功能结构的次序和关系。

（2）优化分区关系

功能间的关系的处理对项目实际的运行起着重要的作用。首先，分区关系的优化有助于提升空间利用效率，避免资源浪费与不合理配置，使空间资源得以最大化有效利用；其次，分区的优化可以改善使用者体验，让使用者在布局中活动更为流畅自然，感到便利与舒适，有助于营造和谐统一且具特色的环境氛围；第三，分区的优化在经济价值与项目可持续性上作用突出，能够提高土地利用率、降低成本、增强经济效益与竞争力，保障项目长期运营中的可持续性与生命力，促进区域经济繁荣与社会稳定发展。

2. 合理组织空间

（1）符合逻辑序列

首先，逻辑顺序是实现各个功能分区高效协作的基础，通过精准规划功能空间的位置与相互关系，保障功能流程清晰自然，避免功能冲突，以达成项目的基本功能需求；其次，合理的逻辑顺序能提升使用者的认知度与舒适度，使用者能够轻松理解布局、定位区域并感受秩序与方向，减少困惑焦虑，增强认同感与满意度；第三，合理的逻辑顺序是构建和谐美感的关键，以有序排列方式促使空间各元素相互呼应配合，避免杂乱，提升审美价值；最后，合理的逻辑顺序对于项目长期维护管理方面价值显著，为设施更新、空间改造等提供清晰框架，降低维护成本，提高管理效率，确保项目长期有效运行。

（2）符合功能关系

在功能定位布局层面，依功能主次、从属与依赖程度精准安置，主功能居核心关键位以保高效，次功能及辅助功能有序分布构建协同架构；在空间尺度适配方面，按功能实际需求确定大小、高度与形状等，使空间具有合理的面积比例，以契合功能运作；在连通性与分隔上，依功能联系紧密程度科学规划，密切互动；在适应性与可变性方面灵活布局，借助可调整结构与可移动设施等策略，应对功能关系动态变化需求，延长空间寿命，提高综合效益。

（3）符合管理要求

每一个项目的落地运行都离不开维护管理角度的设计。首先，空间布局需符合管理要求，达成区域划分的合理性，依管理职能界定专属区域，明确权限责任范围，保障管理流程的顺畅连贯，避免职能交叉混乱；其次，注重人员与物资流动的管控，合理设置通道、出入口及流转节点，引导规范移动路径，提升管理效率并降低成本；第三，契合安全管理规范标准，对于空间布局体现消防安全、设备安全、人员安全等要求，预留充足消防疏散通道与安全出口，合理安置危险设备与普通区域距离并设防护设施，营造安全环境，便于紧急响应及日常安全检查与隐患排查等管理工作开展。

3. 遵循科学要求

（1）空间尺度要求

空间布局符合基地空间尺度条件至关重要。首先需充分考量与基地边界的契合性，依其轮廓形状妥善规划，防止空间越界或衔接不畅，保障完整有效利用并紧密衔接。注重与基地面积的适配，大基地可拓展功能组合与开放空间，合理规划交通线路。小基地则紧凑安排功能区域，实现集约化利用；其次，协调与基地地形高差关系，依地势特征布局功能区域，利用高差营造层次，借竖向交通元素连接空间，化不利为有利。适配基地朝向与采光通风条件，将采光需求高的空间置于合适朝向，并设采光设施，将通风要求高的空间结合风向布局，并设通风口与廊道，提升空间舒适性与能源利用效率。

（2）人机工学要求

空间布局符合人机工学是构建与人类活动深度适配、全方位和谐共生空间体系的关键准则。它贯穿于空间规划的全维度逻辑之中，从对人体基础物理尺度的精准映射，到视觉感知系统与空间元素互动关系的精妙调适，再到操作交互层面人体机能与空间设施的无缝对接，以及生理心理双重需求在空间架构内的平衡构建。这要求在空间布局从一开始便将人类作为核心主体，深度剖析人体在空间中的多元行为模式与内在需求体系，以人体尺度数据为空间尺度规划的根本依据，塑造出既不局促又无冗余的空间维度框架；同时依据视觉感知科学原理，构建层次分明、舒适宜人且信息传达高效的视觉空间环境；围绕人体操作与交互的便捷性与高效性，打造功能设施布局合理、触手可及且操控自如的空间使用界面；统筹考量人体长时间处于空间内的身心状态变化，构建起集休憩恢复、自然融合、社交互动等多功能于一体的空间生态系统，从而使空间布局真正成为人类活动的理想载体，促进人类在空间中的活动效能、舒适体验以及身心和谐发展达到最优状态，推动空间与人类在宏观层面上形成相互依存、协同共进的有机整体。

（3）现代科技要求

现代科技深刻影响着空间组织，它不仅要求空间布局具备智能化、自动化的特性，通过先进的物联网、人工智能等技术手段，实现空间内各项设施的联动控制与智能管理，提升空间使用的便捷性与高效性；还要求空间能够融入绿色节能的环保理念，利用太阳能、风能等可再生能源，以及高效的能源管理系统，降低能耗，减少对环境的影响。同时，现代科技还要求空间设计具备可扩展性与可变性，能够灵活适应未来科技的发展与变化，满足人们日益增长的空间使用需求。因此，空间布局需要以现代科技为基础，符合当前较为主流的科技条件，使设计保持时代性与先进性。

环境设计中的科技创新与时代精神

在环境设计中，科技创新和时代精神的结合体现在智能化、绿色化和人性化的设计中。通过物联网、人工智能、大数据等技术，实现智能管理和高效能源利用；采用可再生能源和节能材料，推动绿色环保；利用VR和AR技术优化设计体验。同时，设计注重以人为本，关注健康与舒适，融入多元文化，打造开放包容的公共空间。结合科技创新与可持续发展理念，环境设计不仅提升了技术含量，还体现了社会责任和人文关怀，推动社会进步。

图4-6　上海"星空之境"海绵公园平面图

例如：上海"星空之境"海绵公园位于浦东新区，于2021年建成，以"海绵城市"为核心设计理念，通过透水铺装、雨水花园、生态湿地等技术实现雨水的自然积存、渗透和净化，有效缓解城市内涝问题。公园以"星空"为主题，融合生态修复与景观美学，打造了星形湖泊、星座雕塑等梦幻景观，同时配备智能监测系统，实时监控环境数据并提供智慧导览服务。功能上分为生态展示区、休闲娱乐区和科普教育区，不仅展示了海绵城市技术的应用，还为市民提供了高质量的公共空间和生态教育平台。作为上海首个海绵城市主题公园，星空之境体现了城市与自然的和谐共生，是中国在生态景观设计和可持续发展领域的创新典范。体现了环境设计中的科技创新与时代精神（图4-6）。

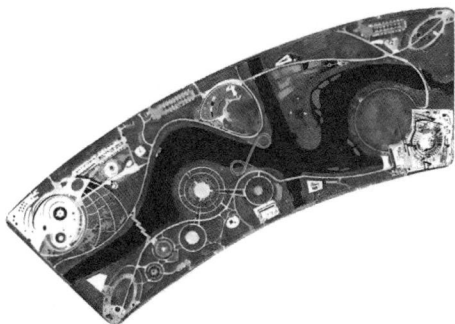

二、空间组织方法

1. 根据项目的性质组织空间

项目的性质决定了项目的功能设置、人群的需求、项目的运营方式等特征，根据这些特征来进行空间组织，能够从根本上把握项目的设计目标，同时保证空间之间的关系组织合理，是空间组织中首要使用的方法。这要求设计师从项目的各个定位入手，围绕着各个目标深入分析，从中寻求空间关系与项目性质的内在联系，在具体的操作过程中，设计师首先要细致且明确地罗列出项目的各个定位、设计目标，并将项目中所要组织的各个空间进行准确的定位，从而进行综合性的思考、推演、布局等设计活动。

2. 根据基地特征组织空间

项目基地的尺度、形状、地形、周围环境等条件是空间组织的重要依据，一方面，基地特征对空间组织提出了制约条件，空间的组织与安排需要符合基地条件，在基地各项条件所构成的框架下进行组织；另一方面，基地特征也会为空间组织创造优势条件，使空间组织更加合理完善。这要求设计师能够全面了解基地特征所带来的各种条件，分析利弊，并结合空间特征进行有机结合，使空间组织充分利用优势条件，避开限制因素，将不利因素转化为有利条件，实现空间的优化组织。

3. 根据项目的主题组织空间

当项目的基地条件较为充裕，且空间的序列性要求较为宽松时，空间组织不会受到太多的制约，那么，为得到高质量的空间组织，可以从项目的主题入手，以主题作为空间序列连接的出发点，使主题性得到更清晰的展示。这要求设计师充分判断影响空间组织的各项因素，并对项目的主题有深入的理解，从中寻求通过空间来展示主题的方式，使项目特色得到充分发挥。

三、空间设计步骤

1. 组织功能分区

（1）功能分区罗列

将功能分区进行全面罗列，理清分区的主次、层级、大小、顺序。可以通过草图的形式进行整理，方便设计师对整个功能构架的把握以及后续的组织安排。在罗列的过程中，要充分考虑各功能分区之间的关联性和互补性，确保它们在空间上的相互支持和配合。同时，对于主要的功能区域，要给予更多的重视和关注，确保其在空间组织中的核心地位。次要功能区域则作为辅助和补充，服务于主要功能区域，共同构建完整的空间体系。此外，还需考虑功能分区的大小和顺序，根据实际需求进行合理配置，以实现空间的高效利用和流畅过渡。草图作为整理和呈现功能分区的重要工具，可以帮助设计师更直观地理解空间组织，为后续的设计工作提供有力支持。

（2）功能分区布局

结合分区间的关系，通过草图的形式，将第一层级（大分区）进行平面上的布局，在这一过程中，不需要精确分区的具体边界，但需要体现出分区大致的形状、大小和比例关系、位置以及相互之间的空间关系，如果项目包含多层空间，那么需要考虑每层的分区组织，并从首层开始布局，逐层安排，形成较为宏观的平面布局草图。在这种状态下检查与分析第一层级的功能分区的布局是否合理，如有问题可进行调整或修改，直至合理。

（3）功能分区布局细化

完成第一层级的布局后，进一步细化到第二层级（小分区）的布局。小分区作为大分区的进一步划分，其布局需紧密围绕大分区的核心功能进行，确保每个小分区都能有效地服务于大分区，同时保持自身的独立性和功能性。在布局小分区时，同样采用草图形式，注重体现各小分区间的相互关联和过渡，确保空间上的流畅性和连贯性。此外，还需考虑人流、物流等动线的规划，避免交叉干扰，提升空间使用效率。在这一过程中，同样需要不断检查和调整布局，直至达到最佳效果。

（4）室内空间分区布局

在项目中，对于建筑内部空间或独立室内空间，尤其是那些具有多层结构或相互交错的复杂空间布局，应将功能分区视为三维体块进行组合与布局。在设计过程中，需考虑高度因素，并绘制出能够反映立面空间布局的草图。同时，结合平面组织的草图，进行综合评估与审查，以确保平面与立面空间的分区关系保持一致。在这一过程中，设计师需关注各功能分区在三维空间中的相互关系和位置，确保它们在垂直方向上的合理分布。对于可能存在视线遮挡或功能冲突的区域，要进行特别处理，如通过设置挑空、通透界面等方式，优化空间体验。此外，还需考虑室内空间与外部环境的衔接，如窗户、阳台等开口位置的设置，以及自然光的引入，以提升室内空间的质量和舒适度。

2. 设计交通流线

（1）一级流线组织

交通流线的组织与功能分区的组织是同时进行的，在组织功能分区的初始阶段，就需要确定交通流线的主线（一级路线）、项目的主要出入口位置、数量和主次层级，并将主线根据设计目标并结合功能分区布局进行设计，使其合理、符合逻辑且顺应设计的定位。一般情况下，主线连接各个出入口且贯穿于主要的功能分区。这一阶段主要确定路线的方向与位置，不需要对具体尺度进行过于细致地体现，在设计的过程中需要反复研判直至完善。

（2）二级流线组织

对二级路线进行设置，与上一步骤一样，二级道路一般作为一级道路的延伸，通往一级道路覆盖不到的区域，可通过草图进行多种方案的尝试，最终得到最佳方案。

二级流线组织不仅需要考虑通往未覆盖区域的路径，还需注重其与其他功能区域的衔接流畅性。在设置时，要确保二级路线不会造成人流拥堵，同时也不能过于曲折影响使用效率。为了优化空间体验，可以在二级流线上设置一些过渡空间，如休息区、展示区等，这些空间既能缓解人流压力，也能丰富空间层次。此外，二级流线的宽度、材质等具体尺度也需结合实际情况进行合理设计，以确保其既满足使用需求，又能与整体设计风格相协调。在多种方案的尝试中，要综合考虑空间布局、人流走向、使用需求等多方面因素，通过反复比较和优化，最终确定最佳方案。

（3）流线细化与完善

对交通流线的道路进行更为细致的设计，例如三级道路、四级道路等，使流线的路网覆盖项目中的所有需要到达的区域，完成交通流线的组织与排布。

在细化流线时，要特别关注道路的连贯性和便捷性。三级道路通常作为二级道路的进一步延伸，深入项目的各个角落，确保每一个角落都能被便捷地访问。这些道路的设计要尽可能简洁明了，避免过多的交叉和曲折，以减少行人和车辆的行驶难度和时间。

四级道路则更多地服务于特定区域或功能点，如连接停车场、紧急出口等。这些道路的设计要更加灵活多变，以适应不同的使用场景和需求。此外，四级道路还可以作为景观道路，通过合理的绿化和照明设计，提升项目的整体美观度和使用体验。

在流线完善阶段，要对整个交通流线进行全面的检查和优化。要确保每一条道路都能顺畅地连接其他道路和功能区域，避免出现"断头路"或死胡同。同时，还要关注道路的标识系统和指示牌的设置，以便行人和车辆能够快速准确地找到目的地。通过这些细致的设计和优化，可以进一步提升项目的交通效率和用户体验。

（4）室内交通流线设计

在室内设计中，交通流线同样重要。与室外交通流线类似，室内交通流线也需要进行细致的设计和完善。室内交通流线的设计要充分考虑空间布局、人流走向、使用需求等多方面因素，确保室内空间的流畅性和便捷性。

在室内设计中，一级流线通常连接主要的室内空间，如大厅、走廊、电梯等，是室内交通的主干道。这些流线的设计要尽可能宽敞明亮，方便行人和车辆的通行，同时也要注意与室内整体设计风格的协调性。

二级流线则更多地服务于特定的功能区域，如连接会议室、办公室、休息区等。这些流线的设计要更加灵活多变，以适应不同的使用需求。同时，也要注重流线的连贯性和便捷性，避免过多的交叉和曲折，以减少行人的行走难度和时间。

在细化室内流线时，还需要特别关注无障碍设计，确保所有人都能够便捷地访问室内各个区域。这包括设置无障碍通道、电梯、卫生间等设施，以及提供足够的辅助设备和标识系统，以满足不同人群的使用需求。

总之，室内交通流线的设计与完善是提升室内空间效率和用户体验的重要手段。通过细致的设计和优化，可以创造出一个更加便捷、舒适、美观的室内环境。

3. 细化空间及景观节点设计

（1）确定边界形态

在功能分区和交通流线均已完善的前提下，设计师要对项目的具体边界以及各个功能分区的边界进行精确的设计，在明确边界这一过程中，按照从大分区到小分区的层级顺序依次进行，使各个功能分区间自然紧密地衔接。

边界的设计不仅要考虑功能上的分隔，还需兼顾视觉上的连贯性和美观性。通过合理的边界设置，可以增强空间的层次感，引导人们的视线流动，营造出更加丰富多样的空间体验。例如，可以采用绿化带、景观墙或艺术装置等元素作为边界，既起到了分隔作用，又增添了项目的艺术氛围和生态价值。同时，边界的设计还需与周边的环境相协调，确保整体风格的统一和和谐。

（2）确定道路尺度

将交通流线中所涉及的各级道路的宽度及形式进行确定，在这一过程中需要结合道路设计相关的规定，如尺度及铺装形式等。

道路的尺度不仅影响着交通的流畅性，还直接关系到行人的舒适度与安全性。因此，在确定道路尺度时，需综合考虑项目的整体规模、功能需求以及未来可能的交通流量。同时，道路的铺装形式也是不可忽视的一环，不同的铺装材料、颜色与图案能够营造出不同的视觉效果，进而影响到行人的步行体验。例如，在人流密集的区域，可以选择耐磨防滑、易于清洁的铺装材料，并配以明亮的色彩和简洁的图案，以提升行人的舒适度和安全性。而在一些需要营造特殊氛围的区域，如景观节点周边，则可以采用更具艺术感和生态价值的铺装形式，如透水铺装、嵌草铺装等，以丰富项目的景观层次和生态内涵。

（3）细化主体要素

对空间中的主体要素进行细化设计，如室外空间的草地、广场、水域、景观等，室内空间的地面、隔断等。

在细化设计室外空间的草地时，需考虑草地的布局、面积以及草种的选择，以确保草地的美观性和实用性。草地的布局应与整体景观相协调，面积的大小则需根据空间的功能需求进行合理规划。草种的选择则需结合当地的气候条件、土壤状况以及维护成本等因素，以选择出最适合当地生长的草种。

对于广场的设计，需注重其功能性、美观性和舒适性。广场的面积、形状和布局应根据项目的整体规划和人流流线进行合理设计，以确保广场能够满足人们的活动需求。同时，广场的铺装材料、色彩和图案也应与整体景观相协调，营造出舒适宜人的环境氛围。

水域作为景观中的重要元素，其设计需注重水体的形态、水质以及水岸的处理。水体的形态应根据项目的整体规划和景观需求进行合理设计，水质则需通过有效的净化措施进行保障。水岸的处理则需结合生态和景观需求，采用自然式的驳岸设计，以增加水体的生态价值和景观效果。

在室内空间的地面设计中，需考虑地面的材料、色彩和图案等因素。地面的材料应选择耐磨、防滑、易于清洁的材料，以确保地面的实用性和耐用性。色彩和图案则需根据室内的整体风格和氛围进行合理搭配，以营造出舒适宜人的室内环境。同时，地面的高差处理也需注意，避免造成安全隐患或使行人行走不便。

对于室内空间的隔断设计，需注重其功能性、美观性和私密性。隔断的布局和形式应根据室内的功能需求和空间流线进行合理设计，以确保隔断能够满足人们的使用需求。同时，隔断的材料、色彩和图案也应与整体室内风格相协调，增加室内的美观性和艺术感。

（4）细化微观要素

对项目中最为微观的要素进行组织安排，例如室外的座椅、路灯等设施及雕塑、小品等节点景观及室内空间中的家具陈设等。

这些微观要素的选择和布局需充分考虑到人的使用需求和审美感受。例如，室外的座椅应设置在风景优美、视野开阔的地方，方便人们休息和欣赏美景；路灯的布置则需确保夜间照明的充足和均匀，同时造型和色彩也应与周边环境相协调，营造出温馨宜人的氛围。雕塑和小品等节点景观则需根据场地的特点和主题进行合理设计和布置，以增加场地的文化内涵和艺术价值。在室内空间中，家具的陈设应根据室内的功能需求和空间流线进行合理布局，同时造型、色彩和材质也应与整体室内风格相一致，营造出舒适和谐的室内环境。

第三节　平面图绘制

一、平面图中的要素

1. 室外空间平面图中的要素

（1）地理地形要素

①地形。地形是项目基地最基本的条件，可以通过等高线表示地形起伏。在环境设计项目平面图中，等高线可以帮助设计师了解场地的坡度和高差情况，从而合理规划建筑的布局和交通流线。等高线的密集程度反映了坡度的陡缓，设计师需根据这些信息判断是否需要采取工程措施来调整地形，以确保建筑的安全和稳定。此外，地形的高低起伏也会影响景观的视觉效果和空间感受，设计师可以巧妙地利用或改造地形来创造出丰富的景观层次和空间变化，提升项目的整体品质。例如，在山地景观建筑设计中，根据等高线可以将建筑顺应山势布置，避免过度的土方工程，同时利用高差创造出独特的景观空间，如错落

有致的台地花园或具有层次感的建筑入口（图4-7）。

②水体。包括河流、湖泊、池塘、溪流等自然水体或人工水体。水体在平面图中以蓝色的图形表示，其形状、大小和位置是重要的设计要素。设计师可以利用水体来组织景观空间，如以湖泊为中心构建滨水景观带，设置亲水平台、水上栈道等景观设施，丰富空间体验。同时，水体的存在也会影响建筑的布局，例如建筑与水岸的距离、朝向等都需要考虑防洪、防潮以及景观视线的要求。

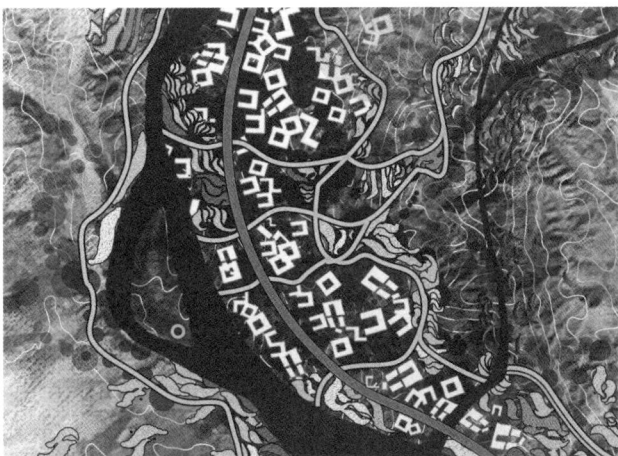

图4-7　平面图中的地理地形要素/
郑州航空工业管理学院　王梓筱

水体还可以作为生态基础设施的一部分，水生植物的种植和水质净化措施可以提升水体自净能力，营造生态友好的环境。在平面图中，合理规划和设计水体，不仅能为项目增添灵动性和美感，还能促进生态平衡，提升项目的综合价值。此外，水体在夜间通过灯光照明，还能营造出独特的夜景效果，增强项目的吸引力。设计师需根据项目的整体风格和定位，精心设计和布置水体，使其与周围的环境、建筑相得益彰。

③山体与丘陵。如果场地内存在山体或丘陵，除了用等高线表示其地形外，还可以在平面图中简单描绘出山体的轮廓和主要的坡面方向。山体和丘陵可以作为景观建筑的背景或重要的景观元素，如在山顶设置观景亭，利用山体的坡面进行植被种植或开发运动休闲空间等。

（2）建筑与景观

①主体建筑。这是景观建筑空间环境中的核心要素。在平面图中，主体建筑的轮廓、形状、层数和出入口位置都需要清晰地表示出来。建筑的布局要与周围的景观环境相协调，考虑建筑朝向与采光、通风以及景观视线的关系。同时，建筑的风格也应与项目的整体风格保持一致，无论是现代简约、古典优雅还是民族风情，都应通过建筑的设计语言得到体现。

②景观。如亭、廊、桥、塔等景观是丰富景观空间的重要元素。它们在平面图中的位置、形状和尺寸需要明确标注。这些构筑物具有不同的功能，例如亭可以作为休息和观景的场所，廊可以连接不同的建筑或景观区域，桥用于跨越水体等。它们的设计和布局要考虑其在景观序列中的作用，以及与周边建筑和景观元素的融合。

除了功能性，这些景观元素还承载着文化和艺术价值，可以成为整个景观设计的点睛之笔。在平面图中，除了标注其位置、形状和尺寸，还应考虑其材质、色彩和纹理等细节，以确保在实际建设中能够精准实现设计意图。同时，这些景观元素在景观空间中的分布也应遵循一定的美学原则，如均衡、对比和韵律等，以营造出和谐而富有变化的景观效果。

（3）广场与活动空间

①广场。平面图中的广场是经过铺装的，可供人们正常行走和活动的室外场地，是室外空间中最主要的区域，除特殊要求和核心建筑外，广场空间在平面图中可作为主体优先设计。广场起到人群聚散的作用，因此，在平面布局中通常布置于节点周围、建筑及各类空间出入口处。并且，出入口的规模越大，就越需要更大面积的广场，以便承载相应的人流量。广场同时也是承载各类景观的基础，在广场中可根据需要设置花坛、雕塑、水体、景观小品、座椅、凉亭、售卖亭等各类景观及设施。相对于水体、草坪等区域更具有设计空间。

②活动空间。活动空间是供人们进行各类活动的区域，在平面图中通常体现为各种运动健身场地，相比于广场，活动空间更具针对性，能够引导人们在这里停留，活动空间可以根据需要设置健身器械，开展各类体育活动或休闲活动等。

（4）植被与绿化

①树木。一般以简单的图形符号（如圆形、椭圆形等）来表示不同种类的树木，并且可以通过不同的填充图案或颜色来区分不同的植物种类。树木的位置、大小和种植密度是营造景观空间氛围的关键因素。例如，在建筑入口处可以种植高大的乔木，形成庄严的入口氛围；在休闲步道两侧可以种植灌木和花卉，营造出温馨舒适的步行环境。同时，植被的布局还要考虑其生态功能，如通过合理的植物配置来改善局部小气候、保持水土等。

②草地和花卉种植区。草地在平面图中通常以绿色的块状图形表示，花卉种植区可以用更细致的图案或颜色来表示不同的花卉组合。草地和花卉种植区可以作为景观建筑空间环境中的背景或前景，如大面积的草地可以作为建筑与自然景观之间的过渡空间，花卉种植区则可以用于营造季节性的景观特色，如春季的郁金香花田、夏季的薰衣草花海等。

（5）交通与道路

①道路与步道。道路是景观建筑空间环境中连接各个区域的主要交通通道，包括机动车道、自行车道等。在平面图中，道路以线条表示，标注其宽度、走向和材质。步道则主要用于步行，其设计要考虑行人的行走舒适性和景观体验，如沿着景观优美的路线设置蜿蜒的步道，引导人们欣赏不同的景观。同时，道路和步道的布局要形成合理的交通网络，确保人流和车流能够顺畅地到达各个建筑和景观区域。

②出入口与停车场。明确标注景观建筑空间环境的出入口位置，包括主要出入口、次要出入口和紧急疏散出入口等。出入口的设计要考虑与周边道路的连接以及交通组织的便利性。停车场也是重要的交通要素，在平面图中要标注停车场的位置、规模和车位布局，设计时应考虑停车数量是否满足使用需求以及车辆进出的便利性。

（6）景观设施与小品

①休息设施。长椅、石凳等休息设施的位置在平面图中也需要标注出来。这些设施通常布置在景观优美、环境舒适的区域，如树荫下、滨水岸边或观景平台附近，为人们提供休息和观赏景观的场所。

②游乐设施。如果是面向公众的景观建筑空间环境，游乐设施（如儿童滑梯、秋千等）的位置和类型也需要在平面图中体现。游乐设施的布局要考虑安全性和趣味性，通常会集中设置在专门的游乐区域，并且与其他功能区域（如休息区、交通区等）有合理的隔离和联系。

游乐设施的色彩和造型也要符合儿童的审美和兴趣，鲜艳活泼的颜色和卡通可爱的造型能够吸引儿童的注意力，激发他们的玩耍兴趣。此外，游乐设施的材料要安全环保，表面要光滑无锐角，避免儿童在使用过程中受伤。同时，游乐区域的地面也要铺设柔软、有弹性的材料，如橡胶地垫或草坪，以减轻儿童摔倒时的冲击力，保护他们的安全。在游乐设施的布局中，还要考虑到家长或监护人的看护需求，设置适当的监护区和休息区，方便他们看护儿童并享受休闲时光。

③景观小品。包括雕塑、喷泉、花坛、花钵等景观小品。这些小品可以作为景观建筑空间环境中的点缀元素，增强空间的艺术氛围和趣味性。在平面图中，要标注景观小品的位置、形状和尺寸，它们的设计和布局要与整体景观主题相协调，成为景观空间的视觉焦点或引导元素。

雕塑可以展现独特的艺术风格和文化内涵，通过抽象或具象的形式，传达特定的主题或情感。喷泉则为景观环境增添了动态的美感，水流的声音和光影的变化，能够营造出宁静或活泼的氛围。花坛和花钵则通过植物的色彩和形态，为景观空间带来自然的生机和活力（图4-8）。

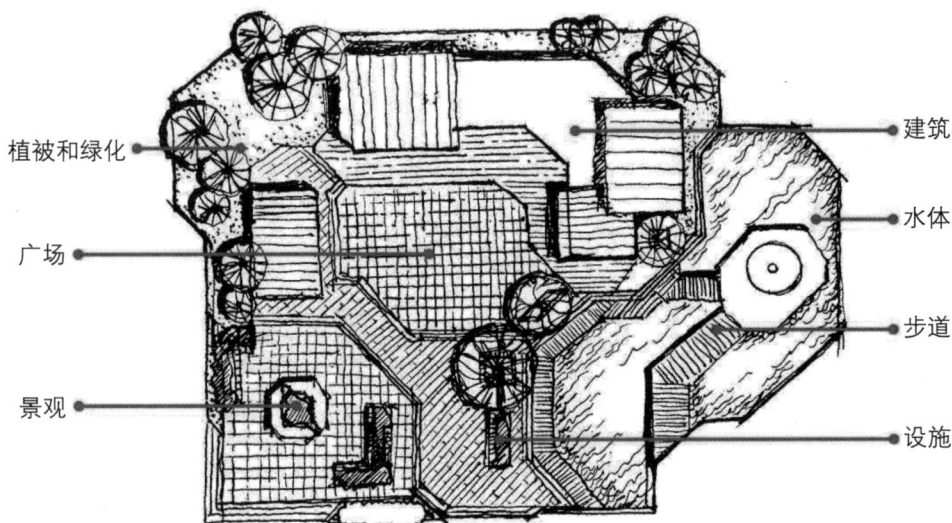

图4-8 室外空间平面图中的相关要素

植被和绿化
广场
景观
建筑
水体
步道
设施

2. 室内空间平面图中的项目要素

（1）空间布局

①墙体。涵盖承重墙、非承重墙、柱子等多种类型。承重墙体在建筑结构中扮演着承载荷载的角色，并且有时也充当围护结构，此类墙体设计时必须充分考虑其承载力和耐久性。非承重墙体主要用于空间的划分，不承受上方结构的荷载，轻质隔墙（例如石膏板隔墙、轻钢龙骨隔墙等）是常见的非承重墙体类型，它们的厚度通常较薄。柱子在建筑结构中主要负责承担垂直荷载，并将其传递至基础。在室内设计领域，柱子的位置和尺寸对于空间布局和功能区域的划分具有显著影响。

②门窗。门窗的位置与尺寸是至关重要的设计要素。它们不仅影响室内的采光和通风，还决定了空间的流动性和私密性。合理的门窗布局能够使空间显得更加通透和宽敞，同时满足功能需求。例如，大门的位置通常设在空间的入口，以便于人流的进出；窗户则根据室内的光线需求进行合理分布，确保每个角落都能得到充足的自然光照。此外，门窗的尺寸设计也需考虑实际使用需求，既要满足通行和采光的基本功能，又要与整体室内风格相协调。

③楼梯与电梯。在室内设计平面图中，电梯和楼梯是重要的垂直交通元素，其设计需满足功能、安全和规范要求。当电梯和楼梯同时存在时，应确保两者之间的空间布局合理，避免相互干扰。电梯和楼梯的设计须考虑无障碍通行需求，如设置无障碍电梯、适当放宽楼梯坡度等。楼梯作为疏散通道时，须满足防火规范要求，如疏散楼梯的最小宽度、坡度等。

（2）家具与设备

①家具。家具是实现空间功能和美学的关键元素。家具的布局需要综合考虑功能性、比例尺度、视觉平衡、人体工程学、灵活性、风格一致性、安全健康以及个性化等多方面因素。

功能性是家具布局的首要原则，在布局时首先要确保每件家具都能满足其应有的使用需求。比例尺度则要求家具的大小、形状与室内空间相匹配，避免过大或过小导致的空间不协调。视觉平衡通过家具的合理摆放，营造出和谐美观的视觉效果。人体工程学则要求家具的设计符合人体自然形态和动作习惯，以提高使用的舒适度和效率。灵活性强调家具的布局应便于调整和重新组合，以适应不同的使用场景和需求变化。风格一致性要求家具的风格与整体室内装修风格相协调，保持空间的统一美感。安全健康方面，家具的材料和工艺需符合环保标准，避免有害物质对人体造成伤害。个性化则是根据用户的喜好和需求，选择具有独特风格和特色的家具，为室内空间增添独特的魅力。

②电器设备。吊灯、吸顶灯、壁灯、筒灯、射灯、台灯等照明设备，用于满足不同空间的照明需求；空调、冰箱、洗衣机、电视等大型电器，需在平面图中标注其位置和电源接入点；智能照明系统、智能家居控制面板、网络设备等智能设备，需考虑其布线和安装位置；插座需根据电器设备的使用需求合理布局，开关则用于控制照明和电器设备的开启与关闭。此外，音响设备对于追求高品质音效的家庭来说也是必不可少的，其位置和布线需在平面图中细致规划，以确保最佳音效体验。安防设备如摄像头、报警器等，在现代家居中越来越常见，它们不仅提供安全保障，还能通过智能系统实现远程监控和报警功能，其安装位置需考虑监控范围和隐蔽性。同时，一些小型电器设备如加湿器、空气净化器等，也需根据实际需求和使用频率，在平面图中为其预留合适的位置和电源接入点。总之，电器设备的布局需综合考虑其实用性、美观性和安全性，以实现最佳的居住体验。

（3）材料与装饰

①地面材料。在室内设计平面图中，地面材料的选择与布局是实现空间功能和美学效果的重要环节。地面材料包括瓷砖、木地板、石材、地毯、PVC地板和环氧地坪等，需根据空间用途、耐用性、美观性、维护成本和环保性进行选择。在平面图中，需明确标注材料名称、颜色、纹理、区域划分和施工要求，以确保施工的准确性和效果。

②顶面材料。室内设计平面图中，顶面材料的选择需根据空间功能和设计风格来确定。常见的顶面材料包括石膏板、矿棉板、金属吊顶、PVC吊顶、软膜天花、木饰面、GRG（预铸式玻璃纤维加强石膏板）、铝塑板和硬包等，它们各有特点，如石膏板适合造型设计，矿棉板吸音效果好，金属吊顶现代感强，软膜天花可实现复杂造型等。在平面图中，需标注材料名称、颜色、纹理及施工工艺，以确保施工的准确性和设计效果的实现。

③装饰元素。在室内设计平面图中，装饰元素是提升空间美感和个性化的重要组成部分。这些元素包括装饰画、摆件、绿植、灯具、窗帘、地毯等，它们不仅丰富了空间的视觉层次，还能体现使用者的审美和风格。在平面图中，装饰元素的布局需考虑与整体空间的协调性，避免过多堆砌或过于单调。

（4）其他要素

①消防设施。常见的消防设施包括灭火器、消火栓、疏散通道与安全出口、火灾报警与消防控制系统、消防水源、消防电梯、喷淋系统和应急照明等。这些设施需严格按照《建筑设计防火规范》《建筑内部装修设计防火规范》等国家标准进行设计，并在平面图中标注清晰，确保其在火灾时能有效发挥作用。消防设施的布局需兼顾规范性、标识清晰性和实际需求，以保障人员安全和火灾应急处理的高效性。

②无障碍设施。无障碍设施包括无障碍出入口、轮椅坡道、无障碍通道、无障碍电梯、无障碍卫生间、无障碍楼梯、无障碍停车位、盲道及信息标识等。这些设施需符合《无障碍设计规范》及相关法规要求，从坡道坡度、通道宽度、电梯尺寸到卫生间设施等细节均需精心设计，以满足不同使用者的需求，提升空间的通用性和舒适性，确保所有人都能安全、便利地使用。

③绿化与装饰植物。绿化与装饰植物的布局是提升空间美感和营造自然氛围的重要手段。植物的选择需根据空间功能、光照条件和空间大小进行合理搭配。在平面图中，需标注植物的名称、位置、数量以及容器样式，并在设计说明中注明养护需求。植物布局应自然流畅，与室内整体风格协调，通过层次感和色彩搭配增强空间的立体感和舒适度。

二、平面图绘制步骤

1. 室外空间平面图绘制步骤

（1）准备工作

①收集资料。获取场地的地形图，了解场地的范围、边界、高差变化等基本信息。例如，通过测绘地形图，可以明确场地的形状和周边环境，以及功能用途，如是公园、广场、庭院还是停车场等。如果是公园，要考虑设置儿童游乐区、休闲区、健身区等功能分区。同时了解场地周边的建筑、道路、植被等情况，以便在平面图中体现与周边环境的协调关系。

②工具准备。如果是电子绘图，可以使用AutoCAD、SketchUp、ArcGIS等专业软件。如果是手工绘图，需要准备绘图纸、绘图板、丁字尺、三角板、圆规、铅笔、橡皮擦等工具。准备相关的建筑设计规范、景观设计标准等资料，以确保绘图符合要求。

（2）绘制步骤

①绘制场地边界。根据场地的地形图，在绘图软件或绘图纸上准确绘制出场地的边界线。如果是不规则场地，要按照地形图上的坐标点进行绘制。例如，在AutoCAD中，可以使用"多段线"工具，依次输入场地边界各点的坐标来绘制边界。在场地边界上标注出场地的长度、宽度等尺寸信息，确保比例准确。一般室外平面图的比例尺可以根据场地大小选择，如1∶100、1∶200等。

②绘制场地高程。根据场地的地形高差，在平面图上绘制等高线。等高线是表示地形起伏的线，相邻等高线之间的高差一般为0.5m或1m。在手工绘图时，可以使用等高线模板来绘制，而在电子绘图中，可以通过软件的等高线生成功能来完成。在关键位置标注高程点，如场地的最高点、最低点、道路坡度变化点等。高程点的标注格式一般为"高程值（单位：m）"，例如"3.500"表示该点的高程为3.5m。

③功能分区绘制。根据场地的功能需求，将场地划分为不同的功能分区。例如，对于一个住宅小区的室外空间，可以划分为入口广场区、中心花园区、儿童游乐区、停车场区等。在平面图上用虚线或不同颜色的填充来区分各个功能分区。在每个功能分区的合适位置标注出功能名称，如"儿童游乐区""休闲广场"等，字体大小要适中，清晰可辨。

④绘制道路和通道。根据场地的功能分区和交通需求，绘制道路和通道。道路的宽度要根据实际使用要求确定，如小区内部道路宽度一般为3～6m，主要通道要保证足够的通行宽度。在平面图上，道路可以用双线表示，双线之间的距离表示道路宽度。在主要道路上标注道路名称，如"主入口道路""环形车道"等。同时标注道路的宽度尺寸，如"宽6m"。

⑤绘制景观元素。根据场地的景观设计要求，绘制植物的位置和种类。植物可以用简单的符号表示，如圆形表示乔木，椭圆形表示灌木，曲线表示草坪等。在平面图上标注植物的名称和规格，如"银杏（胸径15cm）""红叶石楠球（冠幅1.5m）"等。绘制景观小品，如雕塑、亭子、座椅、垃圾桶等。小品设施可以用简化的图形表示，并标注其位置和名称。例如，用一个小亭子图形表示凉亭，并标注"凉亭"字样。

⑥绘制建筑和构筑物。如果场地内有建筑，要绘制建筑的平面轮廓。建筑轮廓可以用实线表示，要准确反映建筑的形状和尺寸。例如，在绘制一个小型建筑时，要按照建筑的实际平面尺寸绘制其墙体轮廓。在建筑轮廓内标注建筑的名称，如"售楼部""公共厕所"等。同时标注建筑的尺寸，如建筑的长度、宽度等，以方便施工和使用。

⑦标注和注释。在平面图的合适位置标注比例尺和指北针。比例尺要清晰，指北针要指向北方，以便使用者了解场地的方向和比例关系。对一些特殊的场地要求或设计说明进行文字注释。例如，对场地的排水方向、特殊材料的使用等进行说明，文字注释要简洁明了，字体规范。

（3）检查和修改

①检查准确性。检查场地边界、高程、功能分区、道路、景观元素等是否符合设计要求和实际情况。例如，检查道路是否与周边道路顺畅连接，植物配置是否符合生态要求等。

②修改完善。根据检查结果，对平面图进行修改和完善。对于发现的错误或不合理之处，及时进行调整。例如，如果发现某个功能分区的面积过大或过小，要重新调整其边界。

（4）输出和保存

①输出图纸。如果是电子绘图，将平面图输出为PDF、DWG等格式的文件，方便打印和查看。如果是手工绘图，要将图纸进行复印或扫描保存。

②保存文件。将绘制好的平面图文件进行备份保存，防止文件丢失或损坏。

2. 室内空间平面图绘制步骤

（1）准备工作

①收集资料。获取建筑的原始平面图，包括墙体、门窗、柱子等结构信息。这些图纸通常由建筑设计单位提供，是绘制室内平面图的基础。明确室内空间的使用功能，如住宅、办公室、餐厅、商店等。了解使用者的需求，包括房间的数量、大小、功能分区等。如果建筑图纸不完整或需要更精确的数据，可以使用测量工具（如卷尺、激光测距仪）对室内空间进行实地测量，记录墙体尺寸、门窗位置、柱子尺寸等数据。

②工具准备。推荐使用AutoCAD、SketchUp、Revit等专业绘图软件，这些软件功能强大，能够高效完成室内平面图的绘制。如果是手工绘图，需要准备绘图纸、绘图板、丁字尺、三角板、圆规、铅笔、橡皮擦等工具。准备相关的室内设计规范、建筑标准等资料，以确保绘图符合要求。

（2）绘制步骤

①绘制墙体和结构。根据建筑图纸或测量数据，在绘图软件中绘制墙体。墙体通常用粗实线表示，绘制时要严格按照比例尺进行，确保墙体的厚度和位置准确。例如，在AutoCAD中，可以使用"直线"或"多段线"工具绘制墙体。在墙体上标注墙体的厚度和长度尺寸。墙体厚度一般为200～300mm，标注格式为"厚度×长度"，如"200×3000"表示墙体厚度为200mm，长度为3000mm。如果室内空间有柱子或梁，要准确绘制其位置和尺寸。柱子一般用圆形或矩形表示，梁可以用虚线表示其位置和高度。

②绘制门窗。根据建筑图纸或测量数据，在墙体上绘制门窗的位置。门窗可以用简化的图形表示，如矩形表示门，矩形加虚线表示窗。在门窗上标注其尺寸，包括宽度和高度。例如，标注"门宽900mm，高2100mm""窗宽1500mm，高1200mm"。

为了方便施工和阅读，可以在门窗上标注编号，如"门1""窗1"等。

③功能分区绘制。根据室内空间的功能需求，将室内划分为不同的功能区域，如客厅、卧室、厨房、卫生间等。在平面图上用虚线或不同颜色的填充来区分各个功能区域。在每个功能区域的合适位置标注功能名称，如"客厅""卧室""厨房"等，字体大小要适中，清晰可辨。

④绘制家具和设备。根据功能区域的使用需求，绘制家具的位置和尺寸。家具可以用简化的图形表示，如矩形表示沙发、床，圆形表示餐桌等。在绘制时，要确保家具的尺寸和比例准确，例如，单人沙发的尺寸一般为长800～1000mm，宽800～900mm，高800～900mm。在家具上标注其名称和尺寸，如"双人床（长2000mm，宽1500mm）""餐桌（直径1200mm）"等。绘制室内设备的位置，如空调、电视、冰箱、洗衣机等。设备可以用简化的图形表示，并标注其名称和位置。

⑤标注和注释。在平面图的合适位置标注比例尺和指北针。比例尺要清晰，指北针要指向北方，以便使用者了解空间的方向和比例关系。对一些特殊的设计要求或注意事项进行文字注释。例如，标注地面材料、墙面材料、特殊功能区域的说明等，文字注释要简洁明了，字体规范。

（3）检查和修改

①检查准确性。检查墙体、门窗、功能分区、家具布局等是否符合设计要求和实际情况。例如，检查家具是否与墙体、门窗冲突，功能分区是否合理等。

②修改完善。根据检查结果，对平面图进行修改和完善。对于发现的错误或不合理之处，及时进行调整。例如，如果发现某个功能区域的空间过小，需要重新调整其边界。

（4）输出和保存

①输出图纸。如果是电子绘图，将平面图输出为PDF、DWG等格式的文件，方便打印和查看。如果是手工绘图，要将图纸进行复印或扫描保存。

②保存文件。将绘制好的平面图文件进行备份保存，防止文件丢失或损坏。如果是电子文件，建议保存多个版本，方便后续修改和追溯。

第四节 　立面图绘制

一、立面图中的要素

1. 建筑立面图

建筑立面图是建筑设计中用于展示建筑物外观和垂直空间布局的重要图纸。它详细描绘了建筑的外观特征、材料、细节和装饰元素（表4-1）。

表4-1　建筑立面图中的要素

要素	说明
建筑外观	• 总高度：建筑物从地面到最高点的总高度 • 层高：每层的高度，包括楼层之间的距离 • 屋顶形式：屋顶的形状和类型，如平屋顶、坡屋顶、折板屋顶等 • 建筑风格：整体建筑风格，如现代风格、古典风格、中式风格等
立面尺寸	• 门窗尺寸：门窗的高度和宽度，以及它们在立面中的位置 • 阳台和露台尺寸：阳台和露台的位置、尺寸和形式 • 装饰构件尺寸：如柱子、栏杆、檐口、装饰线条等的尺寸和位置
立面材料	• 墙面材料：如砖、石材、玻璃、金属板等 • 装饰材料：如瓷砖、木材、石材贴面等 • 屋顶材料：如瓦、金属屋面、玻璃等 • 地面材料：如石材、木材、混凝土等
立面细节	• 门窗细节：包括门窗的开启方式、窗框和窗扇的细节 • 装饰构件：如柱子、栏杆、檐口、装饰线条等的详细设计 • 照明设施：如壁灯、吊灯、景观灯等的位置和形式 • 排水系统：如雨水管、排水口等的位置和设计
立面装饰	• 色彩：立面的主色调和装饰色彩 • 图案：如墙面的装饰图案、瓷砖的拼花等 • 纹理：如石材的纹理、木材的纹理等 • 艺术装置：如雕塑、壁画、装置艺术等的位置和形式

2. 剖面图

剖面图是建筑和环境设计中用于展示建筑物内部空间的垂直剖面的重要图纸。它不仅展示了建筑的内部结构和空间布局，还提供了详细的尺寸、材料和施工细节（表4-2）。

表4-2　剖面图中的要素

要素	说明
剖面位置	• 剖切位置：剖切位置通常在平面图上标注，剖面立面图展示从剖切面看到的内部结构 • 剖切方向：剖切方向的标识，帮助理解剖面的方向和位置
内部空间	• 楼层高度：各楼层的高度，包括楼板和屋顶的标高 • 层高：每层的高度，包括楼层之间的距离 • 空间布局：展示内部空间的布局，如房间、走廊、楼梯、电梯井等的位置和尺寸
结构细节	• 墙体厚度：墙体的厚度和材料，包括承重墙和非承重墙 • 梁和柱：梁和柱的位置、尺寸和材料 • 楼板和屋顶结构：楼板和屋顶的结构形式和材料
楼梯和电梯	• 楼梯位置：楼梯的位置、尺寸和形式，包括踏步尺寸、扶手高度等 • 电梯井：电梯井的位置、尺寸和形式，包括电梯门的位置和尺寸
门窗位置	• 门窗位置：门窗在剖面中的位置、尺寸和开启方式 • 窗台高度：窗台的高度和尺寸
材料和装饰	• 墙面材料：墙面的材料和装饰，如瓷砖、涂料、石材等 • 地面材料：地面的材料和装饰，如石材、木材、地毯等 • 天花板材料：天花板的材料和装饰，如石膏板、金属吊顶等
设备和设施	• 照明设备：照明设备的位置和形式，如吊灯、壁灯、筒灯等 • 通风设备：通风口、排气口的位置和尺寸 • 给排水管道：给排水管道的位置和尺寸 • 电气设备：电气设备的位置和形式，如插座、开关、配电箱等
施工细节	• 节点详图：如门窗节点、楼梯节点、梁柱节点等的详细设计 • 施工材料：施工中使用的材料和工艺 • 施工顺序：施工的先后顺序和注意事项

3. 局部立面图

局部立面图是建筑和环境设计中用于详细展示建筑物某个特定区域的立面图纸。它通常用于展示复杂的建筑细节、装饰元素或需要特别关注的区域（表4-3）。

表4-3　局部立面图中的要素

要素	说明
局部区域的位置	• 详细位置：局部立面图通常会明确标注所展示区域在整体建筑中的具体位置，通常通过平面图上的剖切线或标注来表示 • 剖切位置：如果局部立面图是通过剖切得到的，会标注剖切的具体位置和方向
详细尺寸和比例	• 局部尺寸：提供局部区域的详细尺寸，包括高度、宽度、深度等，确保施工的精确性 • 比例标注：明确标注局部立面图的比例，以便施工人员和设计人员能够准确理解和使用图纸

要素	说明
材料和装饰细节	• 材料标注：详细标注局部区域所使用的材料，如石材、木材、玻璃、金属等，包括材料的名称、规格和性能 • 装饰细节：展示局部区域的装饰细节，如雕刻、图案、纹理等，确保设计的美观性和艺术性
结构和构造细节	• 结构细节：展示局部区域的结构细节，如梁、柱、墙体的厚度和材料，确保结构的稳定性和安全性 • 节点详图：提供局部区域的节点详图，如门窗节点、连接节点等，确保施工的精确性和质量
门窗和开口	• 门窗位置：标注门窗在局部区域中的具体位置、尺寸和开启方式 • 开口细节：展示局部区域的其他开口，如通风口、排气口等的位置和尺寸
装饰元素	• 装饰构件：展示局部区域的装饰构件，如栏杆、扶手、檐口、装饰线条等的位置和形式 • 艺术装置：如果局部区域包含艺术装置或雕塑，详细标注其位置和形式
照明和电气设施	• 照明设备：标注局部区域的照明设备，如壁灯、吊灯、筒灯等的位置和形式 • 电气设施：标注局部区域的电气设施，如插座、开关、配电箱等的位置和形式
施工细节	• 施工材料：标注局部区域施工中使用的材料和工艺 • 施工顺序：提供局部区域施工的先后顺序和注意事项，确保施工的顺利进行

二、立面图绘制步骤

绘制立面图是建筑和环境设计中的重要环节，它需要精确的测量、详细的标注和清晰的表达。以下是绘制立面图的详细步骤。

1. 室外空间立面图绘制步骤

（1）绘制草图

①确定比例和图幅。根据室外空间的大小和复杂程度选择合适的比例，如1∶50、1∶100等。比例的选择要保证图纸既能清晰展示细节，又能在合适的图幅内完整呈现。根据比例和空间范围确定图幅大小，常见的图幅有A3（420mm×297mm）、A2（594mm×420mm）等。

②绘制建筑轮廓。在图纸上用铅笔轻轻勾勒出建筑的立面轮廓线，包括建筑的墙体、屋顶等主要部分。注意建筑的垂直度和水平度，确保线条的准确性。标注建筑的轴线，轴线是建筑定位的重要依据，可以帮助准确绘制门窗等构件的位置。

③添加景观元素。在建筑轮廓的基础上，根据现场测量的数据和照片资料，绘制景观元素的位置和形状。例如，绘制花坛的轮廓、树木的位置和大致形态、雕塑的轮廓等。对于地面铺装，用简单的线条或图案表示其范围和材质变化。

④标注高程和尺寸。在立面图上标注建筑和景观元素的高程，包括地面高程、建筑各层的标高、景观小品的顶部和底部高程等。标注建筑的总高度、门窗的高度和宽度、景观元素的尺寸等关键尺寸。

（2）绘制正式图

①选择绘图工具。可以使用手工绘图工具，如绘图板、丁字尺、三角板、绘图铅笔、橡皮擦等。也可以使用计算机绘图软件，如AutoCAD、SketchUp、Adobe Illustrator等。软件绘图可以提高绘图效率和精度，方便修改和标注。

②绘制建筑立面细节。按照草图，用较深的线条绘制建筑的立面细节，如门窗的框线、窗扇、栏杆、装饰线条等。对于建筑的材质和纹理，可以用不同的线条或图案表示，如用交叉线表示砖墙，用点状图案表示石材等。

③细化景观元素。绘制景观植物的形态，用简单的线条或图形表示树木的树冠、树干，灌木的轮廓等。注意植物的大小和比例要符合实际。

对于景观小品，如雕塑、灯具等，则需要绘制其详细的形状和纹理，突出特征。

④标注和注释。在正式图上清晰标注所有尺寸、高程和材料信息。尺寸标注要规范，包括尺寸线、尺寸界线和尺寸数字。对于特殊的材料或构造，如防水层、保温层等，进行注释说明。

添加图名、比例、图例等内容，使图纸完整、清晰。

（3）检查和修改

①尺寸检查。仔细检查所有标注的尺寸是否准确，包括建筑尺寸、景观元素尺寸和高程标注等。确保尺寸之间相互协调，符合实际测量数据。

②比例检查。检查建筑和景观元素的形状、大小是否符合所选比例。可以通过与现场照片对比或用比例尺量取来验证。

③细节检查。查看建筑立面细节和景观元素的绘制是否完整、清晰。对于遗漏的部分进行补充，对于错误的部分进行修改。

④美观调整。调整线条的粗细、虚实，使图纸整体美观、易读。对于复杂的部分，可以用虚线或细线表示，以突出重点内容。

2. 室内空间立面图绘制步骤

（1）绘制草图

①确定比例和图幅。根据室内空间的大小和复杂程度选择合适的比例，如1：50、1：100等。比例的选择要保证图纸既能清晰展示细节，又能在合适的图幅内完整呈现。根据比例和空间范围确定图幅大小，常见的图幅有A3（420mm×297mm）、A2（594mm×420mm）等。

②绘制墙体轮廓。在图纸上用铅笔轻轻勾勒出室内空间的墙体轮廓线，包括墙体的长度和高度。注意墙体的垂直度和水平度，确保线条的准确性。标注墙体的轴线，轴线是墙体定位的重要依据，可以帮助准确绘制门窗等构件的位置。

③添加门窗和固定设施。在墙体轮廓的基础上，根据现场测量的数据和照片资料，绘制门窗的位置和尺寸。标注门窗的开启方向和类型（如平开门、推拉门等）。绘制灯具、插座、开关、空调出风口等固定设施的位置，用简单的符号表示。

④标注高程和尺寸。在立面图上标注墙体的高度、门窗的高度和宽度、固定设施的高程等关键尺寸。

标注地面和天花板的高差，如果有台阶或特殊高差变化，也要详细标注。

（2）绘制正式图

①选择绘图工具。可以使用手工绘图工具，如绘图板、丁字尺、三角板、绘图铅笔、橡皮擦等。也可以使用计算机绘图软件，如AutoCAD、SketchUp、Adobe Illustrator等。软件绘图可以提高绘图效率和精度，方便修改和标注。

②绘制墙体和门窗细节。按照草图，用较深的线条绘制墙体的轮廓和门窗的细节。绘制门窗的框线、窗扇、栏杆、装饰线条等。对于墙体的材质和纹理，可以用不同的线条或图案表示，如用交叉线表示砖墙，用点状图案表示石材等。

③添加装饰元素和家具。绘制室内装饰元素，如挂画、装饰线条、壁炉等。用简单的线条或图案表示其位置和形状。绘制家具的轮廓和位置，如沙发、电视柜、书架等。注意家具的大小和比例要符合实际。

④标注和注释。在正式图上清晰标注所有尺寸、高程和材料信息。尺寸标注要规范，包括尺寸线、尺寸界线和尺寸数字。对于特殊的材料或构造，如防水层、保温层等，进行注释说明。

添加图名、比例、图例等内容，使图纸完整、清晰。

（3）检查和修改

①尺寸检查。仔细检查所有标注的尺寸是否准确，包括墙体尺寸、门窗尺寸、家具尺寸和高程标注等。确保尺寸之间相互协调，符合实际测量数据。

②比例检查。检查墙体、门窗、家具等的形状、大小是否符合所选比例。可以通过与现场照片对比或用比例尺量取来验证。

③细节检查。查看墙体、门窗、装饰元素和家具的绘制是否完整、清晰。对于遗漏的部分进行补充，对于错误的部分进行修改。

④美观调整。调整线条的粗细、虚实，使图纸整体美观、易读。对于复杂的部分，可以用虚线或细线表示，以突出重点内容。

（4）输出和保存

①手工绘图。使用绘图墨水或绘图笔将铅笔线条描黑，确保线条清晰、整洁。使用橡皮擦擦去多余的铅笔线条，使图纸干净、美观。将图纸固定在绘图纸或硫酸纸上，便于保存和使用。

②计算机绘图。在绘图软件中检查所有图层和标注是否完整。输出图纸为PDF或DWG格式，便于打印和共享。保存原始文件，方便后续修改和更新。

AI技术拓展应用

通过AI图像的生成技术，能够将手绘的效果图或透视图生成较为真实的效果图作为造型的参考，或者作为预想方案的效果图。

利用AI工具将手绘景观设计图纸生成三维模型，可以按照以下步骤进行操作：

1. 选择合适的AI工具

目前有多款AI工具支持将手绘图纸或图像转换为三维模型，例如CSM、Meshy、Smoothie-3D。

CSM（Common Sense Machines）：支持从手绘草图直接生成三维模型。

Meshy：支持图像到三维模型的转换，适合从手绘图纸生成模型。

Smoothie-3D：适合将手绘图像快速转换为简单三维模型。

2. 准备手绘图纸

确保手绘图纸清晰，背景干净，线条简洁，便于AI工具识别。

如果图纸是纸质的，需要将其扫描或拍照后转换为数字图像（如PNG或JPG格式）。

3. 上传图纸到AI平台

注册并登录所选的AI工具平台（如CSM或Meshy）。

在平台上找到"图像到3D"或"草图到3D"的功能模块，上传手绘图纸。

4. 生成初始三维模型

AI工具会自动分析手绘图纸的内容，并生成初始的三维模型。例如，CSM支持实时建模，用户可以即时看到手绘图纸转化为三维形态。

Meshy会生成多个预览模型，用户可以选择一个满意的模型进行进一步优化。

5. 编辑和优化模型

使用AI工具提供的编辑功能，对生成的三维模型进行调整和优化。例如：

调整模型的形状、尺寸和比例。

添加纹理、材质或颜色。

修复模型中的缺陷或调整细节。

6. 导出和使用模型

完成优化后，将生成的三维模型导出为常见的3D格式（如FBX、OBJ、GLB等）。

导出的模型可以用于进一步的景观设计、虚拟现实展示或3D打印等。

注意事项

手绘图纸的质量和清晰度会影响生成模型的效果，因此建议在上传前仔细检查图纸。

如果生成的模型与预期有较大偏差，可以尝试重新上传图纸或调整AI工具的设置。

思考

1. 如何全面且细致地展现一个环境设计项目的概念设计？

2. 试着设计一个以红色文化为主题的景观小品，绘制出草图并通过平面图、立面图进行表现。

第五章
专题设计中期（二）
——室外空间要素设计

知识目标

1. 了解室外空间所包含的各个要素：室外空间的要素包括铺装与绿化、景观建筑、景观雕塑和小品、公共设施和水体景观等，通过学习了解这些要素的概念以及在项目中的作用。

2. 了解室外空间要素的各种形式：不同形式的空间要素具有不同的特征和优势，了解多种形式能够积累设计素材，有助于在设计中解决问题。

3. 掌握室外空间要素的设计方法与过程：不同室外空间的要素具有不同的设计方法，掌握设计的过程和方法，能够提高设计的效率，抓住关键点。

技能目标

1. 设计观察能力：通过分析室外空间不同的设计要素，培养对环境设计的观察能力，能够准确地把握空间中各个要素的特征，并与功能性进行关联。

2. 设计要素组织能力：项目中包含多种空间要素，通过思考与分析、合理地规划布局，提升对空间要素的理解与组织能力。

素养目标

1. 文化强国、文化自信意识：理解我国代表性室外空间的布局思路与所体现的国家精神，从而培养文化强国、文化自信的意识。

2. 奉献精神与服务意识：理解设计过程中人的主体概念，设计应时刻围绕着人的需求进行，提高对设计师的奉献精神和服务意识的理解。

第一节 铺装与绿化设计

铺装与绿化设计是室外空间设计中的关键要素，它们不仅塑造了空间的视觉美感，还承载着重要的生态与功能价值。铺装设计通过材料选择与图案设计，为人们提供行走与活动的基础，同时营造出独特的空间氛围；绿化设计则通过植物的合理配置，为环境带来生态效益，提升空间的美学与舒适度。本节将从铺装与绿化的设计形式、设计原则，以及设计方法与过程三个方面，详细探讨铺装与绿化设计的要点（图5-1）。

图5-1 铺装与绿化设计

图5-2 透水功能铺装

一、铺装与绿化的设计形式

1. 铺装的设计形式

（1）功能导向型铺装

功能导向型铺装是指以满足特定使用需求为主要目标的铺装类型，其核心关注点在于功能性，而非单纯的视觉美观（图5-2）。该类铺装通常应用于步行道、车行道、广场、停车场等公共空间，设计重点包括材料的耐久性、防滑性、承载能力以及排水性能，以确保铺装在不同环境下都能发挥最佳作用，功能导向型铺装的类型见表5-1。功能导向型铺装具有的特点可扫码进行拓展学习。

功能导向型铺装特点

表5-1 功能导向型铺装的类型

类型	说明
步行道铺装	在城市公园、校园步道及商业街区，步行道的铺装需满足高强度使用需求，同时具备良好的美观性和舒适性。
车行道铺装	城市道路、停车场和小区车道通常采用承重力较高的材料，如沥青、混凝土砖或高强度花岗岩块。

续表

类型	说明
车行道铺装	城市道路、停车场和小区车道通常采用承重力较高的材料，如沥青、混凝土砖或高强度花岗岩块。
特殊功能铺装	对于特殊功能区域，如盲道、自行车道、无障碍通道等，铺装设计需要考虑特殊人群的使用需求。

（2）美学导向型铺装

美学导向型铺装是一种以艺术表现和视觉体验为核心的景观设计方式，它强调通过材料的质感、色彩的搭配及图案的设计，创造具有独特美学价值的地面景观（图5-3）。不同于功能导向型铺装侧重于实用性和耐久性，美学导向型铺装更加强调空间的艺术氛围和视觉冲击力，旨在提升整体环境

图5-3 美学导向型铺装

美学导向型铺装特点

的美感和吸引力。其设计灵感通常来源于自然形态、历史文化符号、现代艺术潮流或地域特色，能够强化场地的文化属性，使其具有独特的艺术感染力。

美学导向型铺装在景观环境中扮演着重要角色，它不仅能够塑造空间氛围，还能引导人们的行为模式。例如，在城市广场、文化街区、商业步行街等公共空间，设计师通过精心构思的铺装图案、色彩渐变及不同材质的对比，能够营造不同的情境氛围，如现代感、传统韵味、活力四溢或宁静雅致。此外，美学导向型铺装还能够提升场地的识别度，使其在众多城市空间中独树一帜，成为吸引人群、增强空间记忆点的重要元素。美学导向型铺装的类型见表5-2。美学导向型铺装的特点可扫码进行拓展学习。

表5-2 美学导向型铺装的类型

类型	主要功能	说明
文化广场铺装	传承历史文化	在历史文化街区或主题文化公园，美学导向型铺装通常采用具有地域特色的材料和图案，以增强场地的文化氛围
现代商业区铺装	营造时尚氛围	在现代商业街区或购物中心，铺装设计不仅需要具备美学价值，还要与商业空间的品牌形象相协调
艺术公园铺装	增强互动体验	在以艺术为主题的公园或公共艺术广场，铺装设计往往成为景观的一部分，增强人们的参与感和互动性

（3）生态导向型铺装

生态导向型铺装是一种结合环保理念与可持续技术的铺装方式，旨在减少地表硬化带来的负面影响，增强铺装区域的生态功能。其主要目标包括：提高雨水渗透率，减少地表径流，提高地下水补给，缓解城市排水系统的压力；降低环境污染，通过渗透和过滤机制减少雨水中污染物对河流和湖泊的影响；减少城市热岛效应，通过选择高反射率、低热储存能力的材料，降低地表温度；提高生物多样性，利用植被覆盖、生态草沟等方式，为昆虫、鸟类等提供生境空间；增强环境美学价值，采用多样化、富有自然气息的铺装材料和设计手法，使城市空间更加和谐宜人。

生态导向型铺装特点

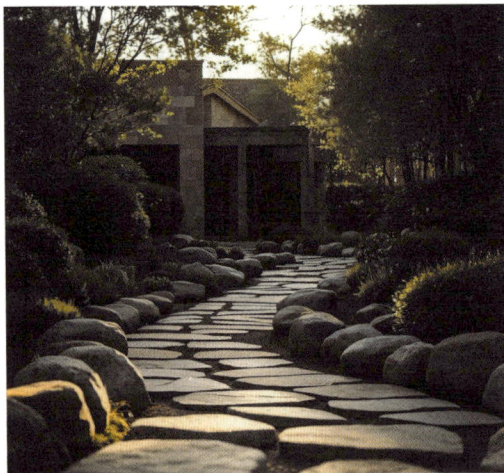

在实际应用中，生态导向型铺装可广泛应用于公园、城市街道、广场、居住区、校园及滨水区域等多种环境。其设计应充分结合场地的地形地貌、气候条件及水文特征，以确保铺装系统的生态功能能够长期有效地发挥作用（图5-4）。生态导向型铺装特点可扫码进行拓展学习。

图5-4　生态导向型铺装

2. 绿化设计形式

（1）自然式绿化

自然式绿化是一种基于生态学原理的绿化设计方式，它模仿自然生态系统中的植物群落，引入本地植物，遵循自然生长规律，营造出具有生态价值、景观美感和可持续性的绿化环境。与规则式绿化不同，自然式绿化不刻意追求人工修剪的整齐度，而是强调植物的自由生长、生态适应性和生物多样性。其设计往往以自然的曲线、不规则的种植配置、丰富的植物层次和自然演替为特点，从而创造出富有野趣、生态稳定的景观效果（图5-5）。

自然式绿化具有以下特征。

①生态性强，增强环境适应性。自然式

图5-5　自然式绿化

绿化的生态性体现在多个方面，最重要的一点是采用本地植物，因为本地植物已经适应了当地的气候、土壤和降水条件，能够自我调节生长状态，减少因不适应环境而导致的枯死或病害问题。此外，本地植物能为本地区的昆虫、鸟类、两栖动物等提供食物和庇护，从而增强生物多样性，形成健康的生态系统。

在自然式绿化设计中，植被选择应充分考虑生态功能。例如，在防风固沙的区域，可以种植抗风能力强的灌木和地被植物，如柽柳、沙拐枣等，以稳定土壤并减少风蚀。在水源涵养区，适宜种植深根系的乔木，如柳树、水杉等，以促进雨水渗透和土壤保湿。

此外，自然式绿化有助于减少环境污染。例如，乔木和灌木可吸附空气中的粉尘和有害气体，草坪和低矮植被可降低噪声污染，湿地植物（如香蒲、芦苇）能有效净化水体中的污染物。这些生态功能使得自然式绿化成为城市绿化和生态治理的重要手段。

②视觉效果自然，增强景观层次。自然式绿化强调"模仿自然"的视觉呈现，通过不规则的植物配置、自然生长的植物形态和丰富的植被层次，打造出具有生态感和生机感的景观效果。

自然式绿化采用更加自由和随性的种植方式。例如，在大面积的公园绿地中，可通过疏密交错的乔木种植，形成类似天然森林的空间感；在步行道两侧，则可利用高低错落的灌木、草本和藤本植物组合，创造出丰富的景观层次。

在色彩搭配上，自然式绿化通常遵循四季变化的原则，选用不同叶色、花色和果色的植物，使景观在一年四季都具有独特的视觉效果。例如：春季可选用樱花、杜鹃、迎春花等开花植物，增加景观的活力感。夏季可搭配绿叶浓密的树种，如银杏、榆树、槐树，为空间提供遮阴。秋季可利用枫树、乌桕、黄栌等色叶植物，打造层次丰富的秋景。冬季可引入常绿针叶植物，如松树、冷杉，保持景观的稳定性。这种依赖于植物生长习性和自然状态的视觉效果，使自然式绿化具有极强的观赏性，同时减少了人为干预带来的维护成本。

③季节变化明显，增强景观动态性。自然式绿化的另一大优势是顺应季节变化，展现动态景观效果。由于植物的生命周期和生长周期不同，自然式绿化能够在一年四季呈现出不同的景观风貌，使环境保持持久的吸引力。春季百花盛开，新芽萌发，色彩斑斓，给人焕然一新的感觉。夏季绿荫浓密，营造清凉宜人的环境，同时提供生物多样性的栖息地。秋季树叶变色，红、黄、橙等色彩交织，营造出温暖的秋日氛围。冬季树木落叶后展现出树木的形态美，雪景与常绿植物形成鲜明对比。通过合理选择植物组合，设计师可以创造出丰富的季节变化景观，使得绿化空间在不同时间节点都具有独特的魅力。

自然式绿化的常见应用如表5-3。

表5-3　自然式绿化的应用

应用场景	核心理念	说明
郊野公园绿化	生态森林景观	在郊野公园的绿化设计中，自然式绿化可以通过大面积的原生乔木种植，模拟天然森林的生长状态。此外，通过在乔木下层种植不同高度的灌木和草本植物，打造出森林群落的层次感，为鸟类、昆虫等生物提供栖息地，促进生物多样性的发展
生态湿地绿化	水岸生态系统	保留原生态的水生植物，以增强水体净化能力。同时，在水岸边缘种植柔性植物带，如柳树、水杉等，不仅能防止水土流失，还能营造出柔和的水岸景观
城市公园绿化	自然休闲空间	增强了场地的生态功能，还改善了市民的休闲体验。创造了人与自然和谐共存的场景，使城市居民能够在快节奏的生活中享受自然之美

（2）规则式绿化

规则式绿化是一种以几何图形和对称布局为主要特征的绿化方式，其核心理念在于强调景观的秩序感、形式美和可控性。与自然式绿化相比，规则式绿化更注重人工干预，通过精心设计的植物、整齐修剪的绿篱、对称布局的树阵以及几何形状的花坛，创造出高度统一且具有仪式感的景观空间（图5-6）。

规则式绿化的设计源远流长，在欧洲宫廷园林、巴洛克风格园林、法式园林等历史

图5-6　规则式绿化

经典景观中广泛应用。例如，法国凡尔赛宫花园以其复杂精美的几何图案、修剪整齐的树篱和精确对称的空间布局，成为规则式绿化的典范。与此同时，中国传统园林中的一些轴线布局和对称结构也具有规则式绿化的特征，如皇家园林的中轴线对称布局，体现了中国传统文化中的秩序观念。

在现代景观设计中，规则式绿化仍然被广泛应用于纪念性广场、城市中心绿地、高端庭院、公园入口区域、政府机构周边等场所。它不仅能够提升景观的视觉震撼力，还能塑造庄重、典雅的氛围，使景观空间在视觉上更具仪式感和尊贵感。规则式绿化具有以下特点。

①形式感强。规则式绿化最显著的特点就是其高度的形式感和几何美学特征。通过严格的几何布局，设计师可以塑造出整齐划一、秩序井然的景观空间，使绿化在整体上呈现出庄重、稳定、严谨的视觉效果。这种形式感主要体现在以下几个方面。

几何构图：规则式绿化通常采用矩形、正方形、圆形、放射状等几何形态进行布局，

使植物的排列与整体景观设计相协调。例如，广场中央可以设置圆形或矩形草坪，以确保整体设计的均衡性。

对称美学：轴线对称是规则式绿化的核心设计原则之一，通过左右对称的树阵、绿篱或花坛布局，使景观呈现出强烈的仪式感和空间秩序。例如，在纪念性广场中，主轴线两侧往往布置成对的植物，以强化空间的稳定性和庄重感。

文化小课堂

天安门广场位于北京市中心，是世界上最大的城市广场之一，具有深厚的历史意义和重要的政治象征意义。天安门广场的布局以中轴线为核心，采用严格的对称布局形式。中轴线从南向北依次经过正阳门、毛主席纪念堂、人民英雄纪念碑、天安门广场中心、天安门城楼、故宫午门等重要建筑，体现了中国传统建筑规划中"中轴对称"的理念，展现了严谨的空间秩序和庄重的氛围。天安门广场的布局不仅体现了中国传统建筑规划的对称性和秩序感，还融入了现代城市规划的理念。广场的开放性、功能性与纪念性相结合，使其成为具有国际影响力的公共空间。同时，广场周边的现代建筑与历史建筑相互呼应，展现了中国从古代到现代的历史脉络和文化传承（图5-7）。

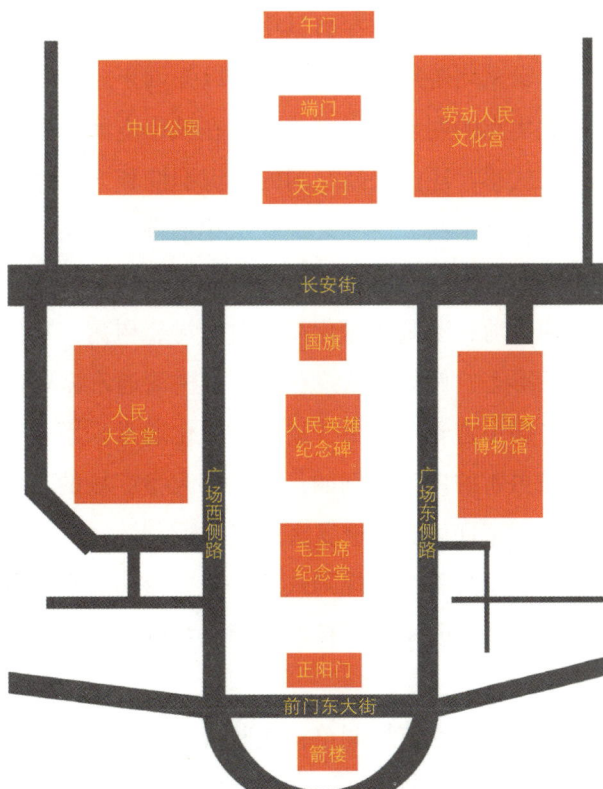

图5-7　天安门广场布局

层次分明：规则式绿化通常采用高低错落的植被配置方式，例如中央布置较高的乔木，两侧逐渐降低至灌木、花卉，再到低矮的地被植物，使景观在视觉上更具层次感和节奏感。

这种高度控制的绿化设计不仅能够塑造大气典雅的环境，同时也能有效引导人流，使景观的使用体验更加有序和和谐。

②视觉焦点明确。规则式绿化的几何结构和轴线布局使其具有极强的视觉导向作用，能够精准地引导观者的视线，并突出景观的核心元素或焦点。其主要表现方式如下。

轴线引导：在许多规则式绿化的设计中，主景观往往位于一条清晰的中轴线上。例如，在皇家园林或纪念性广场中，中央轴线的尽头通常设有喷泉、雕塑或纪念碑，而沿途的对称绿化可以引导视线直达核心景观。

中心焦点强化：规则式绿化能够通过几何形态的铺装、对称排列的植物或围合式的布局，强化中心焦点的视觉冲击力。例如，在欧式宫廷花园中，中心花坛往往采用复杂的几何形态，以吸引游客的目光。

空间节奏感：通过对树阵、绿篱、步道、花坛的精确规划，规则式绿化能够形成有序的视觉节奏，使观者在穿行其中时感受到空间的层次递进和秩序感。例如，政府办公区外的绿化通常采用等距种植的乔木，以强调正式感和秩序感。

视觉焦点的明确使规则式绿化在城市空间和公共场所中发挥着重要作用，不仅能增强景观的仪式感，还能提高空间的可识别性和方向感。

③维护要求高。由于规则式绿化依赖于严格的几何构图和修剪整齐的植物形态，其日常维护工作较为繁重。主要维护要求包括以下几点。

定期修剪：规则式绿化需要对绿篱、树篱、草坪和花坛进行定期修剪，以确保其保持设计时的形态。例如，欧式花园中的树篱通常需要每月修剪一次，以保持其整齐美观。

严格病虫害管理：由于规则式绿化通常采用单一植物品种进行大规模种植，因此更容易受到病虫害的侵袭。例如，在某些大型广场的草坪区域，如果不定期检查和喷洒农药，可能会导致草坪枯黄或遭受害虫侵害。

精准灌溉与养护：规则式绿化需要较高的水分管理，以保持植物的健康生长。例如，法国凡尔赛宫花园采用了精准的灌溉系统，确保每一片草坪和每一株灌木都能获得均衡的水分供应。

花坛更换与季节性调整：一些规则式绿化的花坛设计会随着季节变化调整植物种类，以确保景观效果的持续性。例如，城市广场的花坛设计通常会根据季节更换不同的花卉，以保持景观的色彩鲜艳和活力。

虽然规则式绿化的维护成本较高，但可以带来视觉冲击力、空间秩序感以及高端氛围，因此规则式绿化仍然是许多重要场所的首选绿化方式。

规则式绿化在国内外都具有广泛的应用，在许多国家的纪念性广场中，规则式绿化被广泛运用，以营造庄重肃穆的氛围。例如天安门广场作为中国最重要的政治和历史场所之一，天安门广场采用了对称式树阵布局，配合整齐划一的草坪和几何花坛，营造出恢弘大气的景观效果。华盛顿国家广场的绿化设计采用了轴线对称的方式，两侧排列整齐的树木引导视线直达华盛顿纪念碑，使整个空间更具纪念性和仪式感。

在欧式园林设计中，规则式绿化是最具代表性的设计手法之一。例如凡尔赛宫花园作为规则式绿化的典范，该花园以复杂的几何图案花坛、对称的绿篱和精心修剪的灌木，营造出极致的宫廷景观美学。巴洛克风格庭院，如意大利的波波里花园，采用整齐的树篱、轴线对称的绿地以及雕塑喷泉的组合，使整个庭院充满仪式感和尊贵感。

（3）混合式绿化

混合式绿化是指在景观设计中结合自然式绿化与规则式绿化的特点，以兼具生态性与形式感的方式进行植物配置。这种绿化模式通常通过几何化的结构布局与自然生长的植物群落相结合，营造出既具有自然韵律，又具备人工秩序的景观效果。它既可以在规则的道路、广场等空间中引入富有层次的自然植物群落，又可以在自然景观中加入一定的秩序化设计，使其更加适应不同场地的景观需求（图5-8）。

图5-8 混合式绿化

混合式绿化的特点包括以下几方面。

①生态与美学兼顾。混合式绿化最大的优势在于其生态价值与美学价值的融合。相比于单纯的自然式绿化或规则式绿化，它在实现生态功能的同时，保持了一定的景观秩序感，使空间更加协调、富有层次感。

在设计中，可以利用乔、灌、草多层次植物配置的方式，结合人工铺装、小品、雕塑等元素，营造出自然流畅的绿化效果，同时维持空间的秩序性和可读性。

在视觉呈现上，设计师可以运用植物色彩对比、形态组合及层次变化，使绿化空间在不同季节和时间段都能呈现丰富的景观效果。例如，在规则的草坪边界种植不规则的花境或灌木带，可以使其既保持整洁的景观感，又能融入自然的韵律。

通过合理的视线引导和空间围合，使绿化不仅起到美化作用，还能改善场地的使用体验，如提供遮阴、减少风速、降低噪声等，进一步提升公共空间的宜居性。

②适应性强。混合式绿化具有极强的适应能力，能够根据不同的环境需求进行调整，使其在各种景观空间中都能发挥作用。

适用于不同尺度的空间：混合式绿化既可以应用于大尺度的城市公园和生态保护区，也可以适用于小尺度的街角花园、屋顶绿化等。

适应不同气候与土壤环境：通过科学的植物选择和配置，混合式绿化可以适应不同气候条件，如温带、热带、干旱地区等。例如，在北方寒冷地区，可选用耐寒的针叶树种和多年生草本植物，而在南方湿润地区，则可利用耐水湿的植物组合，增强场地的生态适应能力。

满足多种使用功能：无论是公共空间、居住社区、商业场所还是生态保护区，混合式绿化都能根据需求进行灵活调整。例如，在商业区，可通过混合式绿化的方式设计步行街花境，提高商业氛围；在校园，则可结合规则的草坪与自由生长的林荫树，使其兼具美观与功能性。

③维护成本适中。相较于规则式绿化，混合式绿化的维护成本更低，而相比完全的自然式绿化，它又能在一定程度上保持良好的景观效果，因此在经济性方面具有较高的优势。

减少人工修剪：由于混合式绿化在设计时既包含自然植物群落，也结合了一定的几何秩序，因此不需要频繁修剪，可利用自然生长的方式维持景观形态。

提高植物适应性：通过本地植物与适应性强的植物组合种植，可以减少病虫害，提高绿化的自我维持能力，减少农药和化肥的使用。

优化水资源利用：在设计中可结合雨水花园、下凹式绿地等生态设施，降低灌溉需求，提高绿地的生态自给能力，从而减少水资源消耗。

混合式绿化的应用常见与城市公园与校园的设计中，在城市公园中，混合式绿化常用于步行道、广场及开敞空间的景观设计。例如，在一个城市中心公园，可以利用规则式步道结合自然生长的乔灌木群，使景观既有清晰的路径引导，又能提供自然的生态屏障。在公园内部，可采用规则式的草坪区域搭配不规则的林荫区，为游客提供多样的休憩体验。还可以通过花境、雨水花园等设计手法，提高公园的生物多样性，同时提升绿化的观赏价值。

校园环境通常需要既整洁有序，又富有生态特色的绿化设计，因此混合式绿化在校园中得到了广泛应用。例如在校园主广场周围，采用规则式草坪搭配自然生长的花境，使空间既具备开阔感，又富有生机。利用混合式绿化方式，在教学楼前设计对称的乔木排列，同时在建筑边缘结合自然式灌木带，使景观富有层次感。通过规则的步行道搭配自由生长的林荫树，使学生在行走过程中感受到自然的气息，同时增强校园环境的舒适性。

二、铺装与绿化的设计原则

1. 功能性原则

铺装设计的功能性是其首要原则，需根据场地的使用需求选择合适的材料和结构。例如，步行道应注重防滑性和舒适性，广场应考虑承重性和排水性，停车场则需兼顾耐久性和防滑性。同时，还需关注特殊人群的需求，如老年人、儿童和残疾人的使用便利性。绿化设计的功能性还体现在其生态功能和使用功能上。其中，生态功能包括改善空气质量、调节气候、保持水土等。使用功能则根据场地需求，如提供遮阴、隔音、视线引导等。例如，在交通干道两侧设置绿化带，可有效降低噪声污染；在公园中种植高大乔木，可为游客提供遮阴（图5-9）。

2. 美观性原则

铺装的美观性通过材料的质感、色彩和图案设计来体现。材料选择应与整体景观风格相协调，色彩搭配需考虑视觉效果和环境氛围，图案设计则可引导人流和视线。例如，在现代风格的广场中，采用简洁的几何图案和明亮的色彩；在传统风格的街区中，使用自然石材和传统的图案。

绿化设计的美观性体现在植物的形态、色彩和季节变化上。通过合理选择植物种类和配置方式，营造出层次丰富、四季有景的景观效果。例如，春季种植花卉，夏季提供绿荫，秋季展示红叶，冬季保持常绿（图5-10）。

3. 可持续性原则

可持续性原则要求选择环保材料，如可再生资源或经过环保认证的材料，减少对环境的影响。同时，设计应考虑材料的耐久性和维护成本，延长使用寿命。例如，采用透水砖或透水混凝土，促进雨水渗透，减少地表径流。

图5-9　铺装与绿化设计功能性原则

图5-10　铺装与绿化设计美观性原则

绿化设计的可持续性体现在选择本地植物、减少灌溉需求和维护成本。例如，优先选用耐旱、耐寒的本地植物，减少对水资源的依赖；通过合理的植物配置，减少病虫害的发生，降低维护成本。

4. 经济性原则

经济性原则要求在满足功能和美观需求的前提下，合理控制材料成本和施工费用。选择性价比高的材料，如本地石材或经济型混凝土砖，同时优化施工工艺，减少不必要的浪费。

绿化设计的经济性体现在植物选择和养护成本上。应优先选择本地植物，减少运输和种植成本。同时，选择生长稳定、病虫害少的植物，降低长期养护成本。

5. 安全性原则

安全性是铺装设计的重要考量因素，需确保材料的防滑性、抗冲击性和无障碍设计。例如，选择防滑性能良好的材料，避免在湿滑条件下发生滑倒事故。同时，设计应考虑无障碍通行，确保所有人群都能安全使用。

绿化设计的安全性体现在植物的选择和配置上。避免种植有毒、有刺的植物，特别是在儿童活动区域。同时，合理配置植物，避免视线遮挡，确保行人和车辆的安全。

三、铺装与绿化的设计方法与过程

1. 设计调研与场地分析

对场地的自然条件和功能需求进行全面分析，包括地形地貌、土壤条件、气候特征、现有植被等。例如，通过地形测量确定场地的坡度和高差，通过土壤测试确定土壤的承载能力和排水性能。明确场地的功能需求，如步行道、广场、停车场等，评估交通量、人流密度和使用频率，同时考虑特殊人群的需求。

2. 概念构思与设计草图

根据场地分析和需求评估，确定铺装与绿化的设计风格和主题，考虑功能与美观的平衡。例如，确定现代风格的铺装设计，结合自然式绿化配置。通过手绘草图或数字模型，将设计构思直观地表达出来，与团队和客户进行沟通，确定初步设计方向。

3. 设计深化与技术图纸

在概念方案确定后，进一步深化设计，绘制详细的技术图纸，包括平面图、立面图、剖面图和节点图等。例如，详细标注铺装材料的规格、施工工艺和绿化植物的种植位置。与结构工程师和材料专家协作，确保设计的可行性和安全性。例如，确定铺装的基层结构和绿化植物的灌溉系统（图5-11）。

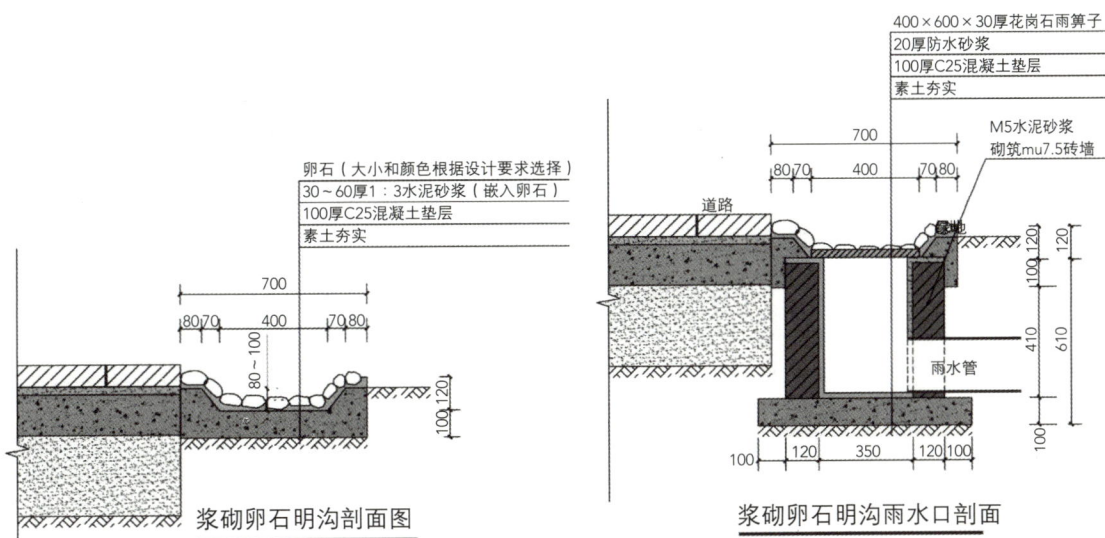

浆砌卵石明沟剖面图

卵石（大小和颜色根据设计要求选择）
30~60厚1:3水泥砂浆（嵌入卵石）
100厚C25混凝土垫层
素土夯实

400×600×30厚花岗石雨算子
20厚防水砂浆
100厚C25混凝土垫层
素土夯实

M5水泥砂浆
砌筑mu7.5砖墙

道路
绿地
雨水管

浆砌卵石明沟雨水口剖面

图5-11　详细施工图

4. 模型制作与可视化表现

制作物理模型或使用3D建模软件进行可视化表现，展示设计方案的空间效果和比例关系。例如，通过数字模型展示铺装与绿化在场地中的实际效果。利用虚拟现实或增强现实技术，为客户提供沉浸式的体验，帮助其更好地理解设计方案（图5-12）。

图5-12　模型制作与可视化表现/郑州航空工业管理学院　穆泽家

5. 施工与现场监督

一旦设计方案得到确认并获得批准，项目将进入施工阶段。设计师必须与施工团队保持密切合作，确保施工过程严格遵循设计规范。设计师应定期前往现场，对施工进度和质量进行检查，尤其要对铺装材料的铺设和绿化植物的种植进行细致监督，以确保所有环节均达到设计标准。

6. 竣工验收与后期维护

项目竣工后，设计师须执行验收程序，细致核查铺装及绿化成果与设计图纸的吻合度，并评估所用材料与工艺是否满足设计规范。同时，设计师应向使用者提供详尽的维护建议及操作手册，涵盖周期性保养、清洁技巧以及潜在的修复方案，以确保铺装与绿化长期维持优良状态。

　　铺装与绿化设计不仅是对空间艺术的创造，更是对环境与功能的深刻理解与表达。在设计过程中，设计师需要综合考虑功能、美观、生态等多方面因素，通过系统的设计方法和科学的工作流程，创造出既具视觉冲击力，又能提升场所功能和生态价值的作品。设计师应在实践中不断探索与创新，追求技术与艺术的完美融合，为公共空间创造更多精彩的作品。

第二节　景观建筑设计

　　景观建筑设计是景观设计领域中的核心环节，它通过将建筑与自然环境、人文景观有机结合，创造出既具有实用功能又富有艺术感染力的空间。景观建筑设计不仅关注建筑本身的形式与功能，还强调建筑与周围环境的和谐共生，以及对使用者体验的深度考量（图5-13）。本节将从景观建筑设计的形式、设计原则以及设计方法与过程三个方面，详细探讨景观建筑设计的要点。

图5-13　景观建筑设计

一、景观建筑设计的形式

　　景观建筑设计是景观与建筑艺术的重要交汇点，其设计形式根据不同的场地条件、功能需求以及设计理念的变化而变化。一个成功的景观建筑设计不仅要考虑建筑本身的外观造型，还要强调建筑与自然环境的互动关系。其目的是在满足功能要求的基础上，创造出既具备美学价值，又符合生态、社会和文化需求的空间环境。随着社会对可持续发展和环境友好型设计的日益重视，景观建筑的设计趋向多元化，其中，生态导向型建筑已经成为当今建筑设计中越来越重要的一部分。以下将详细探讨几种常见的景观建筑设计形式，并在此基础上介绍其设计原则与实际应用。

1. 生态导向型建筑

生态导向型建筑是一种强调与自然环境和谐共生的建筑。该设计形式通过关注建筑的生态功能、可持续性以及对环境的友好影响，力求在满足使用功能的同时减少对环境的负面影响，并促进生态系统的

图5-14　生态导向型建筑

生态导向型建筑特点

健康与持续发展。生态导向型建筑常常依赖于自然资源的充分利用，如雨水的收集、太阳能的利用、自然通风的设计等，从而有效降低建筑的能耗和对环境的负担（图5-14）。

这种建筑设计形式不仅关注建筑材料的选择，还在空间规划和布局上进行细致考量。例如，通过合理设计建筑的外形、布局、窗户和遮阳装置等，可以最大化利用自然光和风，减少对人工能源的依赖。该设计形式不仅在满足日常使用的需求的同时，还能为生态环境带来积极的影响。生态导向型建筑特点可扫码进行拓展学习。

（1）生态度假村

位于自然保护区的生态度假村项目是生态导向型建筑的经典案例。度假村可以采用太阳能为建筑提供电力，利用雨水收集系统为灌溉提供水源，建筑材料以当地天然资源为主，建筑形态与自然景观完美融合，尽量减少对环境的破坏。整个度假村的设计既满足了游客的舒适需求，又注重与周围自然环境的协调，确保了自然生态的持续性和生物多样性的保护。

（2）绿色办公建筑

城市中的绿色办公建筑是生态导向型建筑的另一典型应用。例如，某城市的绿色办公大楼采用了大面积的玻璃幕墙设计，增加了自然光的采光面，减少了白天对人工照明的依赖。建筑顶部设有屋顶花园和绿色植被，能够吸收太阳辐射，减少城市热岛效应。此外，建筑还采用了高效的能源回收系统，将能源的消耗降至最低。这种绿色办公建筑在提升建筑美学的同时，增强了建筑对生态环境的积极作用，成为了现代城市可持续发展的代表。

生态导向型建筑作为景观建筑设计的重要形式之一，强调建筑与自然环境的和谐共生。其设计不仅注重环境的适应性和资源的节约性，还要兼顾生态功能和美学价值。随着人类对可持续性和环境保护的重视，生态导向型建筑将在未来的城市规划和景观设计中扮演着更加重要的角色。设计师在进行生态导向型建筑设计时，应该综合考虑建筑的社会、

文化、环境等多方面的需求，并根据实际情况灵活运用各种设计手段，创造出功能完善、环境友好且美学价值极高的建筑空间。通过对生态导向型建筑的深入探讨，可以看出其在提高建筑物的综合效益、改善环境质量以及促进可持续发展等方面具有广泛的应用前景。

2. 文化导向型建筑

文化导向型建筑是一种通过建筑的形式、布局、细节设计以及空间功能等方面体现和传达特定文化内涵和历史背景的设计理念。这类建筑不仅仅是满足基本功能需求的物理结构，更是文化、历史和社会习俗的载体。它通过与地方文化和历史背景的紧密结合，展现出独特

图5-15　文化导向型建筑

文化导向型建筑特点

的文化特征与符号意义，从而赋予建筑更深层次的精神价值和文化符号。文化导向型建筑的设计通常受到地域文化、历史演变、民族传统以及社会习惯等因素的影响，建筑本身成为了传递和传播文化的媒介，既是历史的见证者，也是文化的传承者（图5-15）。

文化导向型建筑并非简单地模仿传统建筑形式，它不仅仅是文化的表层再现，而是通过现代设计语言的运用，将传统文化和历史元素与当代的技术、材料、工艺相结合，形成一种新的文化表达方式。这种设计方式通常要求设计师具有深厚的文化理解力和历史洞察力，能够在传统和现代之间找到平衡点，使得建筑在满足现代功能需求的同时，依然能够体现出其背后的文化底蕴和历史价值。文化导向型建筑特点可扫码进行拓展学习。

（1）历史文化博物馆

历史文化博物馆是文化导向型建筑设计的典型实例之一。在博物馆的设计中，建筑风格常常融合了传统建筑元素和地方文化特色，如飞檐、斗拱、木质雕刻等，同时在建筑细节上采用丰富的文化符号与装饰，向观众传达出深刻的历史内涵。博物馆内的空间布局则通常围绕着文化展示的需要进行设计，例如通过合理的展示区和展品空间设计来引导观众的参观路线。在这样的博物馆中，建筑与展品之间有着紧密的互动，建筑本身不仅是展示场所，也是文化与历史的传递者。通过这一设计，博物馆不仅能满足观众的审美需求，还能增强他们对历史和文化的认知与理解。

（2）民俗村落

民俗村落设计是文化导向型建筑的另一应用实例。在传统村落的设计中，设计师往往注重保留地方特色的建筑形式和空间布局，如瓦房、院落结构、传统的庭院布局等。同时，为了提升现代居住的舒适性，设计师会采用现代设计手法对空间进行合理改造和优化。例如，在民俗村落中，设计师可能会在传统的院落中增加现代化的居住设施，加入现代材料，如玻璃、钢材等，以提高建筑的功能性，同时保留传统文化的元素，使得历史与现代能够和谐共存。此外，民俗村落不仅仅是居住空间，它还常常与当地的风俗、习惯和民间艺术相结合，成为地方文化的展示平台。在这些地方，建筑不仅是生活的场所，更是社区成员共享文化、历史和价值的象征。

文化小课堂

民俗村落对乡村振兴的意义

民俗村落设计对乡村振兴具有重要意义。它通过保护和传承乡村传统文化，增强文化自信，同时推动乡村经济发展，实现产业融合与可持续增长。此外，民俗村落设计可以优化乡村人居环境，提升村民生活质量，增强乡村凝聚力，促进城乡融合，塑造乡村品牌，并推动生态可持续发展。这种设计不仅为乡村注入新的活力，也为乡村的全面振兴提供了有力支持。

图5-16　"放语空"乡宿文创综合体平面图

例如：浙江省桐庐县"放语空"乡宿文创综合体，作为一项汇集建筑师的综合项目，共吸引了15家国内外知名建筑设计企业参与，旨在为乡村注入文化艺术的元素。该项目不仅是中国首个融合乡村住宿与文化创意的综合体，也是风语筑在文化旅游布局中的标志性案例，更是其在文旅产业布局中的创新实践。该项目体现了对乡村的深厚情感、文创行业的现象级关注以及当代文化旅游产业的新方向，为农业文化旅游的建设提供了新的视角和框架。同时，它也为乡村振兴开辟了一条情感与商业利益相结合、共同发展的道路。

项目包含展演空间、一个人的美术馆、梯田里的云舞台、流云廊、主题民宿、餐厅、一庭亭（茶室、膳房）、结缘堂、瞭望塔以及未来的云市、土灶酒吧、盗梦之泉（温泉泡池）、静修空间等（图5-16）。

文化导向型建筑设计强调建筑与文化的紧密联系，其设计目标是通过建筑形式、装饰、空间布局等方式，传递特定的文化信息和历史价值。它不仅关注建筑的功能性和美学性，更注重建筑作为文化载体的深层意义。通过历史元素的再现和传统建筑的延续，文化导向型建筑能够有效增强人们对文化的认同感和归属感，促进社区和文化的传承与发展。在未来的景观建筑设计中，文化导向型建筑将继续发挥重要作用，成为城市和社区不可或缺的文化名片。

3. 功能导向型建筑

功能导向型建筑是以满足特定使用功能为核心目标的一类建筑形式。其设计理念侧重于建筑空间的合理规划和功能分区，以确保不同功能区域的独立性和有效衔接。功能导向型建筑不仅仅关注建筑的外观和形式感，更注重建筑在实际使用中的便利性和高效性。通常，这类建筑被应用于需要明确功能需求和高效空间利用的场所，如公共设施、商业建筑、工业建筑等。在这类建筑

图5-17　功能导向型建筑

功能导向型建筑特点

设计中，空间布局的合理性和功能区的有效划分直接影响到建筑的使用效果。因此，功能导向型建筑在现代建筑设计中占据了重要地位，尤其在高密度的城市环境中，它能够最大程度地提高土地和资源的利用率（图5-17）。

功能导向型建筑的设计并非单纯追求装饰性，而是以满足实际功能需求为核心，创造具有实用价值的空间环境。建筑空间的布局、流线的规划以及空间的组合形式，都要紧密围绕使用功能进行优化。功能导向型建筑特点可扫码进行拓展学习。

（1）多功能社区中心

多功能社区中心是功能导向型建筑的经典应用之一。此类建筑通常包含多个功能区域，如健身房、图书馆、会议室、休闲区等，旨在满足社区居民多样化的需求。在设计中，建筑师会将各个功能区进行合理的分区，通过明确的流线设计确保不同功能区域的独立性和互动性。例如，图书馆区域通常与健身房和会议室区域分开，以确保安静的阅读环境，而社区中心的休闲区则会设计在建筑的中央或开阔空间，方便居民聚集和交流。此外，设计师还会通过灵活的空间布局和活动区的结合，来提升空间的适应性和多功能性。社区中心的建筑形式既要符合功能需求，又要考虑到社区居民的文化背景和社会需求，成

为促进社区文化交流和社会凝聚力的核心场所。

（2）商业综合体

商业综合体作为一种典型的功能导向型建筑，它的设计需要满足多种不同商业业态的需求。商业综合体通常包括零售区、餐饮区、娱乐区等多个功能区域，这些区域之间既要保持适当的隔离，又要通过合理的流线进行有效连接，以提升整体空间的使用效率。在设计中，设计师会考虑到顾客的流动性、不同商户的需求以及建筑空间的利用效率。例如，零售区通常需要更多的展示空间和流通空间，而餐饮区则需要更多的餐桌、厨房等配套设施。为了使不同区域的空间利用得到最大化，设计师还会根据实际需求进行灵活的空间划分，确保每个商业业态都能够在独立的空间内发挥最大效益。此外，设计师还会通过大面积的玻璃幕墙和自然采光设计，为商业综合体内部空间增添舒适感和开放感，提升顾客的购物体验。

功能导向型建筑的设计不仅关注建筑的外观和艺术性，更强调建筑的实际功能和空间利用效率。在现代城市化进程中，功能导向型建筑被广泛应用于公共设施、商业建筑和工业建筑等多个领域，其设计理念也在不断发展和完善。通过合理的空间布局、明确的功能分区和灵活的设计方案，功能导向型建筑能够有效地满足不同使用需求，提升建筑空间的利用率和舒适度。因此，功能导向型建筑的设计在现代建筑中占据着至关重要的位置。设计师需要深入理解功能需求，并通过创新设计来实现建筑的高效性和可持续性，为人们创造更加舒适和便捷的生活、工作和商业环境。

4. 艺术导向型建筑

艺术导向型建筑是一种以建筑的艺术表现力为核心的设计理念，强调通过独特的形式、创新的设计语言以及精心的空间布局来传达艺术性与美学价值。这类建筑不仅关注其功能性和实用性，更致力于创造一种视觉和精神上的享受，通过建筑的每一个细节和空间体验来激发人们的情感反应和思维碰撞。艺术导向型建筑通常挑战传统建筑的束缚，采用前卫和具有表现力的设计，力求突破常规的建筑语言，探索新的形态和表达方式，赋予建筑以更深层次的文化和艺术意义（图5-18）。

艺术导向型建筑的诞生常常是设计师在艺术与建筑之间架起

艺术导向型建筑特点

图5-18　艺术导向型建筑

桥梁的成果，通过多种艺术元素的融合，为建筑空间注入了独特的视觉冲击力。这类建筑并不仅仅停留在形态的创造上，它还涉及材质、光影、空间布局以及与周围环境的互动等多个方面，最终使建筑作品呈现出令人叹为观止的艺术效果，既能够满足使用需求，又能够成为文化和艺术的载体。艺术导向型建筑的特点可扫描二维码进行拓展学习。

（1）现代艺术博物馆

现代艺术博物馆作为艺术导向型建筑的典型代表，其设计着眼于打破传统的博物馆设计框架，通过独特的建筑外立面、创新的空间布局和灵活的展示区域为访客提供全新的艺术体验。例如，某些现代艺术博物馆采用流线型的外观设计、透明的玻璃幕墙以及极简的内部空间布局，不仅能够增强建筑的现代感和透明感，还能为展品提供充足的自然光照，使得艺术作品和建筑本身形成和谐的互动。

（2）文化广场建筑

文化广场是城市中重要的公共空间，艺术导向型建筑在这一环境中的应用尤为重要。设计师常通过雕塑般的建筑外形以及独特的造型结构，使文化广场成为城市文化的象征。例如，一座文化广场的建筑可能采用不规则的几何造型，配合公共艺术装置或景观雕塑，打造出既具有艺术表现力又能承担文化传播功能的空间。

艺术导向型建筑以其突破常规、注重创新和艺术表现的设计理念，在现代景观和城市建设中占据了重要地位。通过独特的形式创新、艺术表达和空间体验的营造，艺术导向型建筑不仅提升了建筑本身的美学价值，还增强了建筑与使用者之间的情感连接。随着城市化进程的推进，艺术导向型建筑将在更多公共空间、文化设施及城市地标中得到应用，成为推动城市文化发展和艺术氛围塑造的核心力量。

二、景观建筑设计的原则

在景观建筑设计过程中，应遵循一定的设计原则，以确保作品的艺术性、功能性和环境适应性。这些原则包括以下几点。

1. 与环境的协调性

景观建筑设计应与周围环境相协调，避免产生突兀感。设计师应综合考虑景观的整体风格、色彩搭配、空间尺度等因素，使建筑自然融入环境之中（图5-19）。

图5-19　景观建筑与周围环境的协调

在自然环境中，建筑形式和材料应与自然景观相融合；在城市环境中，建筑应与周边建筑风格和城市肌理相协调。

2. 文化内涵与主题表达

景观建筑设计应具有明确的文化内涵和主题表达，通过艺术手法传递特定的情感和信息，增强景观空间的文化深度。在设计历史文化建筑时，应突出其历史意义和文化背景。在设计现代建筑时，可以融入地域文化元素，增强建筑的识别性和独特性。

3. 功能性与实用性

除了艺术表现，景观建筑设计还应具备一定的功能性和实用性，满足人们在景观空间中的实际需求。设计师应在美学与功能之间找到平衡，避免过于强调形式而忽略实用性。在设计公共建筑时，既要考虑建筑的美观性，又要注重其功能布局和使用效率，确保建筑在满足使用功能的同时，能够成为景观的一部分。

4. 材料与工艺的合理性

材料与工艺是景观建筑设计中的重要因素，设计师应根据作品的形式、功能和环境条件选择适当的材料和工艺，确保作品的耐久性和视觉效果（图5-20）。在户外环境中，建筑和景观的材料应具备耐候性和抗腐蚀性，如不锈钢、石材等。同时，工艺应确保作品的细节精致、质感丰富。

图5-20　材料与工艺的合理性原则

5. 安全性与可维护性

景观建筑设计还需考虑安全性和可维护性，尤其是在公共空间中，设计师应确保作品的结构稳定、边角圆滑，避免对使用者造成伤害，同时设计应便于日常维护和清洁。在儿童游乐场中的互动建筑，设计时需特别注意其结构的稳定性和材料的无毒性，避免出现锋利的边缘或容易破损的部件。

三、景观建筑设计的方法与过程

景观建筑设计是一个系统性、综合性的过程，涉及多方面的考虑和决策。设计师在进行景观建筑设计时，通常需要经过以下几个步骤。

1. 设计调研与场地分析

在设计初期，设计师应进行充分的调研和场地分析，了解场地的历史背景、文化特点、自然条件等，以确定建筑和景观的设计方向和主题。同时，设计师还应了解使用者的需求和期望，以指导设计的功能定位。通过现场勘查、文献研究、访谈等方式，收集场地相关信息，并绘制场地分析图，明确场地的优劣势、景观视线、动线流向等关键要素，为后续设计奠定基础。

2. 概念构思与设计草图

在调研分析的基础上，设计师应进行概念构思，通过草图、模型等方式探索不同的设计方案。此阶段应重点考虑建筑和景观的主题表达、形式构成、材料选择等。设计师可以通过手绘草图、数字模型、概念图等方式，将设计构思直观地表达出来，并与团队和客户进行沟通，确定初步设计方向。同时，此阶段还应进行多方案比选，评估各方案的优劣，并结合实际情况进行优化（图5-21）。

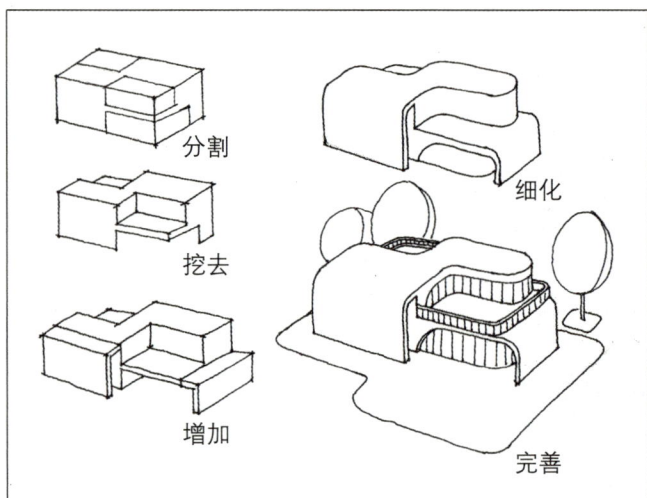

图5-21　概念构思与设计草图

3. 设计深化与技术图纸

在概念方案确定后，设计师应进一步深化设计，绘制详细的技术图纸，包括平面图、立面图、剖面图、细部节点图等，以确保设计的可实施性。此阶段还需考虑施工工艺、材料规格、结构计算等技术细节。设计师在此阶段应与结构工程师、材料专家等进行协作，确保设计的可行性和安全性。具体的深化过程包括对建筑和景观的细部设计、材料接合方式、基础和支撑结构的设计等。技术图纸需要详细表达出每一个构件的尺寸、形状、材料规格，以及安装工艺，以确保施工时能够精确实现设计意图。此外，设计师还应准备施工指导文件，包括施工说明、材料清单、施工步骤和注意事项，确保项目的顺利实施。

4. 模型制作与可视化表现

为了更好地展示设计方案，设计师通常会制作物理模型或使用3D建模软件进行可视化表现。这不仅有助于设计师自己检验方案的空间效果和比例关系，还能帮助客户更直观地理解设计理念。物理模型可以选择按比例缩小的实体模型，展示建筑或景观在场地中的实际效果；而数字模型则可以通过虚拟现实（VR）、增强现实（AR）等技术提供更加沉浸式的体验。通过这些手段，设计师可以在项目实施前及时发现并修正设计中的不足之处

（图5-22）。

5. 施工与现场监督

设计方案确定并通过审批后，进入施工阶段。设计师需要与施工团队紧密配合，确保施工过程严格按照设计要求进行，并对关键节点进行现场监督和调整。在施工过程中，设计师应定期到现场检查施工进度和质量，

图5-22　模型制作与可视化表现/郑州航空工业管理学院 赫连天梓

特别是对于建筑和景观的细节处理，确保每一个环节都符合设计标准。如果在施工中遇到问题或意外情况，设计师应及时调整设计方案，提出解决方案，并与施工方沟通协调，确保项目顺利完成。

6. 竣工验收与后期维护

项目完成后，设计师应进行竣工验收，检查建筑和景观的实际效果与设计图纸的一致性，同时评估材料和工艺的应用是否符合设计要求。验收合格后，项目正式交付使用。在竣工验收阶段，设计师需要对建筑和景观的每一个细节进行仔细检查，如表面处理、结构稳定性、材料接合情况等。验收完成后，设计师还应为使用方提供详细的维护建议和操作指南，包括定期保养、清洁方法、可能的修复措施等，以确保建筑和景观能够长期保持良好的状态。

景观建筑设计不仅是对空间艺术的创造，更是对环境与文化的深刻理解与表达。在设计过程中，设计师需要综合考虑形式、功能、材料、文化等多方面因素，通过系统的设计方法和科学的工作流程，创造出既具视觉冲击力，又能提升场所功能和文化价值的作品。设计师应在实践中不断探索与创新，追求技术与艺术的完美融合，才能在景观设计领域中不断取得突破，为公共空间创造更多精彩的作品。

第三节　景观雕塑与小品设计

景观雕塑和小品是景观设计中的重要元素，它们不仅丰富了景观空间的视觉层次，还通过艺术表现力与环境的结合，提升了空间的文化内涵和使用价值。在设计景观雕塑和小

品时，应全面考虑形式、功能、材料、文化意义等多方面因素，创造出与环境和谐统一、富有特色的景观作品。本节将从景观雕塑和小品的形式、设计原则，以及设计方法与过程三个方面，详细探讨景观雕塑和小品设计的要点（图5-23）。

图5-23 景观雕塑和小品

一、景观雕塑和小品的形式

景观雕塑和小品的形式多种多样，可以根据不同的设计需求和环境条件进行选择和创作。其形式不仅包括雕塑本身的形态，还涉及其与周围环境的互动关系。以下是几种常见的景观雕塑和小品形式。

1. 具象雕塑

具象雕塑是一种以现实世界中的物体、人物、动物等为原型，通过艺术加工形成的雕塑形式。这类雕塑的目的在于以生动、具体的形象来表达艺术家的创作意图，借助熟悉的现实题材，使观众能够迅速理解雕塑所传达的主题与情感。具象雕塑往往具备清晰的物象特征，使其在视觉上具有较高的直观性和认知性（图5-24）。

图5-24 具象雕塑

（1）具象雕塑的特点

具象雕塑的主要特点包括以下几个方面。

①形象生动。具象雕塑通过逼真的细节刻画，使雕塑形象栩栩如生。例如，通过细致入微的雕刻表现人物的面部表情、动物的毛发等，这种真实感使得雕塑更加具有视觉冲击力。

②易于理解。由于具象雕塑基于现实中的物体或生物，观众能够通过其熟悉的形象迅速理解雕塑的内容和主题。这种易于理解的特性，使得具象雕塑在公共艺术中发挥着重要的教育和传播作用。

③直接传达情感。具象雕塑通过具体的形象能够直接传达情感和主题。例如，英雄人物雕像常常通过英雄的姿态和神情传递出勇敢和伟大的情感，而动物雕塑则可以表达自然的活力与美感。

④适合公共空间。由于具象雕塑通常具有较强的视觉吸引力和教育意义，它们适合放置在公共空间，如纪念性场所、公园、广场等地。这些空间往往需要具有一定象征性和教

育性的艺术作品来丰富场所的文化内涵。

⑤文化和历史信息传递。具象雕塑能够承载丰富的文化和历史信息。例如，历史人物雕像不仅能纪念历史人物，还能通过雕刻表现其历史贡献和时代背景，从而增强场所的历史教育功能。

（2）具象雕塑的应用

以下是具象雕塑的一些典型实例，这些实例不仅展示了具象雕塑的艺术特征，还体现了其在公共空间中的应用价值。

①历史人物雕像。如孔子雕像、林肯纪念像等，这些雕像不仅具有极高的观赏性，还通过具体的形象传递了深刻的历史与文化信息。它们常常被安置在公共广场、教育机构等地，用于纪念历史人物及其贡献。

②动物雕塑。如公园中的大象雕塑、儿童游乐场中的卡通动物雕塑等，这些雕塑通过生动的动物形象增添了环境的趣味性和教育性。它们常用于提升公共空间的亲和力和互动性，尤其是在儿童活动区。

③纪念性雕塑。如战争纪念碑、历史事件纪念雕塑等，这些雕塑不仅具有高度的观赏性，还承担了纪念和教育的双重功能。它们通过具象的形象纪念特定的历史事件或人物，以加强公众对历史的认知和尊重。

④装饰性雕塑。如城市广场中的人形雕塑或抽象化的具象雕塑，这些雕塑不仅在美学上增加了空间的层次感，还通过其具体的形象与周围环境形成对话，提升了公共空间的文化氛围。

通过对具象雕塑的定义、特点和实例的详细探讨，可以看出，具象雕塑在景观设计中不仅具有美学价值，还承载了丰富的文化和教育功能。设计师在进行景观设计时，应充分考虑具象雕塑的应用，以最大化地发挥其在公共空间中的作用。

2. 抽象雕塑

抽象雕塑是一种通过几何形体、曲线、块面等抽象元素来表达艺术家的情感和思想的雕塑形式。与具象雕塑不同，抽象雕塑不再以现实世界中的物体为直接模仿对象，而是通过非具象的形状和构造来传达深层次的情感、概念和艺术理念。抽象雕塑以其独特的形式和语言，为观者提供了一种新的视觉和思维体验，激发观者的想象力和解读能力（图5-25）。

图5-25 抽象雕塑

（1）抽象雕塑具特点

抽象雕塑具有以下几个显著特点。

①形式简洁。抽象雕塑往往以简洁的几何形状、曲线或块面构成，减少了复杂的细节和装饰。这种形式上的简化使得雕塑更具现代感和前卫感，同时也让观众可以更自由地对雕塑进行解读和思考。

②概念性强。抽象雕塑通常不具备明确的代表性形象，而是通过抽象的形体和结构来表达特定的艺术理念或情感。它能够通过形式上的抽象性引发观者对雕塑内涵的深入思考，从而激发观众的思想和情感共鸣。

③视觉冲击力。由于其独特的形状和非传统的视觉表现，抽象雕塑往往在视觉上具有强烈的冲击力。这种视觉效果能够在公共空间中形成明显的焦点，吸引观众的注意力，并增强空间的艺术氛围。

④激发想象力。抽象雕塑通过非具象的形式激发观众的想象力和创造力。观众在面对抽象雕塑时，常常需要通过自身的感受和理解来解读雕塑的意义，这种互动性增强了雕塑的观赏体验。

⑤适合现代空间。抽象雕塑特别适合应用于现代化的城市景观、艺术性较强的空间或公共艺术项目中。它们能够与现代建筑、环境设计相得益彰，为城市空间注入艺术气息，同时提升空间的文化和视觉价值。

（2）抽象雕塑的应用

以下是一些典型的抽象雕塑实例，这些实例不仅展示了抽象雕塑的艺术特征，还体现了其在不同公共空间中的应用价值。

①几何抽象雕塑。如著名雕塑家亚历山大·考尔德（Alexander Calder）的移动雕塑或亨利·穆尔（Henry Moore）的抽象造型，这些雕塑利用简洁的几何形状和动态构造，形成了视觉上的独特效果。它们常见于城市广场、商业区等现代化场所，通过其创新的形态成为视觉焦点。

②现代材料应用。如利用金属、玻璃等现代材料创作的抽象雕塑，这些材料的光泽感和结构特性为雕塑增添了现代感。例如，安藤忠雄设计的"曲线空间"系列雕塑，利用金属和玻璃的反射和折射效果，形成了具有未来感的艺术形象。

③公共艺术项目。在一些公共艺术项目中，抽象雕塑被用作增强空间艺术性的元素。例如，在城市中心的商业区或文化广场上设置的大型抽象雕塑，不仅成为空间的标志性艺术品，还通过其创新的形式和构造，提升了公共空间的文化氛围。

④互动艺术装置。一些抽象雕塑还设计为互动艺术装置，通过形状和材料的变化，允许观众与雕塑进行互动。例如，芝加哥的"云门"雕塑不仅是一个抽象的雕塑装置，还因

其镜面效果吸引了大量观众的互动和拍照，使其成为城市的一大亮点。

⑤艺术广场雕塑。在艺术广场或艺术公园中，抽象雕塑通过其非具象的形态与周围环境相融合，为空间增添了艺术氛围。这些雕塑通常以大胆的形式和独特的构造与现代建筑和自然环境相结合，创造出引人注目的视觉效果。

抽象雕塑以其形式上的创新和概念上的深刻，为公共空间和艺术项目注入了现代艺术的魅力。设计师在进行抽象雕塑设计时，应充分考虑其与环境的契合度以及其所能传达的艺术信息，以最大化地发挥雕塑在空间中的艺术效果和文化价值。

3. 互动雕塑

互动雕塑是通过设计元素和技术手段，能够与观众产生互动的雕塑作品。这类雕塑不仅作为艺术品存在，还鼓励观众参与其展示和体验过程，从而增加观众的参与感和沉浸感。互动雕塑通常结合了现代技术，如传感器、声音、光影效果等，使得观众的行为直接影响雕塑的表现形式，进而创造出一种动态的艺术体验（图5-26）。

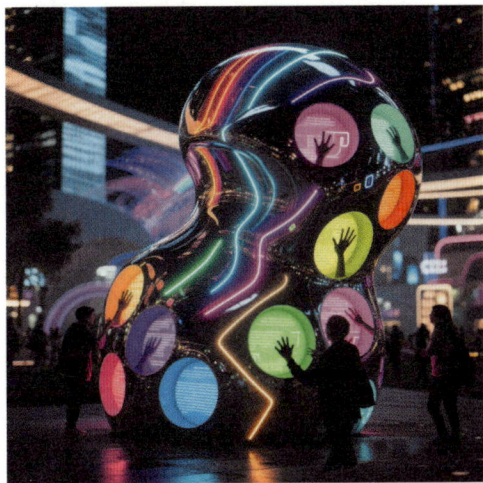

图5-26　互动雕塑

（1）互动雕塑特点

互动雕塑具有以下几个显著特点。

①参与性强。互动雕塑通过设计让观众直接参与其中，增加了艺术品的互动性和趣味性。观众不仅是观察者，更是艺术作品的一部分，能够通过自己的动作或操作影响雕塑的表现。

②技术融合。现代互动雕塑常常结合各种先进技术，例如传感器、计算机控制系统、动态光影效果等。这些技术使得雕塑能够实时响应观众的行为，带来独特的视觉和感官体验。

③动态效果。互动雕塑的表现形式通常是动态的，根据观众的参与和环境的变化不断变化。这种动态效果使得每次观众与雕塑互动时，都会获得不同的体验。

④增强体验感。互动雕塑通过参与和互动，能够使观众更深入地理解和体验艺术作品，从而提升整体的观赏体验。观众的每一次互动都可能带来新的感受和发现。

⑤趣味性与教育性。除了提供趣味性，许多互动雕塑还具有教育意义。它们通过游戏化的方式，传递知识或环保理念，增强公众对艺术及其主题的理解和关注。

（2）互动雕塑的应用

①光影互动雕塑。如在城市广场或公共艺术空间中设置的光影互动雕塑。这类雕塑通

常使用感应装置，当观众靠近或触摸雕塑时，雕塑会根据观众的动作产生不同的光影效果。例如，一些光影雕塑在观众走近时，光线的颜色和强度会发生变化，形成富有动态感的视觉效果。这种雕塑不仅增加了空间的活力，还引发了观众的探索欲望。

②声音互动雕塑。在一些艺术装置中，声音互动是重要的设计元素。例如，一座雕塑可以通过触摸或靠近的动作触发不同的声音效果，观众的互动行为会改变雕塑所发出的声音，创造出独特的听觉体验。这种雕塑常见于博物馆、音乐节等场所，为观众提供了听觉上的享受。

③触觉互动雕塑。触觉互动雕塑通过设计触觉反馈来增强观众的参与感。例如，一些雕塑表面设有不同的纹理和形状，观众可以通过触摸这些表面感受不同的质感和温度变化。这样的设计不仅提升了观众的感官体验，也为艺术作品增加了互动性。

④游戏化互动雕塑。在儿童游乐场或主题公园中，互动雕塑常被设计成具有游戏性质的装置。比如，一座互动雕塑可能内置了简单的游戏机制，观众可以通过特定的操作或动作完成游戏任务，从而影响雕塑的状态或效果。这类雕塑不仅提供了娱乐，也有助于儿童的动手能力和创造力的发展。

互动雕塑通过结合现代技术和设计理念，成功地将艺术与观众的参与性结合起来。这种雕塑不仅提升了艺术品的趣味性和动感，也为观众创造了独特的体验。它们在公共艺术空间中的应用，不仅增强了环境的互动性，还推动了艺术形式的发展。作为景观设计的重要组成部分，互动雕塑的设计需要充分考虑技术的应用、观众的参与性和空间的整体效果，以达到理想的艺术效果和社会价值。

4. 功能性小品

功能性小品是景观设计中不可或缺的小型设施，这些设施不仅具备实际的使用功能，还通过精巧的设计提升了景观的整体美感。常见的功能性小品包括座椅、灯柱、垃圾桶、标识牌、花坛等。这些小品在满足人们在公共空间中日常需求的同时，也为景观增添了独特的视觉效果和艺术价值（图5-27）。

（1）功能性小品的特点

功能性小品的设计不仅要考虑其基本功能，还需要兼顾美学价值。其主要特点包括。

①实用性与美观性的结合。功能性小品的设计旨在满足用户的实际需求，如提供休息、照明、垃圾处理等，同时在造型和材质上追求

图5-27　功能性雕塑

美观。设计师需要在功能性和美观性之间找到平衡，确保小品既实用又具有视觉吸引力。

②适应性与环境融合。功能性小品应与周围环境相协调，设计时要考虑场地的整体风格、气候条件以及用户的需求。例如，在现代城市广场中，功能性小品的设计可能会更注重简洁、前卫的风格，而在传统公园或历史遗址中，则可能更强调经典和文化的元素。

③材料与工艺。功能性小品的材料选择和工艺处理直接影响其耐用性和美观性。常见的材料包括木材、金属、混凝土、石材、塑料等。不同材料具有不同的视觉效果和耐用性，设计师需要根据实际情况选择合适的材料，并进行精细的工艺处理。

④用户体验。功能性小品应考虑到用户的实际使用体验，如座椅的舒适度、灯柱的照明效果、垃圾桶的便捷性等。设计师应通过细致的设计和用户研究，确保小品的功能能够满足不同用户的需求。

⑤耐候性与维护性。由于功能性小品通常处于公共空间，设计师需考虑其耐候性和维护性。选择耐久的材料和简单易维护的设计可以减少后期维护成本，并确保小品在各种环境条件下保持良好的功能和外观。

（2）功能性小品的应用

①设计感十足的长椅。现代城市广场中，长椅不仅作为休息的设施，还成为了景观设计的重要组成部分。设计师可以通过不同的材质和造型，如流线型、模块化、抽象形状等，打造具有视觉冲击力的长椅。例如，使用优质木材与金属结合，形成舒适且具有艺术感的长椅，既符合现代审美，又满足休息需求。

②雕塑形式的灯柱。在城市街区或公园中，灯柱不仅要提供照明，还可以作为艺术装置存在。设计师可以将灯柱设计成具有雕塑感的造型，运用创意的灯光效果，如渐变色彩、光影变化等，增加景观的视觉层次感和艺术气息。例如，灯柱的设计可以融入当地文化元素或现代艺术风格，使其成为引人注目的视觉焦点。

③多功能垃圾桶。在公共场所，垃圾桶的设计不仅要满足基本的垃圾收集功能，还可以通过创新设计提升其美观性和实用性。例如，设计带有分类功能的垃圾桶，使其既便于垃圾分类，也能在外观上融入景观主题，提升整体环境的整洁度和美观度。

④信息标识牌。在大型公园或商业区中，信息标识牌的设计应结合功能性与美学。设计师可以将标识牌设计成具有艺术感的造型，同时提供清晰的方向指示和信息展示。材料上可以选择耐候性强的金属或耐用塑料，确保其在长期使用中保持良好的视觉效果和实用性。

⑤花坛边界设计。花坛边界不仅起到区分功能区的作用，还能通过巧妙的设计增强景观的美感。设计师可以利用自然石材、木质栅栏或创意型金属边界等材料，既保护花坛植物，又为景观增添装饰效果。

功能性小品在景观设计中扮演着重要角色，其设计不仅要满足基本的使用功能，还需兼顾美学价值。通过合理的设计，功能性小品能够提升空间的整体美感，增强用户的体验感。作为景观设计的专业人士，设计师需要深入了解材料、工艺、用户需求等方面，以创造出既实用又具有艺术价值的功能性小品，从而实现高质量的景观设计。

5. 主题性小品

主题性小品是景观设计中的一种特殊景观设施，其核心在于通过具体的小型设施传达特定的文化主题、故事情节或艺术概念。这些小品不仅具有装饰功能，还承载了深刻的文化内涵和故事背景，使得景观空间不仅仅是视觉上的享受，还成为文化和情感的载体（图5-28）。

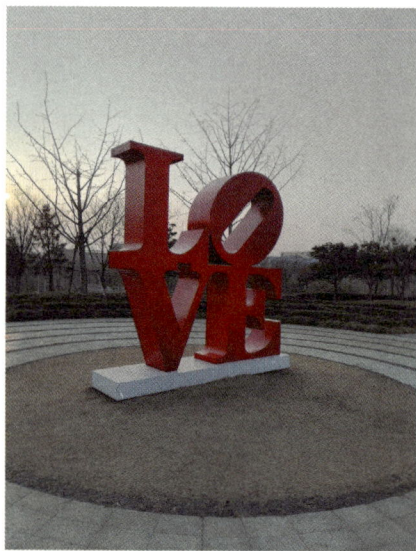

图5-28　室外婚庆空间的主题性小品

（1）主题性小品的特点

主题性小品的设计具有以下几个显著特点。

①文化和故事性。主题性小品通常与特定的文化背景或故事情节密切相关，通过设计上的巧妙构思和艺术表现，将这些主题融入到景观中。这种设计能够激发观众的情感共鸣和文化认同感，使景观空间更具吸引力和深度。

②空间融合性。主题性小品不仅在设计上要与场地的整体风格和主题相契合，还需在空间布局上与环境协调。通过与周围环境的有机结合，主题性小品能够增强场所的整体氛围和视觉效果。

③增强记忆点。通过独特的造型和设计，主题性小品能够在游客的记忆中留下深刻印象。这种记忆点不仅增加了场所的辨识度，也提升了游客的体验感，使其对景观空间的回忆更加深刻和生动。

④参与性与互动性。一些主题性小品设计还注重互动性，鼓励游客参与其中。例如，通过触摸、操作或参与式的设计，增加游客与小品的互动，使其成为一个富有趣味性的体验环节。

⑤艺术性与教育性。主题性小品不仅具有艺术价值，还能在教育上发挥作用。通过展示文化故事、历史人物或自然现象，小品可以成为教育和文化传播的重要工具。

（2）主题性小品的应用

①童话主题公园中的童话人物小品。在儿童主题公园中，设计师常常利用各种童话人物作为小品的核心内容。这些小品不仅以生动的造型装饰了空间，还通过与儿童熟悉的故事角色相结合，吸引孩子们的注意力。例如，设有彩色的城堡、巨大的魔法书等，这些小

品通过鲜艳的色彩和夸张的造型，营造出一个梦幻的童话世界。

②历史文化广场中的历史人物雕塑。在城市广场或文化遗址中，主题性小品可以通过历史人物雕塑传达历史故事和文化背景。例如，广场上设置了代表当地历史人物或事件的雕塑，通过细致的雕刻和情境设置，再现历史场景，教育公众并提升文化认同感。

③自然保护区中的生态主题小品。在自然保护区或生态公园中，设计师可以创作以生态保护为主题的小品。这些小品可能包括形态独特的鸟类雕塑、生态小径上的生物信息牌等，通过视觉表现和互动环节，增加游客对生态环境的认识和保护意识。

④艺术展览区中的创意艺术装置。在现代艺术展览区，主题性小品往往是创意艺术装置的表现形式。例如，利用现代材料和技术创作的互动艺术装置，可以表现出特定的艺术主题或概念，激发观众的想象力和艺术欣赏能力。

⑤城市商业区中的品牌主题小品。在城市商业区或购物中心，设计师可以利用品牌主题小品增强商业环境的独特性。例如，设计以品牌LOGO为核心的装置，或设置与品牌形象相符合的小品，既提升了环境的视觉吸引力，又强化了品牌的市场形象。

主题性小品在景观设计中具有重要作用，它们不仅通过具体的设计传达了特定的文化和故事，还增强了景观空间的艺术价值和记忆点。通过精细的设计和巧妙的实施，主题性小品能够提升场所的文化体验和视觉效果，作为景观设计的专业人士，设计师需要在创意和实用之间找到平衡，确保小品的设计既富有文化内涵，又具备高质量的艺术表现。

二、景观雕塑和小品的设计原则

在景观雕塑和小品的设计过程中，应遵循一定的设计原则，以确保作品的艺术性、功能性和环境适应性。这些原则包括以下几点。

1. 与环境的协调性

景观雕塑和小品的设计应与周围环境相协调，避免产生突兀感。设计师应综合考虑景观的整体风格、色彩搭配、空间尺度等因素，使雕塑和小品自然融入环境之中。在历史文化区，雕塑的形式和材料应与传统建筑和景观元素相呼应；在现代商业区，则可以选择简洁、时尚的雕塑形式（图5-29）。

图5-29　景观雕塑和小品与环境的协调性

2. 文化内涵与主题表达

景观雕塑和小品应具有明确的文化内涵和主题表达，通过艺术手法传递特定的情感和信息，增强景观空间的文化深度。在设计纪念性雕塑时，应突出雕塑的纪念意义和历史背景；在设计功能性小品时，可以融入地域文化元素，增强小品的识别性和独特性。

3. 功能性与实用性

除了艺术表现，景观雕塑和小品还应具备一定的功能性和实用性，满足人们在景观空间中的实际需求。设计师应在美学与功能之间找到平衡，避免过于强调形式而忽略实用性。如在设计座椅小品时，既要考虑座椅的舒适性，又要注重其造型美观，确保其在满足使用功能的同时，能够成为景观中的一部分。

4. 材料与工艺的合理性

材料与工艺是景观雕塑和小品设计中的重要因素，设计师应根据作品的形式、功能和环境条件选择适当的材料和工艺，确保作品的耐久性和视觉效果。在户外环境中，雕塑和小品的材料应具备耐候性和抗腐蚀性，如不锈钢、石材等。同时，工艺应确保作品的细节精致、质感丰富。

5. 安全性与可维护性

景观雕塑和小品的设计还需考虑安全性和可维护性，尤其是在公共空间中，设计师应确保作品的结构稳定、边角圆滑，避免对使用者造成潜在伤害，同时设计应便于日常维护和清洁。如儿童游乐场中的互动雕塑，设计时需特别注意其结构的稳定性和材料的无毒性，避免出现锋利的边缘或容易破损的部件。

三、景观雕塑和小品的设计方法与过程

景观雕塑和小品的设计是一个系统性、综合性的过程，涉及多方面的考虑和决策。设计师在进行景观雕塑和小品设计时，通常需要经过以下几个步骤。

1. 设计调研与场地分析

方法：在设计初期，设计师应进行充分的调研和场地分析，了解场地的历史背景、文化特点、自然条件等，以确定雕塑和小品的设计方向和主题。同时，设计师还应了解使用者的需求和期望，以指导设计的功能定位。

过程：通过现场勘查、文献研究、访谈等方式，收集场地相关信息，并绘制场地分析图，明确场地的优劣势、景观视线、动线流向等关键要素，为后续设计奠定基础。

2. 概念构思与设计草图

方法：在调研分析的基础上，设计师应进行概念构思，通过草图、模型等方式探索不同的设计方案。此阶段应重点考虑雕塑和小品的主题表达、形式构成、材料选择等。

过程：设计师可以通过手绘草图、数字模型、概念图等方式，将设计构思直观地表达出来，并与团队和客户进行沟通，确定初步设计方向。同时，此阶段还应进行多方案比选，评估各方案的优劣，并结合实际情况进行优化。

3. 设计深化与技术图纸

方法：在概念方案确定后，设计师应进一步深化设计，绘制详细的技术图纸，包括平面图、立面图、剖面图、细部节点图等，以确保设计的可实施性。此阶段还需考虑施工工艺、材料规格、结构计算等技术细节。

过程：设计师在此阶段应与结构工程师、材料专家等进行协作，确保设计的可行性和安全性。具体的深化过程包括对雕塑和小品的细部设计、材料接合方式设计、基础和支撑结构的设计等。技术图纸需要详细表达出每一个构件的尺寸、形状、材料规格，以及安装工艺，以确保施工时能够精确实现设计意图。此外，设计师还应准备施工指导文件，包括施工说明、材料清单、施工步骤和注意事项，确保项目的顺利实施。

4. 模型制作与可视化表现

方法：为了更好地展示设计方案，设计师通常会制作物理模型或使用3D建模软件进行可视化表现。这不仅有助于设计师自己检验方案的空间效果和比例关系，还能帮助客户更直观地理解设计理念。

过程：物理模型可以选择按比例缩小的实体模型，展示雕塑或小品在场地中的实际效果；而数字模型则可以通过虚拟现实（VR）、增强现实（AR）等技术提供更加沉浸式的体验。通过这些手段，设计师可以在项目实施前及时发现并修正设计中的不足之处。

5. 施工与现场监督

方法：设计方案确定并通过审批后，进入施工阶段。设计师需与施工团队紧密配合，确保施工过程严格按照设计要求进行，并对关键节点进行现场监督和调整。

过程：在施工过程中，设计师应定期到现场检查施工进度和质量，特别是对于雕塑和小品的细节处理，确保每一个环节都符合设计标准。如果在施工中遇到问题或意外情况，设计师应及时调整设计方案，提出解决方案，并与施工方沟通协调，确保项目顺利完成。

6. 竣工验收与后期维护

方法：项目完成后，设计师应进行竣工验收，检查雕塑和小品的实际效果与设计图纸的一致性，同时评估材料和工艺的应用是否符合设计要求。验收合格后，项目正式交付使用。

过程：在竣工验收阶段，设计师需要对雕塑和小品的每一个细节进行仔细检查，如表面处理、结构稳定性、材料接合情况等。验收完成后，设计师还应为使用方提供详细的维护建议和操作指南，包括定期保养、清洁方法、可能的修复措施等，以确保雕塑和小品能够长期保持良好的状态。

景观雕塑和小品设计不仅是对空间艺术的创造，更是对环境与文化的深刻理解与表达。在设计过程中，设计师需要综合考虑形式、功能、材料、文化等多方面因素，通过系统的设计方法和科学的工作流程，创造出既具视觉冲击力，又能提升场所功能和文化价值的作品。设计师应在实践中不断探索与创新，追求技术与艺术的完美融合，才能在景观设计领域中不断取得突破，为公共空间创造更多精彩的作品。

第四节　公共设施设计

公共设施在景观设计中扮演着至关重要的角色，它们不仅提供了基本的功能支持，还通过艺术化和人性化的设计，提升了公共空间的整体质量和用户体验。公共设施设计应融合功能性与美观性，创造出既实用又具有审美价值的设施。本章将详细探讨公共设施的种类、设计原则及其设计方法与过程。

一、公共设施的类型

公共设施种类繁多，涵盖了广泛的功能和用途。以下是几种常见的公共设施类型及其特点分析。

1. 休憩设施

在景观设计中，休憩设施如座椅和凉亭不仅为公众提供了休息和社交的场所，还对提升空间的舒适性和功能性起到了关键作用。以下是对这些设施的详细分析和设计建议（图5-30）。

图5-30　休憩设施

（1）座椅设计

座椅作为休憩设施的基本组成部分，其设计需要综合考虑人体工学、耐用性和维护便捷性（图5-31）。以下是座椅设计的几个关键方面。

①人体工学。座椅设计必须考虑到人体工学原

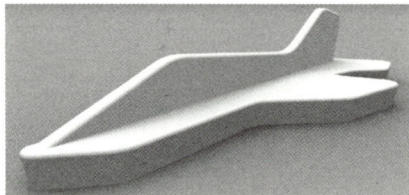

图5-31　座椅设计

理，以确保使用者在长时间坐着时感到舒适。座椅的高度、深度、靠背角度等应根据人体的自然姿势进行优化。例如，座椅的高度应确保使用者双脚能够平放在地面上，而靠背的角度应支持自然的脊柱曲线。

②耐用性。座椅材料的选择对其耐用性至关重要。常见的材料包括耐候性强的木材、金属和合成材料。设计时需要考虑到这些材料的抗腐蚀性、抗紫外线能力及抗磨损性，以保证座椅能够经受住各种天气条件和长期使用。

③维护性。座椅的设计还需考虑到日常维护的便捷性。选用易清洁的材料和设计简洁的结构可以减少维护成本。此外，设计时应考虑到垃圾和污垢的积累位置，避免设计出难以清理的缝隙和角落。

④美学与环境协调。座椅的设计应与周边环境的风格相匹配。例如，在自然公园中，使用木质座椅可以与自然环境融为一体，而在现代城市广场中，金属或塑料材质的座椅则更符合现代美学。

（2）凉亭设计

凉亭作为一种提供遮阳避雨功能的休憩设施，其设计不仅需要满足功能性，还需注重美观性和结构稳定性（图5-32）。凉亭设计包括以下几个关键方面。

①结构稳定性。凉亭的结构设计应确保其稳定性，能够抵御风力和降水的影响。设计时应选择坚固的建筑材料，并进行充分的结构计算，以保证凉亭的

图5-32　凉亭设计

长期安全使用。特别是在风力较大的地区，凉亭的基础和支撑结构需要加强。

②与环境的协调性。凉亭的设计应与周边环境相协调。在自然景观中，凉亭可以采用自然材料和传统设计风格，以融入自然环境。而在城市环境中，可以使用现代设计语言和材料，如钢材和玻璃，以提升其视觉效果。

③功能性设计。凉亭应考虑到不同天气条件下的舒适性。例如，设计时可以加入可调节的遮阳板或窗户，以便在阳光强烈或风雨天气下提供额外的保护。此外，凉亭内的布局应提供足够的空间供人们聚集和活动。

④美学设计。凉亭不仅是功能设施，也是一种景观元素。其设计应具有独特的造型和细节，以增加空间的美学价值。例如，可以通过雕刻、绘画或装饰性元素提升凉亭的视觉吸引力。

总之，休憩设施如座椅和凉亭在景观设计中扮演着重要角色。设计师应综合考虑人体工学、材料耐用性、维护便捷性以及美学协调性，创造出既实用又美观的休憩设施，以提升景观空间的整体质量和用户体验。

2. 照明设施

照明设施在现代景观设计中扮演着至关重要的角色，其功能不仅限于提供基本的照明，还包括提升空间的美学效果和确保夜间环境的安全性。有效的照明设计能够显著增强景观的夜间视觉吸引力，并为使用者创造出舒适、安全的活动环境（图5-33）。以下是关于路灯与景观灯的详细探讨。

（1）路灯设计

路灯主要用于道路及公共区域的照明，以确保行人的安全和道路的可视性。良好的路灯设计能够减少夜间事故的发生，同时提升城市环境的安全性和夜间活动的便利性。路灯设计需要注意以下几个关键方面。

①光照均匀性。路灯的布置应确保道路和周围区域的光照均匀，避免出现明暗不均的现象。这不仅能提高道路的可见度，还能减少阴影区，提高行车和行走的安全性。

②灯具选择。选择节能环保的照明设备，如LED灯具，以减少能源消耗和维护成本。LED灯具具有高效、长寿命和低能耗的优点，能够满足路灯长时间运行的需求。

③光污染控制。在设计路灯时，需考虑光污染的控制。选择具有良好光束控制的灯具，避免光线外溢和眩光现象，以保护夜空环境和周边居民的生活质量（图5-34）。

图5-33　照明设计

图5-34　路灯设计

④高度与位置。路灯的高度应与道路的宽度和功能相匹配。通常，街道两侧的灯具应设置在适当的高度，以保证足够的照明范围和效果。同时，灯具的位置应避免遮挡视线和交通标志。

⑤耐用性与维护。路灯设计还应注重耐用性，选择抗风、抗腐蚀的材料，以适应不同的气候条件。同时，应确保灯具的维护方便，减少对日常管理的干扰。

在城市街道和公园的路灯设计中，可以采用具有现代感的LED灯具，结合智能控制系统，实现自动调节亮度和开关时间。这种设计不仅提升了夜间景观的美学效果，还提高了能源使用的效率。

（2）景观灯设计

景观灯主要用于美化环境、强调景观元素和创造夜间氛围。它们通常用于公园、广场、花园等景观区域，通过灯光设计提升空间的艺术表现力和吸引力。景观灯设计包括以下几个关键方面。

①光影效果。景观灯的设计应注重光影效果，通过不同的光源和光线角度，创造出丰富的视觉层次和艺术效果。例如，使用点光源可以突出植物的轮廓，使用泛光灯可以照亮建筑物的立面。

②灯具风格与材质。选择与景观环境相协调的灯具风格和材质。现代景观灯具往往采用不锈钢、铝合金或玻璃等材质，以匹配周围环境的设计风格。灯具的造型应与景观设计主题相融合，提升整体美感。

③节能与环保。与路灯一样，景观灯也应选择节能环保的光源，如LED灯。LED灯不仅具有长寿命和高光效，还能够减少对环境的负担，符合可持续发展的要求。

④光污染控制。尽管景观灯的主要目的是美化环境，但仍需考虑光污染的控制。设计时应避免强光直射，选择合适的灯具遮光罩，以减少对周围环境的干扰。

⑤灯光控制系统。可以引入智能灯光控制系统，调节灯光的亮度、色温和开关时间。例如，在节假日或特殊活动时，可以通过调节灯光的颜色和强度，增强节庆氛围。

在城市广场的景观灯设计中，可以使用带有彩色LED的地埋灯，照亮地面的装饰元素，如图案砖或艺术雕塑。通过灯光的变化，可以实现不同的视觉效果，增强夜间景观的动感和活力（图5-35）。

照明设施的设计不仅影响景观的功能性和

图5-35　景观灯设计

美观性，还直接关系到人们的夜间活动体验。通过合理设计路灯与景观灯，选择节能环保的照明设备，并控制光污染，设计师能够为城市和公共空间创造出既实用又美观的照明环境。

3. 导视系统

导视系统是景观设计中的关键组成部分，旨在为用户提供清晰的方向指引和必要的信息展示。一个高效的导视系统不仅能够提高场所的可达性和使用体验，还能增强景观设计的整体美感与功能性。设计一个优秀的导视系统需要综合考虑视觉清晰度、耐候性，与景观风格的协调性，以及无障碍阅读的要求（图5-36）。以下将详细探讨导视系统中标识与信息牌的设计要点及实施策略。

图5-36　导视系统

（1）标识与信息牌的功能

标识与信息牌是导视系统的核心组件，用于展示场所的各类信息，如方向指引、功能区域、注意事项等。它们通过视觉符号和文字信息帮助使用者快速找到目的地，了解周围环境，并作出相应的决策。

①方向指引。提供明确的指示，帮助使用者找到特定的地点或设施，例如洗手间、出口、停车场等。

②信息展示。提供有关场所的详细信息，如历史背景、文化说明、设施功能等。

③安全提示。传达安全规范和注意事项，如禁烟标志、紧急出口位置等。

④无障碍提示。标示无障碍通道、轮椅坡道等，确保所有使用者的便利性。

（2）视觉清晰度

①字体与排版。标识上的文字应使用清晰、易读的字体。选择具有良好可读性的字体，如无衬线字体，避免使用过于花哨的字形。文字大小应根据阅读距离进行调整，确保在正常视距内清晰可读。

②颜色对比。颜色对比度是提高视觉清晰度的关键。背景色与文字色之间应有足够的对比度，以增强可读性。常见的配色方案包括深色背景与浅色文字或浅色背景与深色文字。

③图形符号。除文字外，图形符号的使用可以进一步提高信息的传达效率。符号应简洁、直观，与通用标准符号一致，以便快速识别和理解。

在公园的导视系统中，可以使用大号清晰字体标注"儿童游乐区"或"步道起点"，并配以简单直观的图形符号，如秋千或步道图标，以便游客快速识别。

（3）耐候性

①材料选择。导视系统的材料需具有良好的耐候性，能够抵御风雨、阳光、紫外线等自然因素。常用的耐候材料包括不锈钢、铝合金、耐候塑料和高强度玻璃等。

②涂层与保护。对于金属或木质材料，应选择耐腐蚀的涂层，防止生锈或腐蚀。对于户外使用的标识，还应考虑使用抗紫外线的保护涂层，以延长使用寿命。

③结构稳定性。标识与信息牌的安装应考虑风力、震动等因素，确保其结构稳定性。必要时应进行加固处理，以防止标识因自然因素导致的倾斜或脱落。

（4）与景观风格的统一性

①设计风格。导视系统的设计应与景观整体风格相一致。无论是现代、传统还是自然风格，标识的造型、颜色和材质应与周围环境和建筑风格协调一致。

②融入景观。标识的设计可以融合景观元素，如在自然景观中使用木质或石材标识，与自然环境相得益彰。在城市景观中，可以采用现代化的设计，体现城市的现代感。

③主题表达。在特定主题的景区或公园中，导视系统的设计应体现主题元素，如动物园中的标识可以融入动物造型，博物馆中的标识可以参考历史风格。

在历史文化园区，导视系统可以采用仿古风格的金属标识，与古建筑风格相匹配，同时在现代博物馆中，则可以使用简洁的几何形状和现代材料，体现空间的现代感。

（5）无障碍阅读

①无障碍设计。导视系统应考虑所有用户的需求，包括视力障碍者和行动不便者。应设置盲文标识、音响导览设备等辅助功能，确保信息的无障碍传达。

②高度与位置。标识的高度应符合人体工程学原理，确保所有用户，包括轮椅使用者和儿童，均能轻松读取。信息牌的位置应避免设置在视线障碍物后方。

③清晰的指引。为了帮助视力障碍者或老年人，标识的文字和图标应具有足够的大小，并采用清晰的对比度。同时，信息的排版应简洁明了，避免复杂的文字和图形。

在无障碍公园中，除了设置清晰的文字和图标标识，还可以安装触摸式电子导览屏，提供语音导览和放大功能，帮助视力障碍者更好地理解环境信息。

导视系统作为景观设计的重要组成部分，其设计质量直接影响到用户的空间体验。通过关注标识与信息牌的视觉清晰度、耐候性、与景观风格的统一性以及无障碍设计，设计师能够创造出既实用又美观的导视系统，为使用者提供清晰、便捷的信息指引，同时提升景观环境的整体品质。在实际设计过程中，设计师应充分考虑这些要点，以确保导视系统的功能性和美观性达到最佳平衡。

4. 垃圾收集设施

垃圾收集设施在景观设计中扮演着重要的功能角色，不仅负责保持环境的整洁，还能通过精心设计提升整体空间的美观度。垃圾桶与分类回收箱是这类设施的核心组成部分，其设计需兼顾功能性、实用性和美观性。

垃圾桶的设计应首先考虑便捷性和易用性。用户在使用垃圾桶时，应能够方便地投入垃圾，无须过多的复杂操作。此外，垃圾桶的开启方式、容量设计，以及放置位置都需要经过精确的考量，以适应不同类型的公共空间，如公园、街

图5-37　垃圾收集设施

道、广场等。考虑到清洁和维护的便捷性，设计师应选用耐用且易清洁的材料，如不锈钢或高强度塑料，以应对各种气候条件和使用频率（图5-37）。

分类回收箱的设计则更需要引导公众进行垃圾分类，这对于现代城市管理尤为重要。分类回收箱应具有明显的标识，清楚标明可回收物、不可回收物、厨余垃圾等类别，以避免混淆。同时，回收箱的颜色、形状设计应具有较强的识别性，并与整体景观风格相协调，既不显突兀，又能引导人们自觉参与环保行动。

在艺术设计方面，垃圾收集设施不应仅仅被视为功能性的存在。通过巧妙的设计，这些设施可以成为景观中的一部分，甚至成为环境中的一个视觉亮点。例如，在造型设计上可以结合当地文化元素，使垃圾桶与周围环境相得益彰，形成一种和谐的视觉效果。还可以考虑将垃圾收集设施与其他景观元素，如座椅或灯柱，进行一体化设计，从而提升整体空间的美学价值。

综上所述，垃圾收集设施的设计不仅在功能上满足公众的使用需求，还需通过细致的设计工作，促进环保意识的提升，并为景观空间增添艺术价值。作为景观设计的专业人士，我们在设计这些设施时，应全面考虑其功能性、实用性和美观性，确保它们在日常使用中既高效便捷，又能与环境融为一体，形成独特的景观特色。

5. 公共卫生设施

公共卫生设施的设计在景观设计中起着至关重要的作用，不仅需要满足基本的功能需求，还要兼顾隐私保护和用户的舒适体验。

首先，公厕的设计应充分考虑到功能性和用户的隐私保护。设施的布局要科学合理，确保不同性别和需求的用户都能得到方便且私密的使用体验。在设计时，应特别关注入口的隐蔽性和内部隔断的设计，以避免用户的尴尬，同时确保通风和采光的良好效果。

其次，无障碍设计是公共卫生设施中不可忽视的重要部分。设计师应在公厕和洗手台的设计中融入无障碍元素，例如设置无障碍通道、无障碍卫生间、低位洗手台等，为所有人群提供便利，特别是为行动不便的老年人和残障人士考虑。无障碍设施的设计不仅体现了人文关怀，也是对景观设计人性化和包容性的考量（图5-38）。

图5-38　公共卫生设施

材料的选择同样至关重要。公厕和洗手台常年暴露在高湿度环境中，因此材料必须具备优异的防水、防潮性能，同时还应易于清洁和维护。这样不仅可以延长设施的使用寿命，还能有效减少日常维护的工作量和成本。

此外，公共卫生设施的设计还应考虑与周围景观环境的协调性。通过巧妙的设计，公厕和洗手台可以与周围的景观融为一体，甚至成为空间中的亮点。设计师可以通过材质、色彩和形态的选择，使这些设施既不突兀，又能提供必要的功能服务。为了提升空间的整体美感，设计师还可以考虑在这些设施中融入一些艺术元素，使其在满足功能需求的同时，也为环境增添一份美感和趣味性。

总的来说，公共卫生设施的设计不仅仅要满足基本需求，更要体现设计的人文关怀。在设计中应注重每一个细节，确保这些设施既实用又美观，同时能够提升用户的使用体验，为整个景观环境增色添彩。

6. 交通设施

现代城市设计中，交通设施规划对提升城市可达性和可持续性至关重要。自行车架和公交站亭作为公共交通和慢行系统的关键部分，需满足功能需求并和谐融入城市景观。自行车架设计应兼顾功能性与易用性，确保用户便捷使用和自行车安全稳固。材料选择应耐久、防锈、抗风化，同时考虑美观性，与城市景观协调，甚至在某些场合可作为艺术品或与环境主题相协调的设计，提升城市美学和人文关怀（图5-39）。

图5-39　交通设施

公交站亭是城市公共交通的关键节点，需提供交通信息和舒适候车环境。设计应满足乘客需求，如设置座椅、垃圾桶、电子信息屏等，使用耐用、防水、防晒的材料，并与周边环境协调。历史文化区的站亭可融入当地文化元素，成为城市文化展示窗口。

自行车架和公交站亭设计不仅体现城市功能性设施，也是提升城市形象和市民生活质量的关键。景观设计师需结合功能性和实用性，注重与城市景观融合，通过创新设计和技术手段，为城市交通系统提供人性化、美观的解决方案。

二、公共设施的设计原则

公共设施的设计需要遵循一系列原则，以确保它们既满足功能需求，又融入环境，提升公共空间的整体质量。

1. 功能性与实用性

公共设施首先应满足其基本功能要求，如座椅的舒适性、垃圾桶的便捷性等。设计师在设计时应充分考虑使用者的需求，确保设施使用便捷且有效。

2. 美观性与环境融合

公共设施不仅是功能性的存在，也是景观的一部分。它们应与周围环境和谐共存，设计师应通过材料、色彩和形式的选择，使设施在功能和美学上达到平衡，成为环境中的亮点。

3. 耐用性与维护性

公共设施通常暴露在户外，面对风雨侵蚀和人为损坏，设计师在选材时应优先考虑耐用性和易于维护的材料，并设计出简洁耐用的结构，以延长设施的使用寿命。

4. 安全性与人性化

公共设施的设计应充分考虑使用者的安全，避免设计中出现尖锐边缘或易滑倒的表面。同时，设计师应注重人性化设计，确保设施对不同年龄段和能力的使用者都友好易用。

5. 环保性与可持续发展

在设计公共设施时，环保性和可持续发展是必须考虑的因素。设计师应选用可再生材料，优先采用节能技术，如太阳能照明，并通过设计传递环保意识，促进资源的可持续利用。

三、公共设施的设计方法与过程

公共设施的设计过程是一个系统而复杂的任务，涉及从需求分析到施工完成的各个阶段。以下是公共设施设计的关键步骤。

1. 需求分析与场地调研

方法：设计前，设计师应首先进行详细的需求分析，明确设施的功能定位和用户群体。通过场地调研，了解场地的物理特征、使用者行为模式和环境条件，为设计奠定基础。

过程：设计师通过问卷调查、现场观察、数据分析等方式，收集相关信息，并绘制场地分析图。这些信息将指导设计的方向和重点。

2. 概念设计与方案制定

方法：在分析的基础上，设计师应提出初步的设计概念，通过草图、模型和效果图表达设计思路。此阶段应注重创意，探索多种可能性，并进行初步的功能和美学评估。

过程：设计师将多个概念方案提交给利益相关者讨论和评估，结合反馈进行优化，最终确定一个可行且有创意的设计方案。

3. 详细设计与技术图纸绘制

方法：在概念设计确定后，进入详细设计阶段。设计师需绘制详细的技术图纸，涵盖平面图、立面图、剖面图及材料细节图，以确保施工团队能够准确实施设计。

过程：详细设计阶段需要设计师与工程师、材料专家紧密协作，确保所有设计细节可行，并符合安全标准。设计师还应编制施工指导文件，提供明确的施工步骤和质量要求。

4. 材料选用与工艺确定

方法：材料的选择和工艺的确定直接影响设施的质量和使用寿命。设计师应根据设计要求和环境条件，选择合适的材料，并确定合理的施工工艺。

过程：设计师应对各种材料进行评估，包括其物理性能、耐候性、维护要求等，最终选择最佳材料。同时，设计师应考虑工艺的可行性，确保施工过程顺利进行。

5. 施工实施与现场监督

方法：施工阶段是设计实现的关键，设计师应全程参与，监督施工进度和质量，确保设计意图得到准确实现。

过程：在施工过程中，设计师应定期到现场检查，特别关注关键节点和细部处理。如果施工过程中遇到问题或设计变更需求，设计师应迅速响应，提供解决方案并调整设计。

6. 竣工验收与后期维护

方法：施工完成后，设计师应进行竣工验收，检查公共设施的施工质量和功能表现是否符合设计要求。验收通过后，项目正式交付使用。

过程：验收阶段，设计师应逐项检查设施的安装质量、功能表现和外观效果，并对设施进行必要的调整或修正。验收完成后，设计师应为使用方提供详细的维护指南，确保设施在使用期间保持良好的状态。

公共设施景观设计不仅仅是为公共空间提供功能支持，更是提升城市与环境整体品质的重要手段。设计师在进行公共设施设计时，应将功能性、美观性、安全性和可持续性等因素综合考虑，通过系统化的设计方法，创造出既实用又富有美学价值的公共设施。设计师需要在实践中不断积累经验，创新设计思维，提升专业素养，最终为社会贡献出更多高质量的公共设施景观设计作品。

第五节　水体景观设计

水体景观是景观设计中极具表现力和动态性的元素之一，能够通过形态、声响、反射等特性，极大地丰富环境的视觉体验和生态价值。无论是自然水体还是人工水体，水体景观设计都应注重生态性、功能性和美观性的有机结合（图5-40）。在本节中将详细探讨自然水体与人工水体的设计原则，并提供系统的设计步骤，帮助读者深入理解和实践水体景观设计的精髓。

图5-40　水体景观

一、自然水体景观的设计原则

自然水体，如河流、湖泊、湿地等，是生态系统的重要组成部分。设计师在处理自然水体时，必须尊重其原有的生态环境，避免过度干预，同时通过巧妙的设计，增强其景观价值（图5-41）。

1. 尊重自然生态

自然水体是复杂生态系统的载体，提供生物栖息地和水源，维持生态平衡。设计自然水体时，应以保护生态系统为核心，确保景观功能与自然环境共存，避免破坏动植物栖息地。设计师应减少人工干预，保护生物多样性和水质健康，避免剧烈生态改变，确保设计的可持续性。

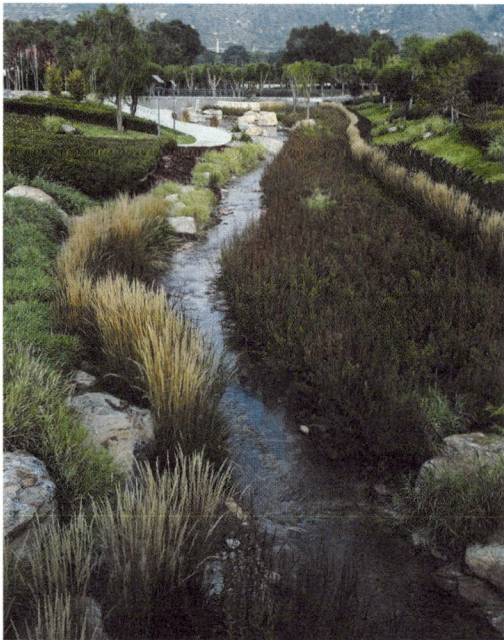

图5-41　自然水体景观

设计前需详细调研水体及周边生态系统，了解生态特征如水质、流速、沉积物、动植物分布等。设计师须具备生态学知识和分析能力，确保设计方案对生态无负面影响。

例如，考虑水体流速和流向，确保可持续循环，防止水质污染。沉积物处理和植被恢复要与生态要求相结合，维持水体自净能力和生物链健康。

设计师可采用自然化技术保护水体，如利用湿地系统过滤净化水体，用植被减少径流污染。设计生态缓冲带，保持人类活动与水体适当距离，防止人为影响。这不仅可以提升景观可持续性，也能为动植物提供稳定的栖息环境。

尊重自然生态是水体设计的基本原则，关键于实现人与自然和谐。设计师不仅是空间美感创造者，更是自然生态保护者，要用设计支持自然生态系统的持续性和多样性。

2. 景观与生态的协调

原则：景观设计应兼顾自然水体的视觉美感和生态功能，保护其生态平衡。设计需尊重环境，科学规划，既美化景观又保护水体生态。例如，沿岸植被设计应美观且有助于保持水土、净化水质、提供生物栖息地，实现生态保护与景观艺术的融合。

实施：设计师应运用生态工程技术，最小化对水体生态的影响。岸线设计应保持自然，使用透水性材料增强渗透性，减少污染。优先使用本地植物以促进水土保持和生物多样性。根据生态特点定制解决方案，如利用湿地过滤系统，减少人为干预。

设计师需平衡景观美学与生态功能，优化设计以增强水体生态承载力和提升自然和谐感。这种设计理念提升了设计艺术价值，展现了设计师在生态保护方面的专业素养和责任感。

3. 可持续性与环境适应性

设计自然水体时，需考虑长期可持续性，适应环境变化。设计师应从长远角度出发，考虑气候变化等因素，确保水体生态功能稳定。设计应注重洪水管理、沉积物控制、水质维护和生态恢复，使水体在不同环境条件下健康运转。

洪水管理需确保水体具备调蓄功能，应对极端气候事件。沉积物管理要防止水体淤积，水质维护通过减少污染物输入和引入自然净化机制实现。设计还需考虑水体的自我修复能力和对环境压力的承受能力。

实施：设计师应利用科技手段，如计算流体力学（CFD）模拟和水质模型，预测水体在不同环境下的表现，优化设计方案。通过模拟极端天气条件，提前制定应对措施，避免未来可能出现的设计问题。

设计师应融入"低影响开发（LID）"理念，减少硬质铺装，增强自然渗透，最小化对水体的影响。透水铺装和植被缓冲带等措施可减少径流量、过滤污染物，保持水质清洁。

综合设计需考虑多种因素，确保水体可持续性和环境适应性。运用现代技术和生态策略，减少环境风险，确保设计长期生态功能。这样的设计可以提升设计的环境友好性，展现设计师在生态可持续领域的专业能力，为景观设计与生态保护的协调发展奠定基础。

中国水资源现状与治理措施

一、现状问题

1. 总量丰富但人均不足

中国水资源总量丰富，2023年全国水资源总量为25782.5亿m³，但人均水资源占有量仅为世界平均水平的1/4左右。这种不平衡导致部分地区水资源短缺问题突出。

2. 时空分布不均

水资源在时间和空间上的分布极不均匀。降水集中在夏季，导致年内年际分配不均，旱涝灾害频繁。从地域上看，南方水资源丰富，北方水资源匮乏，水土资源不匹配问题严重。

3. 水资源利用效率较低

中国水资源利用效率较低，农业用水占比较大，2023年农业用水占全国用水总量的62.2%，灌溉水有效利用系数仅为0.583。工业和生活用水的节水措施也亟待加强。

4. 部分地区水质污染较为严重

水资源污染问题较为突出，部分地区地下水超采和污染导致生态环境恶化。城市和工业污水排放是主要污染源，水污染防治压力较大。

5. 管理体制尚需进一步完善

水资源管理科学体制亟待完善，管理体制较为分散，统一协调不足，导致水资源配置存在不合理情况。

二、治理措施

1. 优化水资源配置

推进跨区域水资源调配工程，如南水北调工程，缓解北方水资源短缺问题。同时，通过科学规划和管理，优化水资源的时空分配。

2. 提高用水效率

建立节水型社会，推广节水技术和设备，提高农业灌溉水有效利用系数。加强工业用水循环利用和生活用水节约，推动用水结构优化。

3. 加强水污染防治

从末端治理向源头控制转变，加强对工业和生活污水的治理，推进水污染防治的系统化管理。加强饮用水水源地保护，确保水质安全。

4. 推进水资源市场化改革

推进用水权改革，明确用水权归属，规范用水权交易，探索用水权有偿取得机制。同时，完善水价政策，促进水资源的合理利用。

5. 加强科技创新与管理

加大对水资源管理的科技投入，推进水资源信息化建设，提升水资源管理的科学化水平。建立健全水资源刚性约束制度，强化水资源监测和监管。

6. 生态保护与修复

加强河湖生态流量保障，推进地下水超采治理，保护和修复水生态系统。同时，推动水资源与生态环境协调发展，确保生态用水需求。

二、人工水体景观的设计原则

人工水体，如喷泉、人工湖、游泳池等，是景观设计中常见的元素，能够为公共空间增添的视觉焦点和互动体验。人工水体的设计要求设计师在美学、功能和技术之间取得平衡。

1. 功能性与美观性兼顾

设计原则：人工水体设计需兼顾功能与美观。其功能多样，如娱乐、观赏、调节微气候等。水体作为景观重要部分，可降温、缓解城市热岛效应、提升湿度，支持生态平衡。设计师应明确功能需求，确保水体有效发挥作用（图5-42）。

人工水体不仅要满足功能需求，还应具备美学价值。设计师可以通过创新设计、材料选择和增添视觉元素，如灯光和水流，来提升水体观赏性。水体设计应与环境协调，例如，水体流动和倒影效果与周围环境互动，提供多层次视觉体验。或将水体作为艺术装置，增强场所吸引力和识别度。

在设计实施中，设计师应明确水体功能定位，决定总体设计方向。功能定位影响水体规模、深度和材料选择。例

图5-42　人工水体

如，城市广场水体可能需娱乐功能，需要加入互动性设计如喷泉和戏水区；公共公园或生态保护区水体则应贴近自然，应采用柔和曲线和自然材料。

在美学设计方面，设计师会运用多种手段提升视觉效果。例如，商业广场喷泉设计中，常设置灯光和水柱高度变化，增强活力和趣味性，吸引游客注意力，使水体成为夜间景观亮点，增加空间层次感。

材料选择对水体美观性有重要影响。设计师应根据功能需求和景观风格选择材料。例如，自然石材赋予自然感，金属、玻璃等现代材质与城市建筑呼应。边缘处理和底部材料选择也需仔细考虑，避免负面影响。

设计师还需规划水体维护和可持续性。例如，灯光使用应节能环保，采用LED灯等节能设备，避免光污染。水体循环系统设计应确保水质清洁，减少水资源浪费，实现稳定运行。

总之，功能性与美观性兼顾的设计原则要求设计师全面把握水体的功能分析，具备艺术敏感度。使人工水体能够满足使用需求，提升空间品质，为公众带来愉悦体验和实际使用价值。

2. 安全性与环保性

人工水体设计需重视安全与环保。设计应确保使用安全，特别是在公共空间，关注防滑、防溺水和护栏设置。同时，应减少环境影响，降低能源和水资源消耗。

安全性上，设计师应使用防滑材料，设置护栏，控制水深，并配备救援设备。环保性方面，应选用低环境负担材料，如低VOC涂料，使用节能设备，如高效水泵和LED灯具，并利用太阳能或风能减少碳排放。水资源管理通过循环和过滤系统减少浪费。

设计人工水体时，需分析使用环境。例如，公共广场水景喷泉应考虑高峰期安全，设置护栏和浅水区，采用智能感应系统调节运行，提升安全与节能。

为确保环保性，设计师可引入水循环系统，利用雨水或灰水系统补水，减少资源消耗和对城市供水系统的依赖。同时，设计应包括水质检测和处理系统，确保水体符合健康和环境标准。

遵循安全与环保原则，设计师能创造既美观又实用的水体景观，体现可持续发展理念，为公众提供安全、环保的环境。

3. 维护与管理的便捷性

原则：人工水体在设计过程中，不仅要注重功能和美学，还必须考虑到后期的维护和管理。简化维护流程和降低成本是设计中不可忽视的部分。人工水体的维护包括清洁、水质管理、设备维修等，因此在材料选择、设备设计和水循环系统方面必须考虑易于操作和维护。一个设计良好的水体系统不仅能够有效运作，还能减少人工维护的频率和成本。

实施：在实施过程中，设计师应注重与设备制造商和维护团队的合作，以确保选择的设备和材料具备高效性和可操作性。例如，自动清洁系统可以通过定时排水和过滤来减少人工清洁的需求，自动调节水位的自循环水泵则有助于保持水体的稳定性，减少因蒸发或雨水引起的水位波动。此外，设计师在材料选择上应倾向于耐腐蚀、抗污染的材料，这样不仅能够延长水体设备的使用寿命，还能减少长期的维修成本和频率（图5-43）。

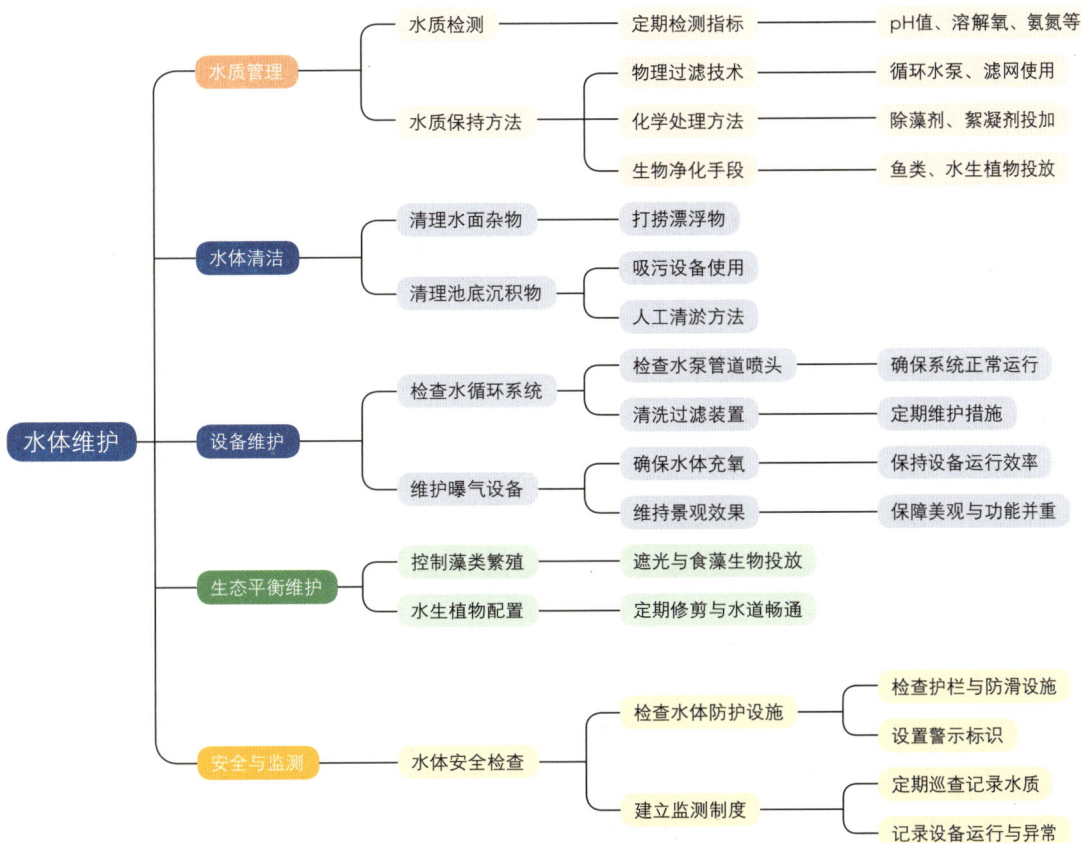

图5-43 水体维护示意图

同时，设计合理的水循环和过滤系统至关重要。水体如果没有良好的循环功能，容易出现水质变差、藻类滋生等问题。通过设计科学的水体流动路线，保证水体的自我净化功能，并结合节能的水泵系统，实现长期高效的运行。智能化的管理系统也是未来的趋势，它可以通过实时监测水质、温度等参数，及时提醒维护人员进行必要的管理操作，从而减少对水体的长期破坏。

一个优秀的人工水体设计不仅体现在其功能性和美观性上，更应注重后期的维护和管理便利性。通过合理的材料选择、设备设置以及科学的水循环系统，设计师能够极大地降低维护成本，并确保水体在长期使用中的良好状态。

三、水体景观的设计步骤

水体景观设计是一个系统性的过程，涉及从概念构思到施工完成的各个阶段。以下是水体景观设计的主要步骤。

1. 需求分析与场地调研

确定水体功能、用户需求和空间使用要求，并与利益相关方沟通，确保设计满足项目目标和用户需求。

实地考察场地特性，如气候、地质、水资源，以决定水体规模、形式和工程可行性。考虑场地特性对水体布局和设计的影响。

综合使用现场勘查、访谈等调研方法，确保数据准确全面，了解场地和用户需求，增强设计实际可行性。

文献研究提供设计背景和技术支持，分析自然条件变化趋势和潜在问题，确保设计符合环保标准和水资源管理规定。

绘制场地分析图，包含地形、植被、水流路径等信息，分析场地优势与限制，确定水体最佳位置、规模和形式。

需求分析和场地调研是设计成功的基础，确保设计方案的功能性和美观性，具有长期可行性和环境适应性。

2. 概念设计与方案制定

在景观设计中，概念设计与方案制定是决定项目最终效果的关键阶段。设计师需要在充分了解场地条件与需求后，将其转化为初步的设计概念，通过草图、模型和效果图等形式表达设计思路。此阶段不仅是对功能和美学的初步构想，也是为后续详细设计打下基础的环节。

3. 详细设计与技术图纸绘制

步骤：在概念设计阶段完成后，详细设计与技术图纸绘制是确保设计得以精确实施的关键步骤。此阶段要求设计师从宏观的构思转向微观的细节，涵盖景观水体的所有技术要求，包括平面图、剖面图、管道布局图及材料规格表。这些图纸是施工团队执行设计的蓝图，必须具有高度的准确性和可操作性。详细设计还包括对每一个设计元素的精细推敲，确保其功能性、美观性和可持续性在实际施工中得以体现。

实施：在详细设计阶段，设计师不仅需要具备艺术审美，还必须拥有严谨的技术能力。此时，设计师应与多个专业团队协作，包括水利工程师、结构工程师、材料专家等，确保设计的每一处细节在技术上可行。例如，水体的平面图应精确标明水域的尺寸和边界，剖面图则需展示水体的深度、底层结构及相邻设施的关系。管道布局图应清楚标示水源、排水、循环系统等技术设施的位置和连接方式，并且必须符合当地的水利和环保标准。

此外，材料的选择与图纸的绘制同样重要。设计师需要通过材料规格图，列出所需材料的具体种类、尺寸、特性及施工要求。对于人工水体，通常使用的材料如防水膜、混凝土、水泵设备等，都需在图纸中详细标明其安装位置和技术参数。设计师在这个阶段还应预见可能的施工挑战，例如土壤条件对水体设计的影响、基础设施的预埋深度等，确保设计在实际操作中不会遇到不可预见的问题。

通过技术图纸的细致绘制和各方的协同合作，设计师可以确保水体景观在实际施工中实现设计目标，并在投入使用后具有稳定的运行性能和长期的生态效益。这一阶段的工作是设计从抽象构想到具体实施的桥梁，是设计质量和可操作性的重要保证。

4. 材料选用与施工工艺确定

在景观设计中，材料的选择和施工工艺的确定是确保人工水体质量、功能性和使用寿命的关键环节。作为景观设计师，必须全面考虑水体的功能需求、使用环境、气候条件以及后续维护的便捷性。这不仅影响到设计的美学效果，还直接关系到施工的实际可行性和日后的维护成本。通过科学合理的材料选用和施工工艺的制定，可以有效延长水体的使用寿命，减少日后维修和管理的复杂性。

水体景观设计是景观设计中至关重要的环节，它不仅能为环境增添动态的美感，还能在生态、气候调节等方面发挥积极作用。设计师在进行水体设计时，应在尊重自然、兼顾功能和美观的基础上，运用科学的设计方法和严谨的技术手段，创造出兼具生态性和视觉冲击力的水体景观。通过本章的学习，读者将能够掌握自然水体与人工水体的设计原则和步骤，从而在实际项目中应用这些知识，创造出更具创意和实用价值的水体景观。

AI技术拓展应用

AI工具可以通过对大量设计案例和数据的学习，为设计师提供优化建议，帮助改进设计方案。例如，通过分析场地特征、用户需求和环境因素，生成更合理的设计布局。

设计师需要建立包含植物、建筑、小品等元素的丰富素材库。AI工具可以快速调用这些素材，生成多样化的室外空间设计效果。

思考

1. 室外空间设计包含哪些设计要素？试分析各个要素之间存在的联系。

2. 在室外空间设计过程中如何把握整体和局部的一致性？

第六章

专题设计中期（三）——室内空间要素设计

知识目标

1. 了解室内空间所包含的各个要素：材料、灯光、色彩、陈设等，通过学习了解这些要素的概念以及在项目中的作用。

2. 了解室内空间要素的概念和类型：了解室内设计中的各个要素所发挥的作用，包含的种类以及不同的性质及特点，从而对室内空间的构成有具体的认识。

3. 掌握室内空间要素的设计方法与原则：室内设计的各个要素设计只有遵循相应的原则，才能有效地实现其功能和价值。掌握室内要素的设计方法，了解设计过程，才能更好地实现设计目标。

技能目标

1. 知识应用能力：通过学习相关的知识并应用于设计实践，在这个过程中建立对基础知识的深入理解，能够将专业知识应用于项目设计中。

2. 综合实践能力：多种要素在项目中具有密切的联系，通过对室内空间要素的综合应用，具备综合性实践的能力。

素养目标

1. 传统文化的知识学习：通过学习案例，了解中国传统建筑的相关知识，了解传统建筑的材料、特征和美学价值。

2. 设计师的专业素养：无论是室外还是室内空间，都需要对多种要素进行精心的设计与组织，设计师必须具备扎实的专业功底，不断提高专业素养。

第一节　室内装饰材料设计

室内装饰材料是指用于建筑物内部墙面、天棚（吊顶）、地面等对室内表面起美化、修饰效果的材料。当今装饰市场日新月异，新的材料，新的施工技术不断在更新和发展，这就要求设计师需要紧跟时代发展，不断更新对室内装饰材料的认知，这是基本要求也是职业素养之一，只有这样才能够切实有效地运用各种室内装饰，为不同的空间提供合理的方案。

一、室内装饰材料介绍

室内装饰材料种类繁多，迭代更新较快，其分类方式也是多种多样，按化学成分分可以分为金属材质、非金属材质、复合材料；按材料的材质分，可分为无机材料、有机材料、复合材料；按装饰部位的不同，建筑装饰材料可分为：顶棚材料、墙面材料、地面材料、隔断材料、家具材料、装饰织物材料、其他类材料七大类；按照材料的燃烧性能可分为：A级材料（具有不燃性）、B1级材料（具有难燃性）、B2级材料（具有可燃性）、B3级材料（具有易燃性）。

1. 石膏类材料

石膏板是室内装修装饰较为常用的一种吊顶类装饰材料，石膏主要成分就是硫酸钙的水合物，是一种矿物质，理论上来说石膏是可以无限循环使用的。装饰石膏及制品作为"绿色环保"材料中的一员，具有质量轻、强度较高、方便加工，而且质轻、吸声、保湿、防火等特点，是当前室内装饰中的常见材料，此外因石膏质地脆，容易做造型，表面光滑，细腻，近年来石膏制品也飞快发展。

用于室内的石膏类材料主要有以下几种：纸面石膏板、装饰石膏板（造型较美观）、嵌装式装饰石膏板（具有一定吸声特性）、耐火纸面石膏板（可用于防火等级要求高的室内空间）、耐水纸面石膏板（具有良好的耐水性能和憎水效果）等。

2. 石材类材料

装饰石材主要分为天然石材和人造石材，天然石材是一种历史较为悠久的装饰材料。天然石材因其纹路自然、强度高、硬度大、耐磨性强等优良性能而深受人们喜爱。随着科技的发展，人造石材也在装饰性、价格、施工方面逐渐显示其优势，发展前景较为乐观。

（1）天然石材

作为一种从天然中开采出来的材料，经过一系列工序形成板材。天然石材按岩石类型、成因及石材硬度高低，可分为岩浆岩、大理石、文化石。

①岩浆岩。主要有花岗岩、玄武岩、火山岩、凝灰岩等，数量较多，是由岩浆侵入地壳或者火山喷发冷凝形成的一种天然岩石，其中花岗岩分布最广。花岗岩作为一种优良的建筑装饰材料，其特点是构造致密、强度高、密度大、吸水率极低、耐磨、开采加工较困难、维护成本低，属于高级装饰材料，在室内空间中可用于地面、台面、墙面等。

②大理石。是大理岩的俗称，在形成的过程中因混入不同的杂质而呈现出来不同的颜色，例如黑色、灰色、红色等等，大理石质地比较密实，抗压强度相对较高，吸水率低，但表面硬度一般不大，属中硬石材。加工好的大理石在室内空间用处较为广泛，也可用于地面、台面、墙面等（图6-1）。

图6-1　大理石

③文化石。文化石并不是专指一种岩石，其可分为天然文化石和人造文化石，是对一类能够体现独特建筑装饰风格的饰面石材的统称。这类石材主要是通过其自然原始的纹理、色泽展示出不同石材本身所具有的艺术魅力，符合人们欣赏自然、崇拜自然以及回归自然的心理需求。按照石材加工形式分类可分为：石材马赛克、彩石砖、条石、鹅卵石、乱形石板、蘑菇石板、平石板等（图6-2）。

图6-2　文化石

（2）人造石材

是采用胶凝材料作为黏结剂，将天然砂、碎石、石粉或工业渣等材料用胶凝作为黏合剂，经过成型、固化、打磨抛光等工序形成的一种人工合成式装饰材料。纹理可模仿天然石材纹理进行制作，颜色和图案可以根据自身需求进行定制，但人造石材硬度不如人造石材，耐热性能差，其他各方面与天然石材基本一致。人造石材按生产材料和制造工艺可分为聚酯型人造石材、水泥型人造石材、复合型人造石材、烧结型人造石材和微晶玻璃型人造石材等。根据骨料不同可分为人造花岗岩、人造大理石和人造文化石等。市面上常见的人造文化石主要有板岩、锈板、蘑菇石、彩石砖等。

3.陶瓷类材料

陶瓷分陶器和瓷器，都是以土为主要原料，经拉坯成型、高温烧制而成的材料。二者主要有原材料、烧制温度、坚硬程度、吸水率、透明度等方面的不同。

整体来说，陶瓷装饰材料具有强度大、耐火、耐久、耐酸碱腐蚀、耐水、耐磨等特点，且易于清洗，生产简单，因此不论室内还是室外均得到广泛的使用。按室内空间使用位置来分可以分为地砖、墙砖、腰线砖等。按材质可以分为釉面砖、通体砖、抛光砖、玻化砖、仿古砖、陶瓷马赛克以及其他装饰陶瓷材料（图6-3）。

图6-3　陶瓷类材料（从左到右从上到下依次为：釉面砖、通体砖、抛光砖、玻化砖、仿古砖、陶瓷马赛克）

（1）釉面砖

表面经过施釉高温高压烧制处理的瓷砖。釉面砖图案和颜色较丰富，可以用来提升空间的装饰效果。具有防渗、防滑、耐污性、耐腐蚀性、易清洗的优点，可用于一些特殊的公共空间，如厨房、卫生间、医院、洗浴中心、实验室等空间。

（2）通体砖

表面不上釉，正面和反面的材质和色泽通体一致。通体砖主要用于室外，但因其良好的性能（强度较高，防滑、耐磨性能好），室内也被广泛使用，如过道、大厅、阳台及人流量大的区域。

（3）抛光砖

抛光砖是将通体砖表面打磨抛光而成的一种亮面砖。抛光砖表面光洁，而且坚硬耐磨，适合在除洗手间、厨房、阳台以外的多数室内空间中。

（4）玻化砖

玻化砖俗称瓷质抛光砖，是通过高温烧制而成一种强化的抛光砖。将玻化砖表面进行抛光就是玻化抛光砖。具有较高的光度、硬度、耐磨性，吸水率低，色差少，规格多样化，色彩丰富，广泛应用于室内空间的地面和墙面。

（5）仿古砖

实质是一种釉面装饰砖，表面一般采用哑光釉或无光釉，产品不磨边，砖面采用凹凸模具，追求材料本身的质感、色彩与纹理。因其装饰性能较好，可用于室内空间中的墙面和地面。

（6）陶瓷马赛克

是一种规格较小的彩色饰面砖，规格尺寸较多，可根据需求进行选择。形态多样，有方形、矩形、六角形、斜条形等，具有很好的防滑性、耐磨性，同时具有不吸水、耐酸碱、抗腐蚀等特征，色彩丰富，安装灵活，组合变化的可能性较多，具有极强的装饰性，可用于卫浴空间墙、地面装饰材料。

此外还有琉璃砖、陶瓷浮雕壁画、软性陶瓷、装饰木纹砖、金属光泽釉面砖等，均可用作为室内空间装饰材料（图6-4）。

图6-4　陶瓷材料在餐饮空间的效果展示/河南师范大学　赵紫雅

4. 木材类材料

木材具有细腻的纹理、沉稳的色泽、温润的触感，是从古至今我国室外建筑以及室内装修的主要材料，与钢材、水泥并列为建筑工程的三大材料。它材质轻、强度高，有较佳的弹性和韧性，耐冲击和振动，易于加工和涂饰，对电、热和声音有高度的绝缘性深受人们喜爱，木材制作的家具、工艺品等也是其他材料无法替代的。但木材也有内部构造不均匀、易吸水吸湿、易腐朽及虫蛀、易燃烧、生产周期长、天然疵病较多等缺点。木材类装饰板主要包括实木板、复合木板、软木板、竹木板、细木工板、胶合板、密度板、刨花板、饰面板等。

（1）实木板

又称原木板，是用天然木材不经过任何粘接处理，用机械设备加工而成的一种装饰材料。该木板保持了木材的本身性能，是室内空间装修的理想材料，具有冬暖夏凉，绿色安全的优点，缺点是价格高、难保养。常用的拼贴有正芦席纹、斜芦席纹、人字纹鱼骨纹及清水砖墙纹等。

（2）复合木板

复合木板分实木复合木板和强化复合木板两类，复合木板可以替代昂贵的实木板。

实木复合板分为三层和多层实木复合板，目前国内应用较多的是三层实木复合板。三层通常由面板、芯板和底板构成，在制作过程中采用木材纹理垂直交错层压胶合而成，有效抵消木材内应力，提升稳定性并保留木材天然纹理与触感，同时节约珍贵木材资源。具有易清洁、质量稳定、耐用性强、性价比高及安装便捷等优势。

强化复合木板简称强化木板或浸渍纸层压木质板，由耐磨层、装饰层、芯层、防潮层四层材料，通过合成树脂胶热压胶合而成。耐磨层决定了地板的使用寿命，装饰层是由三聚氰胺树脂浸渍木纹图案装饰纸，可仿制各类珍贵木材或定制拼接图案，芯层为高、中密度纤维板或刨花板，底层（防潮层）为浸渍酚醛树脂的平衡纸。该木板具有耐烟烫、耐化学试剂污染、耐磨、易清洁、抗重压、防虫蛀、花色种类多等特点，但弹性不如实木复合板。可用于会议室、办公室、高清洁度实验室等，也可用于中、高档宾馆、饭店及民用住宅的地面装修等，不可用于潮湿的场所。

（3）软木板

软木实际上并非木材，它是由阔叶树种栓皮栎橡树（属栎木类）的树皮上采割而获得的"栓皮"制作而成的。软木质地轻柔、比重小，具有耐久、耐磨、耐压、耐腐蚀的特点，给人极佳的触感，适合作为室内墙面和地板装饰材料，以及需要安静、防滑、耐水、防潮防蛀虫的空间。

（4）竹木板

采用适龄的竹材经过一系列加工而成的一类室内装饰材料。常见的有竹集成材、竹重组材两种方式。

竹集成材是由竹材加工成一定规格的矩形竹片，经一系列工艺进行组坯胶合而成的竹质板方材。竹重组材是将竹材剖分、疏解，然后再重新组织并加以强化成型所得的一种竹质新型材料。

竹木板保留了竹材本身自然清新的纹理，同时，由于芯材采用了木材作为原料，具有结实耐用、脚感舒适、稳定性强，隔音性能好的优点，适用于不同的室内空间装修。

（5）细木工板

俗称大芯板、木芯板、木工板，它是由木条或木块组成板芯，两面粘贴单板（两面胶粘单板的总厚度不得小于3mm）而形成的一种人造板材，是木装修做基底的主要材料之一。

（6）胶合板

又叫夹板，是将原木软化处理后旋切成单板（薄板），按奇数层数并使相邻单板的纤维方向相互垂直，再用胶黏剂黏合热压而成的人造板材。常用的为3层和5层，俗称三合板、五合板。是室内装饰装修工程及制造家具用量最大的人造板材之一。

（7）密度板

全称密度纤维板。是以木质纤维或其他植物纤维为主要原料，将原料破碎浸泡、纤维分离再加入一定的胶，经热压而制成的一种人造板材。纤维板按密度可分为四类：高密度纤维板（可用于室内门板、隔板、墙面、天花板、地面、家具等）、中密度纤维板（用于家具、隔断、隔墙、地面等）、低密度纤维板和超低密度纤维板（良好的保温隔热材料，常用作顶棚）。

（8）刨花板

又叫微粒板、颗粒板、碎料板，是由木材木渣、枝芽或木质纤维材料经粉碎成碎料，加入黏合剂再经过高温压制而成的一种人造板材。是制作板式家具的主要材料。其具有良好的隔热隔音性能，也可作为室内保温吸音材料。

（9）饰面板

又称薄木贴面板、装饰单板贴面胶合板，是胶合板中的一种特殊板材。是将各种木材经过一定的加工处理，切成厚度在0.1~1mm的薄片，用胶将其平整地贴在基材之上而形成的一种人造板材。保留了木材自然清晰的纹理，装饰性好。

除了上述人造板材之外，还有木丝板、木屑板、麦秸秆板等，在室内空间还用到的木材类材料还有木龙骨、木装饰线条、实木马赛克等。此外因人造板材在制作的过程中基本需要通过胶来作为黏合剂，因此在选用的过程中需注意板材中的甲醛含量（图6-5）。

图6-5　木材材料在室内空间的效果展示/河南师范大学　王明月

不同类型的木材材料具有不同的特性及适用场景，在不同风格的室内设计中所使用的木材也各有不同（表6-1）。同时，室内设计的风格和工艺特征也和木材料的使用相互关联（表6-2）。

表6-1　木材类型及应用场景

木材类型	特性	适用场景
松木/杉木（软木）	纹理清晰、易加工、价格低	定制家具框架/墙面基层板
橡木/胡桃木（硬木）	硬度高、纹理细腻、稳定性好	地板/桌面/柜体饰面
胶合板/OSB板（人造板）	抗变形、环保性需关注	吊顶基层/隐蔽结构

表6-2　木材与设计风格的关联

设计风格	木材选择	工艺特征
日式原木风	白橡木/榉木	大板直拼+木蜡油涂装
美式乡村	红橡木/樱桃木	做旧处理+深色擦色
现代极简	浅色木饰面	无缝拼接+哑光UV漆
北欧风	原木色地板	保留木材天然疤结
中式	深色硬木（黑胡桃、柚木）	格栅造型

5. 玻璃类材料

玻璃是由石英砂、纯碱、长石和石灰石等原料经高温熔融后快速冷却形成的非晶态固体。其独特的透明性是多数材料无法比拟的。随着建筑装饰技术的发展，玻璃已从基础采光材料演变为多功能建材，通过添加辅助材料或调整工艺，可具备控光、调温、隔音、安全防护及装饰等功能，现已成为现代室内空间中应用最广泛的装饰材料之一（图6-6）。

玻璃按照性能特点可以分为：平板玻璃、装饰玻璃、节能玻璃、安全玻璃等。按照生产工艺可以分为：普通平板玻璃、浮法玻璃、钢化玻璃、压花玻璃、夹丝玻璃、中空玻璃、彩色玻璃、吸热玻璃、热反射玻璃、磨砂玻璃、电热玻璃、夹层玻璃等。

图6-6　玻璃作为窗户在室内空间的效果展示/
河南师范大学　王明月

按性能特点可以将玻璃分为平板玻璃、装饰玻璃、节能玻璃、安全玻璃。

（1）平板玻璃

平板玻璃是未经加工的平板状透明玻璃，又称白片玻璃。该材料透光率优异，抗压性强，兼具保温隔声性能，化学稳定性突出，但抗拉性弱、易碎裂，可应用于建筑门窗、镜面制作等。

按生产方法不同，可分为普通平板玻璃和浮法玻璃。

浮法玻璃采用浮法工艺制成，将熔融玻璃液铺展于锡液表面，经重力、表面张力及高温抛光形成表面平整、透光性优异的高纯度玻璃。其弯曲度须≤0.2%，广泛用于建筑门窗、橱窗中。

（2）装饰玻璃

包括磨砂玻璃、冰花玻璃、彩色玻璃、镜面玻璃、玻璃砖、玻璃马赛克、热熔玻璃、压花玻璃、镭射玻璃等（图6-7）。

①磨砂玻璃。又叫毛玻璃，其单面或双面经过机械喷砂或化学腐蚀形成粗糙表面，透光不透视（光线漫反射），厚度一般为5mm、6mm。磨砂玻璃因表面粗糙，射入的光线较柔

图6-7　装饰玻璃（从左到右，从上到下依次是：磨砂玻璃、冰花玻璃、彩色玻璃、镜面玻璃、玻璃砖、玻璃马赛克、热熔玻璃、压花玻璃、镭射玻璃）

和、不刺眼，可应用在要求透光而不透视、隐秘不受干扰的空间，如厕所、浴室、办公室、会议室等空间的门窗，也可用于不同空间的隔断材料，起到隔断视线、柔和光环境的作用。

②冰花玻璃。是以普通玻璃经特殊处理形成冰花纹理的玻璃，兼具透光性与视线遮挡功能，主要适用于门窗、隔断、屏风等。

③彩色玻璃。在玻璃原料中加入不同的金属氧化剂从而使玻璃具有各种各样的颜色，彩色玻璃的色彩较为丰富，具有很好的装饰性，可用于艺术门窗、装饰隔断、宗教及复古风格空间等。

④镜面玻璃。即镜子，也叫涂层玻璃或镀膜玻璃，即在玻璃表面镀层，具有高反射率。可制作出色彩丰富的镜片，具有很好的装饰效果，在室内装饰中常利用镜面玻璃的反射来增加空间感。

⑤玻璃砖。又被称为特厚玻璃，分为实心玻璃砖和空心玻璃砖。实心玻璃砖是直接将熔化的玻璃进行压制而形成的，空心玻璃是由两个半块的玻璃砖胚胎组合而成的，周边是密封，中间空腔呈负压存在。具有较高的隔热、隔音、耐火和防火的效果，使用灵活，不同的组合方式能呈现出不同的装饰效果。按尺寸可分为常规砖（常见尺寸为190mm×190mm×80mm）、小砖（常见尺寸为145mm×145mm×80mm）、厚砖（常见尺寸为19mm×190mm×95mm、145mm×145mm×95mm）、特殊规格砖（常见尺寸为240mm×240mm×80mm、190mm×90mm×80mm）。可用于隔断墙、采光窗、艺术造型墙。

⑥玻璃马赛克。又叫玻璃锦砖或者纸皮砖，规格较小，颜色丰富，可拼装成各种图案，耐腐蚀，分为透明半透明、不透明两种，是室内空间中较为常用的一种装饰材料。

⑦热熔玻璃。是以平板玻璃和无机色料等为主要原料，经加热软化后模具压制成型的

玻璃，可雕刻打磨。图案丰富，立体感强，也被称为立体玻璃，色泽斑斓，具有独特的装饰效果。可用于门窗、卫浴、背景墙以及室内隔断等。

⑧压花玻璃。又名滚花玻璃，是在熔融平板玻璃上用刻有花纹的辊轴进行辊压，在玻璃单面或双面压出深浅不同的花纹图案而制成的玻璃。压花玻璃表面凹凸不平，光线照射到其表面时会产生不同方向的漫反射与折射，具有透光不透视的效果，可用于一些需要光线但又保护隐私的空间场所，例如办公室、卫生间门窗等。此外压花玻璃表面花纹多样、色彩丰富、造型优美，具有良好的艺术装饰效果。

⑨镭射玻璃。又称光栅玻璃或全息玻璃，是以玻璃为基材的新型建筑装饰材料，表面涂有感光层，通过光线照射可呈现动态多彩的图案效果。主要分为两类：普通平板玻璃基材，适用于墙面、顶棚；钢化玻璃基材，可用于地面。另有曲面款装饰柱面、夹层款用于幕墙，以及可拼贴的玻璃砖和马赛克等衍生品，最大规格达1000mm×3000mm。该材料具有耐磨、抗冲击、抗老化等特性，广泛应用于酒吧、影院、酒店等商业娱乐空间，住宅使用较少。

（3）节能玻璃

是对普通玻璃再次加工形成的玻璃，其对建筑的节能发展起到了积极的促进作用。主要包括吸热玻璃、热反射玻璃以及中空玻璃等。

①吸热玻璃。通过在玻璃中添加氧化物或表面镀有色膜形成吸热玻璃，其能选择性地吸收太阳光中的红外线和紫外线，同时保持高透光性，具有隔热、防辐射、色泽稳定等特点。其吸热效果与厚度及颜色相关，适用于建筑门窗、幕墙，也可二次加工成中空或磨砂玻璃。

②热反射玻璃。又称镀膜玻璃，是在平板玻璃表面涂覆金属/金属氧化物膜制成的，具有高反射率和隔热性，颜色多样（金、铜、茶、灰等），结构分单片、中空、夹层三类，厚度分为：5mm、6mm、8mm、10mm、12mm五类。其单向透光性使人群在白天室外向内看时呈镜面效果（室内可视外），夜晚反之，需注意隐私保护，兼具装饰性与遮阳功能。

③中空玻璃。由两层及以上玻璃组合，中间充入干燥/惰性气体，边框密封而成，具有保温、隔音、防结露等优点，可降低能耗。但需预先定制尺寸，无法现场切割，多用于住宅、酒店、医院等对隔音隔热要求高的场所。

（4）安全玻璃

对传统玻璃的进一步升级改造而成，具有较好的抗冲击性，最重要的是破碎后碎片不易伤人，有些还具有防火防盗功能，能够进一步保障安全。常见的安全玻璃有钢化玻璃、夹丝玻璃、夹层玻璃等。此外安全玻璃还有防弹玻璃、弯钢化玻璃、热弯玻璃等。

6. 金属类材料

在现代建筑中，从建筑工程期间的钢筋到室内铝合金门窗、围栏以及装修用的轻钢龙骨、铝扣板、不锈钢等等，金属无处不在（图6-8）。

金属的分类方式较多，按材料性质分类：可分为黑色金属装饰材料、有色金属装饰材料、复合金属装饰材料。按装饰部位分类：可分为金属天花装饰材料、金属墙面装饰材料、金属地面装饰材料、金属外立面装饰材料、金属景观装饰材料及金属装饰品。按材料的形状分类：可分为金属装饰板材、金属装饰型材、金属装饰管材等等。

此处主要介绍铝及铝制品和不锈钢两种装饰材料。

（1）铝及铝制品

广泛应用在建筑结构及装饰工程中，其独特的质地和光泽是其他材料无法替代的。纯铝的强度和硬度较低，具有较好的延展性，为提高铝的实用价值，常加入其他金属制作成合金，这种合金通常既保持了铝质量轻的特性，同时也提高了铝的力学性能，在建筑及装饰工程中常使用的是铝合金。

铝质较轻，具有较好的防潮性、防火性、吸声、耐腐蚀性，且具有便于清洁、组装灵活、安装方便的特征，适用于厨卫等潮湿的空间。在室内装修中常见的铝制品有铝合金门窗、铝合金装饰板、铝合金吊顶等（图6-9）。

（2）不锈钢

是在生产的过程中加入大量的铬元素（不少于10.5%，含铬量越高，钢的耐蚀性越好）而形成的一种合金。不锈钢中的镍、锰、钛等元素也不同程度地影响不锈钢的强度、塑性、韧性及耐蚀性。不锈钢表面美观，具有良好的耐腐蚀性能的一种室内装饰材料（图6-10）。不锈钢板可用于建筑物的墙柱面装饰、电梯门、柜台、隔墙等。

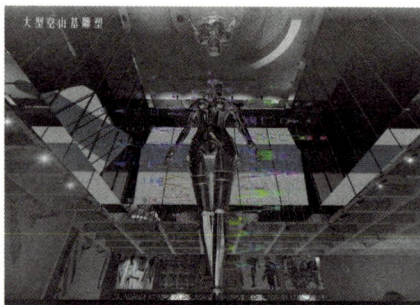

图6-8　金属材料作为视觉中心的效果展示/河南师范大学　赵建启

图6-9　铝扣板

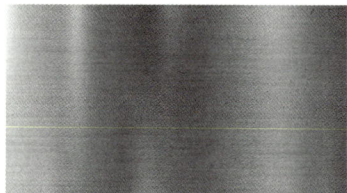

图6-10　不锈钢

7. 涂料与墙面装饰类材料

涂料，是指涂抹于物体表面能够形成连续牢固的固态薄膜，起到保护、装饰或其他特殊功能（绝缘、防锈、防霉等）的液体或固体材料的统称。可以通过辊涂、喷涂、刷涂、抹涂等不同的施工工艺将涂料涂覆在建筑物内墙、外墙、顶棚、地面、卫生间等构件表面（图6-11）。

涂料的分类比较多，按使用部位可分为：外墙涂料、内墙涂料、顶面涂料和地面涂料。按主要成膜物质的化学成分可分为：有机涂料、无机涂料、复合涂料。按所用稀释剂可分为：水溶性涂料、乳液类涂料、溶剂型涂料、粉末型涂料等等。

此处主要介绍室内涂料、地面涂料和墙面装饰织物。

（1）室内涂料

①乳胶漆。以合成树脂乳液为基料，加入着色颜料等材料经过混合、研磨而制得的薄质内墙涂料。具有经济实惠、施工方便、颜色种类繁多、耐碱性强，不易返碱、高档乳胶漆还具有水洗功能，易清洁、维护等特征。

②水溶性漆。以水溶性化合物为基料，再在其中加入其他材料而制成的。该类涂料具有价格便宜、无毒、无臭、施工方便等优点，但不适合用于潮湿环境，耐久性较差，可用于普通住宅墙面及顶棚。目前，常用的水溶性内墙涂料有聚乙烯醇水玻璃内墙涂料、聚乙烯醇缩甲醛内墙涂料和改性聚乙烯醇系内墙涂料。

③艺术漆。一种新型的墙面装饰材料，具有无毒环保、防水、防尘、阻燃、色彩丰富等特点。相比于传统的单色漆来说，装饰效果有很大提升。艺术漆包括马来漆、复层肌理漆、金属箔质感漆、液体壁纸、天然真石漆、仿石漆、硅藻泥等。

图6-11　涂料

（2）地面涂料

主要功能就是装饰和保护地面，使地面清洁美观，结合其他装饰材料，共同创造一个舒适优美的室内空间环境。具有较好的耐水性、耐磨性、耐冲击性以及较高的硬度和施工方便、价格合理的特点。

（3）墙面装饰织物

以纺织物和编织物为材料制成的墙布或墙纸，主要基材有全塑料、布艺、石棉纤维和玻璃纤维等。其图案丰富，色彩多样，施工方便，价格适宜以及良好的抗水性，是一种运用较为广泛的一种室内装饰材料。主要包括塑料墙纸、纺织墙纸、天然材料墙纸、金属壁纸、无纺布墙纸、玻璃纤维墙布、化纤装饰墙布以及锦缎、丝绸墙布等（图6-12）。

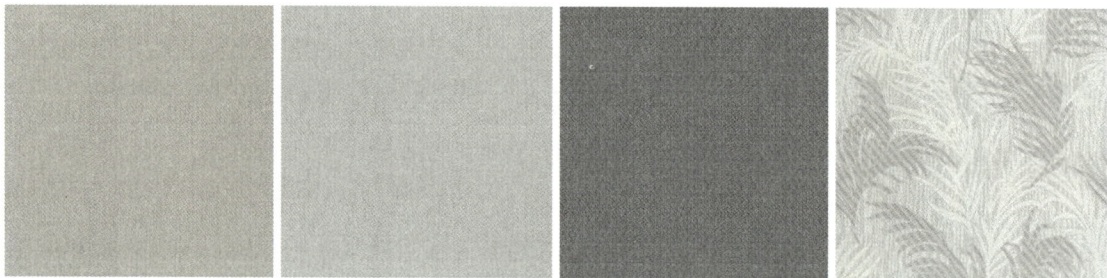

图6-12　墙纸

装饰墙布的质量鉴别主要关注以下几个方面：无毒无污染性、平挺性、粘贴性能、耐污、易于除尘性、耐光性、吸声性以及阻燃性。墙面装饰织物在室内空间呈现的效果除了上述之外还具有以下几个方面的优点，竖条纹状图案增加居室高度、细小规律图案增加居室秩序感，以及大花朵图案降低居室拘束感。

8. 辅助材料

本文主要介绍以下几种辅助材料：塑料、水泥、胶凝材料等。

（1）塑料

以合成树脂为主要成分，加入各种填充料和添加剂，在一定的温度、压力下而制成的一种材料。与合成橡胶、合成纤维并称为三大合成高分子材料，均属于有机材料。塑料作为一种重要的建筑装饰材料，广泛应用于建筑与装饰工程中。

塑料具有以下几方面的优点：质量轻，比强度高（强度与表观密度的比值）；绝热性好，吸声、隔音性好；装饰性好；耐水性和耐水蒸气性强；耐化学腐蚀性好，电绝缘性好；功能的可设计性强。此外还存在一些缺点是不可避免的：耐热性差、易燃烧；刚度小、易变形；易老化，在阳光、大气、热及周围环境中的酸、碱、盐等的作用下，各种性能将发生劣化，甚至发生脆断、破坏等现象。

（2）水泥

一种粉末状材料，加水后拌和均匀形成的浆体，不仅能够在干燥环境中凝结硬化，而且能更好地在水中硬化，保持或发展其强度，形成具有堆聚结构的人造石材。因此，其不仅可以在干燥的空间环境中使用，同样也可以应用于潮湿的环境中，应用范围较广泛，也是一种重要的胶凝材料。

水泥一般分为普通水泥和装饰水泥。普通水泥又分为硅酸盐水泥、普通硅酸盐水泥、矿渣硅酸盐水泥、粉煤灰硅酸盐水泥、火山灰质硅酸盐水泥、复合硅酸盐水泥等。

（3）胶凝材料

一种能够胶结其他材料，制成有一定硬度的复合材料，在室内空间运用较为广泛，常见的室内胶凝材料包括水泥、石膏、白水泥、腻子粉、瓷砖胶、乳胶漆、环氧树脂以及防水墙固胶等。在选择胶凝材料时在考虑他的功能外，尤其要注意的是其安全性，应尽量选用符合国家标准或者更高层次的标准的产品，减少对人体健康的潜在危害。此外，智能化、科技化的凝胶材料也逐渐受到重视，这些材料能够根据环境变化进行自我调整，延长材料使用寿命并减少维护成本。

文化小课堂

中国传统室内材料

中国传统室内材料丰富多样，不仅体现了自然与人文的和谐统一，还承载着深厚的文化内涵和历史价值。以下是一些常见的传统室内材料及其特点。

1. 木材

木材是中国传统室内设计中最常用的材料之一，具有天然的纹理和温暖的质感，象征着自然与生命的延续。常用于家具、屏风、门窗、梁柱等部位。例如，红木家具以其质地坚硬、纹理美观而备受推崇，常用于中式风格的客厅和书房。

2. 竹材

竹材在中国传统室内设计中具有独特的地位，它象征着高洁、坚韧和自然。竹材常用于制作家具、屏风、隔断等，其自然的肌理和质朴的外观为室内空间增添了清新与宁静的氛围。

3. 石材

石材的使用体现了中国传统室内设计的稳重与永恒。常见的石材包括大理石、青石、花岗岩等，常用于地面、墙面、柱础等部位。石材的坚硬质感和自然纹理为室内空间增添了古朴与典雅的气质。

4. 陶瓷

陶瓷是中国传统工艺的瑰宝，其独特的美学价值使其在室内装饰中广泛应用。陶瓷常用于装饰画、灯具、摆件等，如青花瓷、景德镇瓷器等，不仅美观，还具有深厚的文化寓意。

5. 织物

织物材料在传统室内设计中用于窗帘、地毯、抱枕、桌布等，常采用丝绸、棉麻等天然纤维。织物不仅增加了空间的柔软感和舒适度，还通过刺绣、印染等工艺展现出丰富的图案和色彩。

6. 金属

金属材料在传统室内设计中常用于灯具、装饰件和家具配件。例如，铜、铁等金属经过锻造和雕刻，制成灯具、屏风、门窗装饰等，展现出精致与华丽的质感。

7. 砖瓦

青砖和瓦片是中国传统建筑中常用的材料，具有质朴、自然的特点。在现代室内设计中，青砖常用于墙面装饰，瓦片则用于屋顶或地面装饰，营造出古朴、宁静的氛围。

8. 其他材料

纸张：如宣纸、毛边纸等，常用于制作灯笼、屏风、门窗装饰，展现出轻盈与通透的美感。

漆器：通过天然漆料制作而成，常用于家具、屏风等，具有独特的光泽和质感。

二、室内装饰材料的设计原则

1. 美学性原则

美学性原则是环境设计塑造空间品质与情感体验的核心准则，要求通过系统性设计手法实现视觉美感和心理舒适度的统一。该原则需从材料属性、构成关系、空间尺度三个维度进行综合考量。

（1）材料属性的美学表达

材料的物理特性是构建空间美学的物质基础。

质感维度：玻璃/金属的光洁感可强化未来科技属性（如苹果体验店），粗粝混凝土与实木结合能营造侘寂美学（如安藤忠雄建筑）。

色彩系统：医疗空间采用低饱和莫兰迪色系缓解焦虑，商业空间运用撞色组合激活消费欲望。

光学特性：博物馆采用哑光石材避免展品反光，奢侈品店运用镜面材质拓展视觉纵深等。

（2）构成要素的韵律关系

通过设计要素的有机组织构建视觉秩序。一般有以下几种做法：利用黄金分割比例控制家具陈设布局；重复母题形成空间记忆点（如扎哈建筑中的流体线条）；虚实对比创造戏剧性效果（苏州博物馆片石假山）。

（3）尺度层级的适配创新

突破传统材料使用范式实现美学增值。例如微型空间采用3D打印透光混凝土呈现精密纹理；大型场馆运用参数化设计金属网实现动态光影等。

（4）过渡衔接的系统思维

通过界面处理强化空间整体性。例如通过地面材质渐变暗示功能分区；使用天花线型灯光引导视觉动线等。

2. 主题性原则

任何空间的设计都有一定的主题，在设计过程中会紧紧围绕这一主题进行展开设计，使空间呈现一致性和连贯性，从而传达某种情感、文化或者概念。装饰材料作为空间中的一个元素，自然也离不开主题性这一原则。现代简约风格多运用金属、玻璃等材质，中式传统风格则通过木纹肌理与水墨图案传递文化底蕴。材料还需承载情感表达，工业风的水泥墙传递冷峻个性，北欧风的原木地板则渲染温馨氛围。通过材质语言与空间主题的深度契合，最终形成视觉风格统一、文化内涵明确的空间叙事体系。

3. 因地制宜原则

因地制宜原则强调空间设计需建立在地域特征系统解析之上，通过"环境解码－要素转译－技术适配"的完整逻辑链实现空间特质营造。本原则包含三个实施维度。

（1）空间属性精准适配

基于空间功能属性、使用人群特征及运维需求构建材料决策矩阵，建立"功能需求－性能参数－材料选型"的对应关系。例如医疗空间采用抗菌板材、商业空间选用高强耐磨石材、养老空间运用软木防撞墙板、早教机构配置食品级硅藻泥墙面等。

（2）地域文化当代转译

运用"传统要素数字化解析－文化符号参数化转译－材料工艺工业化生产"的技术路径，实现地域文化的创新表达。

（3）气候响应技术集成

建立气候数据驱动的材料性能优化模型，通过BIM平台实现"气象参数－构造体系－材料规格"的智能匹配（表6-3）。

表6-3　"气象参数－构造体系－材料规格"的智能匹配

气候类型	构造体系	参考工艺
湿热区	双层呼吸幕墙	陶板外遮阳+Low-E中空玻璃
高寒区	热桥阻断体系	石墨聚苯板外保温（厚度≥120mm）
强风区	抗风压结构	蜂窝铝板干挂系统

4. 耐久性原则

装饰材料并不是作为临时材料来使用的，一旦使用，短则几个月长则几年、几十年都不会改变，因此耐久性原则也是室内装饰材料设计中的一个重要的原则。材料的耐久性是多方面考虑的，包括材料的耐磨性、抗老化性、防水性、耐腐蚀性、稳定性等，要确保材料在不同的空间环境中能长时间保持良好的外观和功能，如在人流量大的空间，需要考虑材料的耐磨性和抗污性能，以承受日常的摩擦和污渍。在餐饮空间中，需要考虑材料的抗油污、抗刮擦、防滑性等。此外，后期清洁保养的维护成本等都是影响其耐久性的因素之一。

5. 空间静谧原则

随着人们需求的多样化，空间环境也越来越受到重视，人们对私密性和舒适性的要求逐渐增强，如何通过材料保证空间的静谧性，减少回声和噪声干扰室内是维护空间环境氛围的一个重要因素。要达到理想的静谧效果，可以从以下层面入手。

（1）材料选择

墙面用吸音材料：像多孔石膏板、软包墙面这类"吸音海绵"，能吃掉多余声响。

地面铺柔软材质：厚地毯、软木地板能很大程度隔绝声音的传播等。

（2）空间布局

动静分区：把客厅、厨房等热闹区和卧室、书房用走廊隔开，形成"安静缓冲区"。

曲面造型：弧形墙面能像"声音滑梯"，让声波自然消散，避免产生回音。

家具摆放：合理使用书柜、绿植墙这些"天然隔断"，既能装饰又能吸收噪声

总之，空间静谧性是基于科学选材、合理布局和精细工艺，将外部噪声进行有效隔绝，并降低室内声波反射，从而创造宁静的室内空间，保证人们的生活、工作、休闲娱乐需求的原则。

6. 经济环保原则

室内选材需兼顾成本控制与生态可持续性，实现功能、美观与环保的平衡。经济性强调合理分配预算，优先选用高性价比材料，降低初期投入。环保性则要求材料符合低甲醛、无毒无害认证，减少室内污染风险。

同时，注重材料的循环利用价值，例如金属构件、再生塑料等可回收材质可降低资源消耗，竹纤维板材等可再生原料能减少环境负担。设计师可以通过绿色采购与低碳工艺，达到控制成本的同时构建健康、可持续的空间体系的目的。

三、室内装饰材料的设计方法

1. 材料选择与功能协调的方法

在《建筑空间组合论（第三版）》一书中阐述道："建筑空间形式必须适合于功能要求。"这种关系实际上表现为功能对于空间形式的一种制约性，简单地讲，就是功能对空

间的规定性。当今，因人的需求不同产生了不同的空间环境，不同的空间环境对材料的性能也提出了不同的要求，例如酒店、放映厅等，是提供安静、轻松氛围的场所，应尽量选择具有较好的隔音效果、触感柔软，以及能提供素雅温和的视觉效果的材料。必须综合考虑这些功能需求和使用环境，才能使空间达到美观与实用并存的完美平衡。

2. 不同属性材料搭配的方法

在当前室内空间中，基本不可能依靠一种材料来对空间进行装饰，需要多种材料合理搭配，利用不同属性材料在颜色、质感、功能性等方面的区别，构建出层次丰富且符合实用需求的空间体系，在视觉对比与触觉体验间达成动态平衡。以下是不同属性材料搭配的一些方法。

硬质材料（如石材、瓷砖等）与软质材料（布艺、地毯等）的搭配，可以增强空间的舒适性与视觉对比，以柔软元素中和硬材的冰冷感。

光滑材料与哑光材料的搭配，能够调整光线反射效果，避免强烈的光反射带来的不适感，同时增强空间的深度，营造层次分明的空间氛围。

自然材料（木材、红砖）与人工材料（不锈钢、金属管）的组合，既可以保留自然肌理的亲和力，又能通过工业元素的穿插塑造现代或粗犷风格。

3. 空间重塑与组织规则的方法

装饰材料的创新运用可突破传统空间表现范式，通过多维度的材料组织规则，在平面布局重构、界面激活、空间维度延伸等层面形成系统性解决方案。这种重塑不仅改变了静态的空间功能划分，更通过动态的材料语言赋予空间多重叙事性。

（1）动态空间划分机制

运用玻璃、屏风等透明或半透明分隔材料，构建可调节的空间界面系统。这种柔性划分方式可以实现功能分区的弹性转换，适应差异化使用场景；通过材料透光性维持空间视觉连续性；多层次界面叠加增强空间感。

（2）二维界面激活策略

在墙面、地面等基础界面上，使用材料组合创新打破平面单调性，例如采用马赛克拼贴技术、异形瓷砖模块化组合构建、材料肌理对比等方式激活二维界面。

（3）三维空间延伸体系

在三维空间中，可以构建立体空间装置，使用顶地墙一体化材料形成包裹式空间场域，设计曲面造型打破传统的空间限定等。

4. 地域特色与文化融合的方法

在室内空间环境装饰材料的设计中，地域特色与文化元素能够赋予空间独特的视觉美感和深厚的人文内涵，增强空间的情感共鸣。这种设计方法不仅传达了当地的文化特色，还增加了空间的个性化和辨识度，使其从通用的装饰风格中脱颖而出，形成具有文化记忆和情感温度的空间。

自然材料介入：直接使用竹、藤、原木等地域性天然材质，保留原始肌理与生态质感，如云南民居中的竹编隔断。

文化符号转译：通过传统纹样、手工艺及色彩体系的现代演绎，将文化记忆转化为空间叙事元素。

新旧对话：在混凝土、金属等现代材料中嵌入老砖墙、夯土等传统构造，形成历史与当代的时空对话，如北京胡同改造中的钢架与灰砖混搭设计等。

第二节　室内灯光设计

在室内设计中，光是不可缺少的重要元素之一，从原始社会中的雷电击燃树木产生的火，到20世纪30年代电光源的普及，人们一直不停地在探索，需求稳定的光源。如今，随着社会的不断发展，科技的不断创新，不同造型、色温、色相的灯具如雨后春笋般拔地而起，极大地丰富了我们的生活。

在室内设计中，光源不仅是满足人们的视觉和生活需求，也是增加室内环境氛围和舒适度的重要手段之一。

一、室内光源的类型

室内光，分为自然光和人工光两种类型。

1. 自然光

自然光，主要是将太阳通过直接或间接（反射、折射、漫射等）所发射出来的光线引入室内的一种采光方式，也被称为自然采光，是人们较为喜欢的一种光。根据开窗采光的位置，又有侧窗采光和天窗采光两种形式。侧窗采光指在室内四个立面墙体上进行开窗采光，有单侧，双侧及多侧之分，根据开窗的高度不同，又分为高、中、低侧采光。但是，侧窗采光受到太阳高度的影响，当太阳发射出来的光线与窗户角度较大时则所照亮的进深较浅，反之则进深较深（图6-13）。当室内深处自然光无法满足光照需求时，则需要人工照明来补充。

天窗采光是在室内空间的顶部开设采光口的形式，其采光率是同样面积侧窗的5倍以上，且照度均匀、光色自然、光线稳定（图6-14）。

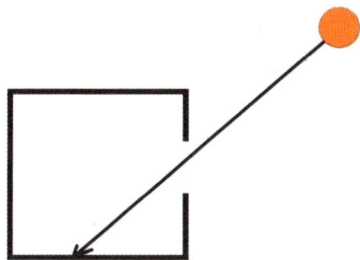

图6-13　太阳照射角度与光线的进深　　　　　　　　　图6-14　天窗采光

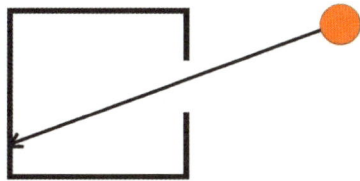

2. 人工光

通过各种灯具照亮室内空间，有强光、弱光、冷色光、暖色光、可调节照度和光色的照明。人工光随着时代的发展，在实用性、科学性、艺术性上都呈现出丰富多样性，不断丰富人们的日常生活与生产。人工光会在夜间作为室内主要光源，或者白天室内光线不足的情况下作为补充光源（图6-15）。

图6-15　室内空间中的人工照明/河南师范大学　王明月

根据人工光的使用功能主要分为白炽灯、卤钨灯、荧光灯、高压汞灯、LED灯五种类型。

（1）白炽灯

通过钨丝发热发光，色温约2700K，暖黄光，柔和无频闪，制作成本低但能效差，寿命相对较短，约1000小时。多用于家居装饰、展览及寒冷地区基础照明。

（2）卤钨灯

白炽灯升级版，填充卤素气体延缓钨丝的蒸发，尺寸相对较小，色温3000K，偏白光，光效更高，寿命约2000小时，但照明时仍会产生大量的热量，从而造成资源浪费。可用于商场、舞台、体育场、工厂等。

（3）荧光灯

利用低压汞蒸气和荧光粉发光的光源。荧光灯的能效比白炽灯高，能够将更多的电能转换为光能，相对节能，色温覆盖2700K～6500K，显色性好，眩光较小，寿命达8000～15000小时。可用于办公照明、家居照明、工业和商业场所、展示空间、公共照明（如医院、地铁站等）等场所，由于荧光灯含有少量的汞，废弃处理时需要特别关注。

（4）高压汞灯

又称高压水银灯，是一种利用汞蒸气在高压电弧中发光的一种灯。其启动慢（需预热）、显色性差，但寿命较长，为5000～10000小时。适合道路、厂房等对色彩还原要求低的场所。

（5）LED灯

又称发光二极管，是一种通过电子激发发光二极管芯片来产生光源的照明装置。LED灯相比传统的白炽灯和荧光灯能效最高，使用寿命可达数万小时，降低了更换频率和维护成本。此外，LED灯可以根据需要进行亮度调节，甚至能够实现颜色温度或色彩的变化，适应不同的环境和情境。现如今，LED灯凭借其环保、耐用等优势，已经逐渐取代传统光源，成为各种照明场景的主流选择。

二、室内灯具的类型

伴随着科技的发展，人们对美的认知不断提高，灯具由原本只有单一照明功能的产品，逐渐发展成集使用功能、造型艺术以及产品结构于一体的多属性产物，分类方式也可以按不同的特性来进行划分，本文以灯具的配置方式进行划分，主要分为悬吊灯、吸顶灯、发光顶棚、发光灯槽、移动式灯具、壁灯这几种类型。

1. 悬吊灯

此类灯具是通过室内天花进行悬吊的灯具，包括：吊灯、花灯、宫灯、伸缩型吊灯等。此类灯具一般为室内大面积空间提供照明，在满足室内照明需求的同时具有一定的美观性，起到一定的装饰性作用。安装时需注意层高限制，灯具最低点距地面应≥2.1m，避免低垂造成的压抑感。其大小、质地、造型风格、色彩等均应与整个空间的环境艺术氛围相呼应，从整体出发，注意彼此的协调性。

2. 吸顶灯

此类灯具是直接固定在室内天花上的灯具，有凸出型和嵌入型两种。凸出型灯具通过灯罩将光源隐藏，灯罩材质一般有玻璃、塑料、金属等材质，造型多种多样。嵌入型灯具是将灯身嵌入天花内部，是一种隐藏式灯具，如射灯、筒灯、格栅灯、线性灯等。嵌入式灯具应用于多种照明方式，因灯口往往与天花齐平，并不会破坏天花吊顶的效果，能够保持建筑装饰的整体与统一。

3. 发光顶棚

吊顶全部或局部采用透光材料做造型，内部均匀布置灯光源的发光顶，称为发光顶棚。发光顶棚照射出来的光线较为柔和，避免了眩光的出现，透光材料一般选用磨砂玻璃、喷漆玻璃、亚克力板等。发光顶棚同样的构造形式也可用于墙面和地面，形成发光墙面和发光地面。

4. 发光灯槽

发光灯槽通常利用建筑结构或室内装修结构对光源进行遮挡，使光投向上方或侧方，起到见光不见灯的效果，多作为装饰或辅助光源，可以增加空间层次，是丰富空间设计的一种设计手法，也可起到引导作用。

5. 移动式灯具

主要有台灯和落地灯两种。相比较于其他灯具来说具有很大的灵活性，可以根据自己的需求进行移动，灵活性也是其他灯具类型不具备的一种特征。

6. 壁灯

分悬挑式和附墙式两种，多安装于墙面或柱子上。除了辅助照明作用外，还起到一定的装饰作用。

三、室内照明的类型与方式

1. 室内照明的类型

按照灯具的照射方式，室内照明设计大致可以分为直接照明、间接照明、漫射照明、半直接照明、半间接照明五种类型（图6-16）。

（1）直接照明

直接照明是光线通过灯具射出，其中90%以上的光通量达到假定的工作面上的照明形式。直接照明可使光大部分作用于作业面上，因此光的利用率较高，会起到引人注意的作用。其特点为易产生眩光，照明区与非照明区亮度对比强烈。

（2）间接照明

通过反射光进行照明，如天花灯槽将全部光线射向顶棚，并经天花反射到工作面上，称为间接照明。间接照明多采用不透明材料来制作灯具，其照明方式光线柔和，无眩光。但光能消耗大，照度低，通常与其他照明方式配合使用。

（3）漫射型照明

此照明形式能使光通量均匀地向四面八方漫射，光线柔和、没有眩光，适宜于各类商业空间场所。

（4）半直接照明

是现代照明设计中最为常用的一种，通过半透明灯罩，遮挡住光源的上部和侧边，让60%～90%的光线射向工作面，而另外10%～40%的光线则通过半透明灯罩扩散开来，使得光线较为柔和。

（5）半间接照明

这种照明方式和半直接照明刚好相反，把半透明的灯罩装在光源下部（半直接照明是遮挡上部和侧边），使得60%以上的光线射向平顶，只让10%～40%的光线经灯罩向下扩散。这种照明方式的优点就是，能产生特殊的照明效果，使层高较低的空间显得更高。

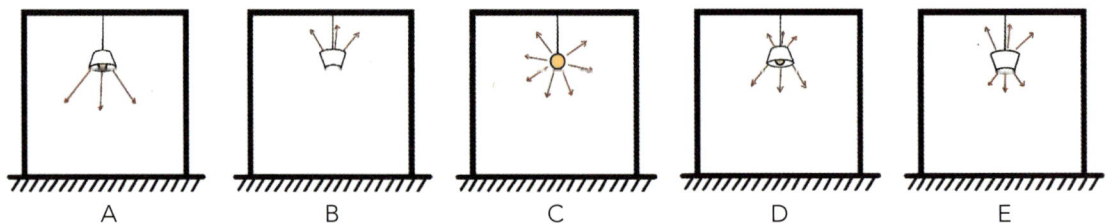

图6-16　A为直接照明，B为间接照明，C为漫射照明，
D为半直接照明，E为半间接照明/河南师范大学　郭晶晶

2. 室内照明的方式

以灯具的布局形式和功用来分类，可分为整体照明、局部照明、重点照明和装饰照明四种形式。

（1）整体照明

指整个空间的平均照明，也叫普通照明或一般照明。通常采用漫射型照明或间接型照明。它的特点是没有明显的阴影，光线较均匀，空间明亮，不突出重点，易于保持空间的整体性（图6-17）。

图6-17　整体照明/河南师范大学　郑世泽

（2）局部照明

只为满足某些空间区域或部位的特殊需要而设置的照明方式被称为局部照明。整体照明是整个商业空间的基本照明，而局部照明更有明确的目的性（图6-18）。

（3）重点照明

强调特定的目标和空间采用的高亮度的定向照明方式被称为重点照明。重点照明在商业空间照明设计中是常用的一种照明方式。其特点是可以按需要突出某一主体或局部，并按需要对光源的色彩、强弱、照射面的大小进行合理调配（图6-19）。

图6-18　局部照明/河南师范大学　王明月

图6-19　重点照明/河南师范大学　臧禧果

（4）装饰照明

以灯光营造一种带有装饰味的气氛或戏剧性的空间效果，用灯光作为装饰的手段，又称气氛照明。它的特点是增强空间的变化和层次感，制造特殊氛围，使商业空间环境更具艺术氛围（图6-20）。

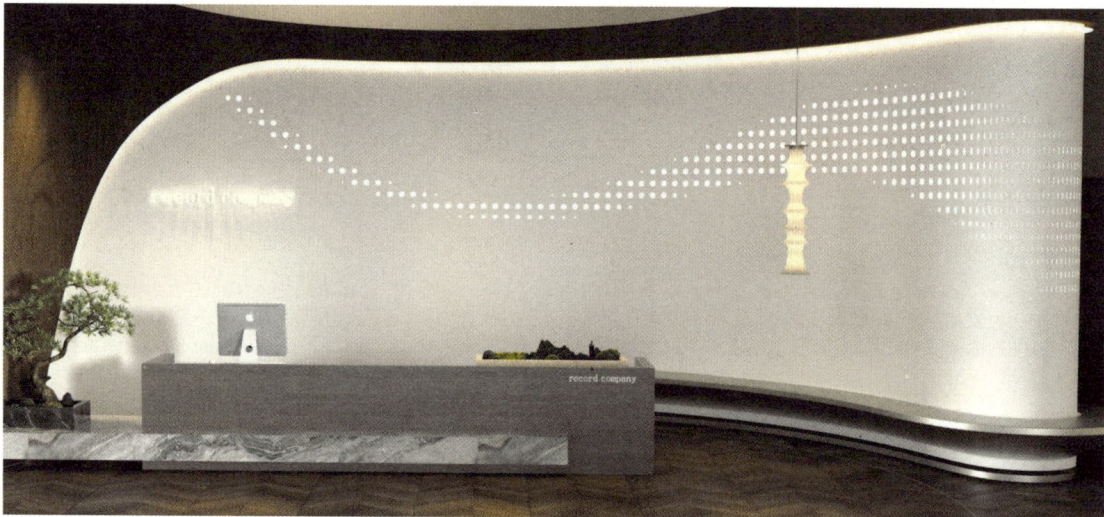

图6-20　装饰照明/河南师范大学　王明月

此外除了上述的几种典型照明方式外，还有一般照明、局部照明、混合照明、过渡照明、应急照明以及特殊照明等等。

四、室内灯光的设计原则与方法

1. 室内灯光的设计原则

灯光设计是室内设计中的一个重要组成部分，它不仅影响空间的视觉效果，还直接关系到使用者的舒适度和功能性。本文将室内灯光设计归纳有以下4条原则：功能性原则、美观性原则、环保节能性原则、安全性原则。

（1）功能性原则

灯光设计作为环境设计的重要组成部分，其基础在于满足空间功能需求。合理的灯光规划直接影响空间使用效率、视觉舒适度及安全性，需要从功能定位出发，通过科学的光环境设计强化空间属性，实现人、环境与行为的有机协调。例如，在书房、办公空间需要集中注意力的空间，明亮而均匀的照明是必

功能性原则

要的，以便用户能够发挥最高效率；在卧室或休息区，柔和的灯光则有助于营造一个放松的环境。另外，灯光的布局也应考虑到人们的活动细节，确保每个角落都有适当的照明，避免产生阴影区域，造成安全隐患。功能性原则的具体内容可扫码进行拓展学习。

（2）美观性原则

美观性是灯具设计的核心原则之一，其内涵不仅局限于灯具本身的造型美感，更需关注灯光与室内空间的动态交互关系，以及灯具作为空间元素与整体环境的协调性。美观性原则的具体内容可扫码进行拓展学习。

美观性原则

（3）环保节能性原则

如今环保节能理念早已深入各行各业，在室内灯光设计中同样是不可忽视的重要原则。早期作为室内灯具首选的白炽灯因其寿命短，能耗高逐渐被替代，LED灯因其高效能与耐用性广受大众喜爱，成为各种照明场景的主流选择。因此设计师在选择灯具时，应优先考虑节能环保型的产品，降低资源损耗和维护成本。

此外，利用自然光也是提升空间照明效果的重要手段，在建筑设计阶段，应合理规划窗户、天窗等开口位置，最大限度地利用自然光，减少对人工照明的依赖。

（4）安全性原则

有效的灯光设计不仅要满足美观和功能需求，更应关注环境的安全性，避免潜在的危险和事故发生，严格按照规范要求设计，灯具的选择和安装位置也必须符合安全标准。灯具的材质、结构应具备防火、防触发等性能，避免在意外情况下造成伤害。同时，灯具应避免安装在易碰撞的位置，减少对人们的伤害。此外，紧急照明系统和疏散通道的设置也是灯光安全设计的重要部分，要确保在停电或突发事件时能够为人们提供明确的逃生指引。

2. 室内灯光的设计方法

室内空间形式种类较多，空间组成元素不同，主题表达也不相同，本文以四种典型室内空间为例，简单介绍灯光的设计方法。

（1）居住空间

①满足使用功能的需求。室内灯光设计作为空间环境营造的核心要素，其功能性实现直接影响着空间使用效率与用户体验质量。优秀的灯光设计需通过科学的光源配置与布光策略，精准适配不同空间的功能属性，在满足基础照明需求的同时，提升空间美学价值与使用舒适度（图6-21）。

②精准适配空间功能属性。依据国际照明委员会（CIE）标准，工作区域应采用色温4000K以上、显色指数Ra＞90的LED光源，确保视觉作业清晰度与色彩还原准确度；休闲空间应使用2700～3000K暖光源，结合灯带、壁灯等间接照明方式，将照度控制在100～200lx区间，营造符合人体昼夜节律的放松氛围。

③构建视觉引导系统。通过明暗对比实现功能分区可视化，例如会客区采用射灯聚焦沙发茶几组合，形成重点照明区域，与周边环境光形成梯度过渡，既满足3～5人社交距离的视觉交流需求，又塑造多层次空间景深。

图6-21　客厅效果展示/河南师范大学　王明月

④保障动态空间安全。在动线区域设置感应地脚灯，配合踏步灯形成连续光带，消除暗区并引导行进方向。厨房操作台增设高显色性橱柜灯带，照度达300lx以确保烹饪安全。

⑤特殊场景智能响应。集成智能调光系统，实现办公模式、会议模式、休闲模式的无极切换。玄关设置人体感应模块，实现进门3秒渐亮照明，卧室配置色温可调灯具，支持2700K～5000K范围调节以适应不同作息需求。

另外，需要注意对于特殊人群的针对性设计，例如老年房应避免眩光并保持均匀照度，儿童房采用4000K自然光色并设置夜间守护模式。

⑥提升空间的主题风格。灯具形态与光效设计是空间主题风格构建的核心要素，其设计需要系统性地考虑造型语言、技术应用与叙事逻辑的协同表达，通过光影艺术强化空间特质，实现视觉表达与功能需求的有机统一。如何提升空间的主题风格可扫码进行拓展学习。

⑦照明布局符合视觉规律。亮度均衡需要建立在对人眼视觉特性的科学认知基础上。设计师应掌握人眼对光照强度的适应阈值，理解不同年龄段人群的视觉敏感度差异。布光方案要重点考虑视域内的明暗对比度控制，通过计算灯具的配光曲线、照射角度和安装高度，实现光线在三维空间中的合理分布。

如何提升空间的主题风格

⑧技术手段保障光质稳定。现代照明技术为实现亮度均衡提供了多元解决方案。例如采用防眩光设计的灯具，通过蜂窝网、磨砂罩等光学构件柔化光线；使用可调色温LED光源，根据昼夜节律自动调节光照参数；布置间接照明系统，利用漫反射原理提升空间光环境均匀度；安装智能调光模块，实现不同场景下的动态亮度平衡等。

⑨界面设计优化光线传播。空间界面的材质属性直接影响亮度分布效果。例如顶面建议使用反射率75%以上的哑光白漆，形成均匀的基础照度；立面宜选择反射率30%～50%的中性色调，避免局部过亮形成光斑；地面材质应注意防眩处理，深色石材建议搭配柔光保护层；家具表面推荐使用低反射率的织物或木饰面，减少镜面反射干扰等。

（2）餐饮空间

①灯光显色性的选择。显色性是光源还原物体真实色彩的核心指标，直接影响餐饮空间的视觉体验。高显色性灯光能精准展现食物的色泽与质感，增强食材的吸引力，提高顾客的整体体验和进食欲望。不同餐饮场景对显色性需求各异，强调食材展示的场所需优先考虑高显色光源，而注重氛围的休闲空间则需平衡显色性与光线柔和度，通过色温调节强化环境舒适感。

②主题特色的营造。灯光设计是餐饮空间主题氛围构建的关键技术载体，其参数配置与艺术表达直接决定了空间叙事能力的强弱。通过系统性光环境规划，可实现空间性格塑造、情感传递、品牌价值输出的三维度整合，形成具有记忆穿透力的沉浸式消费场景。

③光环境参数构建空间。色温梯度与照明方式的科学配比可以构成空间基础系统。如2700K～3000K暖色温配合漫反射照明，可降低空间照度对比值，营造家庭式温馨松弛感，适用于正餐、茶饮等强调社交属性的慢节奏业态。5000K以上冷白光结合定向照明，通过高显色指数（CRI>90）与均匀照度分布，塑造明快高效的空间节奏，契合快餐、轻食等现代餐饮模式。动态色温调节系统（如早餐3000K、午市4000K、夜场2200K）可跟随营业时段自动切换空间性格，实现单店多场景的弹性运营。

④调节情绪体验。动态光序列与亮度控制能够构成空间情感调色板。例如呼吸频率的渐变光效可激活多巴胺分泌，适用于酒吧、主题餐厅等高情绪附加值业态。低于50lux的低照度环境配合重点照明，通过10:1的明暗对比塑造私密场域，适配高端餐饮的仪式感需求。智能调光系统可根据客群密度自动调节整体照度（如满座时提升至150lx，空置时降至80lx），实现能耗与体验的动态平衡。

⑤承载文化叙事。照明器具的造型语言是品牌的物质转化器，例如参数化几何灯具通过结构变化传递科技品牌调性；传统工艺灯具结合现代光学设计，实现文化遗产的当代转译；品牌符号灯具构建强识别度的视觉锤，可使顾客品牌记忆留存率大幅提高（图6-22）。

⑥"虚"和"实"的呈现。灯光设计的"虚"与"实"主要体现在照明的呈现形式、明暗对比、氛围塑造等方面。通过对光影的虚实处理，可以在空间中营造出丰富的视觉层次和情感体验，从而提升整体环境的氛围与空间的层次感。

"实光"以功能性为导向，通过聚焦照明，呈现清晰的物体细节，如餐桌重点照明突出食物品质。"虚光"则通过间接照明手法柔化空间边界，利用漫反射营造朦胧层次感。二者结合形成明暗对比与视觉节奏：实光强化视觉焦点，虚光延展空间纵深感，同时避免眩光干扰。这种虚实交织的光影布局不仅能优化空间层次，更能引导情绪流动，通过光线的收放平衡，最终提升整体用餐体验的沉浸感（图6-23）。灯光设计的"虚"与"实"具体方法可扫码进行拓展学习。

"虚"和"实"
如何呈现

图6-22　餐饮空间效果图/河南师范大学　赵紫雅

（3）商业空间

①混合照明的运用。混合照明可以通过多层次光源的有机整合，实现功能需求与空间美学的动态平衡。其系统性体现在对自然光、环境光、重点光与装饰光的协同控制，既需要精确计算不同光源的物理参数，又要统筹光影对空间氛围、用户行为与品牌价值的复合影响。这种照明体系的构建需贯穿设计全周期，避免单一光源的局限性，最终形成具有持续适应性的空间光环境解决方案。

图6-23　餐饮空间效果图/河南师范大学　张慧丹

混合照明需符合空间逻辑。混合照明体系的构建需以空间功能为导向进行层级划分：自然光通过智能遮阳系统调节昼夜节律，缓解人工照明压力；基础环境光采用漫反射技术确保全域基础照度；重点光通过精准配光突出空间核心，引导视觉焦点。各层级光强比例

需符合《建筑照明设计标准》要求，例如商业空间重点照明照度应
达环境光的3~5倍。

②空间个性化需求。在传统商业模式逐渐边缘化的市场环境
下，多元化商业空间的视觉竞争日趋激烈，科技化与工业化浪潮在
持续重塑大众审美体系。想要在同质化严重的商业空间中建立差异
化优势，设计师需在保证功能多元性的基础上强化空间个性化特
质，其中灯光设计作为空间情绪营造的核心载体，正成为构建个性
化商业体验的关键环节。值得注意的是，空间个性化设计需兼顾长
期运营的可持续性，一般通过灵活可变的系统设计适应商业场景的
迭代需求。具体方法可扫码进行拓展学习。

空间个性化需
求设计方法

③品牌形象的塑造。在商业空间中，品牌的宣传和醒目尤为重要，不仅能宣传自身的
文化理念，还能起到在众多品牌中脱颖而出的作用。灯光是品牌视觉传达的高效载体之
一，尤其到夜晚，灯光设计更是品牌宣传的重要方法之一（图6-24）。通过精心设计的灯
光，能够有效传达品牌的定位、个性和情感，增强品牌的识别度和吸引力。本文从光影对
比的运用、冷暖对比的运用、互动灯光的运用三种方法来阐述灯光对品牌形象的提升。

通过光影对比，定向照明可聚焦品牌标志或核心产品，以强烈的视觉张力传递品牌个
性；冷暖色调的层次化运用则能构建情感基调，例如冷光凸显现代感，暖光传递亲和力。
互动灯光进一步打破单向传播，通过感应技术让顾客参与光影变化，在体验中深化品牌认
知。灯光设计的核心在于将品牌内核转化为可感知的光语言，或通过极简光效传递高端质
感，或以缤纷动态光呼应年轻活力，最终形成独特的品牌光标识，在商业竞争中建立鲜明
的视觉壁垒（图6-25）。

图6-24　服装店展示照明/河南师范大学　臧禧果　　图6-25　服装店前台照明/河南师范大学　臧禧果

（4）办公空间

①合理科学的照度要求。在办公空间中，灯光设计对员工的舒适度、工作效率和整体都产生直接影响，科学合理的照度要求是灯光设计的核心。设计师要科学规划基础照明强度，平衡光线均匀性与防眩光需求，确保工作区域无明暗差异或视觉干扰。灯光布局应与空间功能深度结合，例如开放式办公区需避免光线散射不均，而独立工位可增设可调光源适配个性化需求。辅助照明系统的引入，既能弥补局部光照不足，也为员工提供自主调节的可能性，实现从整体到细节的视觉舒适覆盖。

②自然采光的最大化利用。在室内空间环境中，自然采光可以有效地提升空间舒适度、改善人们的身心健康，是创造健康工作环境的关键方法之一。合理利用自然光还可以节约能源，提高工作效率，因此，在办公空间中科学地设计，最大化地利用和使用自然光显得尤为重要。空间规划上应优先将高频使用区域靠近采光界面，通过工位朝向优化减少屏幕反光。材料选择以浅色反射面与透光隔断为主，增强光线漫射与空间通透性。动态补光机制则通过智能联动人工照明，自动调节亮度补偿自然光的昼夜波动，维持室内光环境稳定。

③智能感应技术应用。智能照明系统通过感知环境与行为数据，实现光环境的自主优化。基于人员活动状态自动启闭灯光，结合环境光照强度实时调节亮度与色温，在保障功能需求的同时显著降低无效能耗。系统可预设多种场景模式，如会议模式切换为柔光聚焦、协作区增强局部照度，以动态光效匹配多元办公场景。技术整合进一步延伸至自然光追踪调节，通过持续校准人工光与自然光的配比，消除明暗突变带来的视觉压力，形成兼具节能效益与人本关怀的智慧光环境。

第三节　室内色彩设计

色彩设计是通过科学的方法和艺术的表达来塑造空间氛围的核心手段。色彩的选择和搭配不仅是空间美学的体现，也是空间和人情感的桥梁，能给人带来深层次的感官体验。正如约翰·罗斯金说过："光线与阴影有助于我们对物体的了解，颜色则有助于我们对物体的想象与感情"。颜色也能直接影响人们对空间的感知，色彩的冷暖调会使空间呈现不同的温度感，而亮度和饱和度的搭配则能显著改变空间的宽敞感与亲和力。因此不同的空间主题，要利用合适的色彩，传递着独特的空间情感，体验不同的空间氛围。

一、色彩的概念

色彩是通过物体对光的反射或者折射，通过作用于人的眼、脑以及结合生活经验产生的一种视觉感受。伊顿说："色彩是光之子，而光是色之母。"光是色彩产生的根源，光是感知色彩的前提条件。1666年，牛顿运用玻璃三棱镜将光进行折射，呈现出一条由红、橙、黄、绿、青、蓝、紫的七种单一色光组成的光带，之后再通过一个三棱镜还原成白光，我们由此得知，光是不同波长光的混合物。

二、色彩的构成要素和分类

1. 色彩的构成要素

色彩的构成要素主要明度、纯度和色相三个。

（1）纯度

色彩的纯度（或称饱和度、彩度）指的是色彩的鲜艳程度和纯净度。纯度高的色彩具有更强烈的视觉冲击力，色泽鲜明、亮丽，无任何灰度或黑白成分，给人一种纯粹、生动的感觉。而纯度低的色彩则掺杂了灰度，显得更加柔和、朦胧，呈现出一种低调、平和的视觉效果。随着灰度的加入，色彩的纯度逐渐降低，颜色也逐渐趋向灰色，而变得沉稳和中性。

纯度色标可分为九级：1度为最低，9度为最高。根据色标条可定出色彩的基本纯度调性（图6-26）。其中，高纯度基调为鲜调（7～9），即纯色或略带灰色的纯色。中纯度基调为中调（4～6），即介于高纯度与低纯度之间的色彩。低纯度基调为灰调1～3，即接近中性灰的色彩。

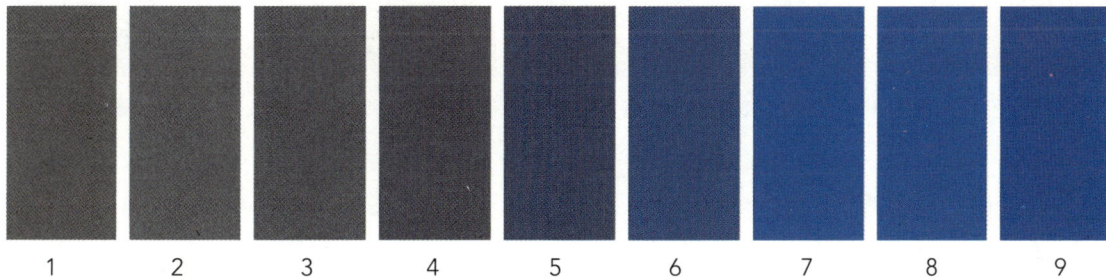

| 1 | 2 | 3 | 4 | 5 | 6 | 7 | 8 | 9 |

图6-26　纯度色标

185

（2）明度

色彩的明度是指色彩的亮暗程度，是光线通过物体时反射或折射的亮度效果，决定了人们对颜色的亮度感知。根据明度色标可将明度分为九级：9度亮度最高，1度亮度最低。色彩间明度差别的大小决定明度对比的强弱，根据明度对比的强弱可形成"九大调子"（图6-27）。

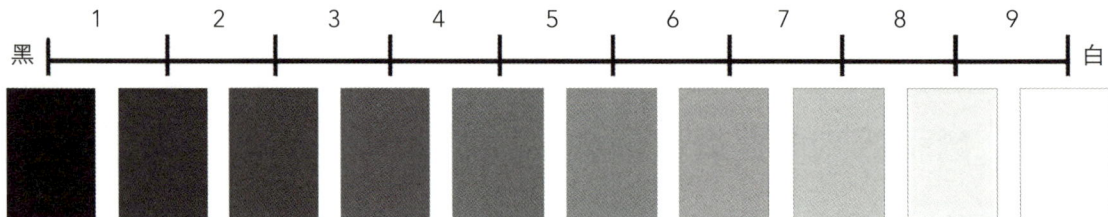

图6-27　明度色标

明度的变化可以用于表现物体的体积、空间感和质感，利用明度的层次关系可以增强画面层次，产生立体效果。

（3）色相

色相是色彩的构成要素之一，决定了色彩的类别和相貌，即我们用来辨识颜色的基本特征。色相是由光的不同波长形成的，例如红、橙、黄、绿、蓝、紫等基本色，在可见光范围内，光波的波长越长，色相越偏向红色，波长越短，色相则向蓝紫色靠近。

此外，色彩的命名，除了我们最熟知的红、黄、蓝等，还有以各种物体的固有色名，例如土黄、蝶黄、孔雀绿、宝石绿、鹅冠红、合欢红、葡萄酱紫等（图6-28）。

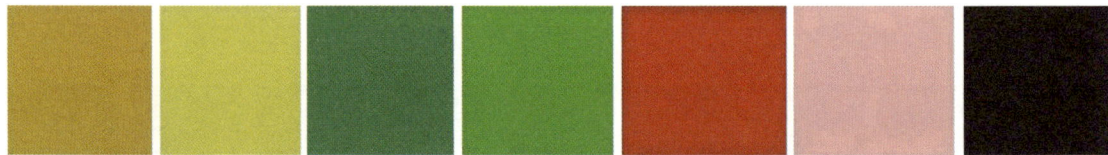

图6-28　色彩的命名（从左到右依次是：土黄、蝶黄、孔雀绿、宝石绿、鹅冠红、合欢红、葡萄酱紫）

因色相之间的差别而形成的对比，将色相环上的任意两色并置在一起，它们的差别就会形成或弱或强的对比现象。

色相对比的强弱取决于色相在色相环上的位置。组成同类色、类似色、邻近色、中差色、对比色和互补色的对比关系（图6-29）。其中，同类色相隔15°，类似色相隔30°，邻近色相隔60°，中差色相隔90°，对比色相隔120°，互补色相隔180°。

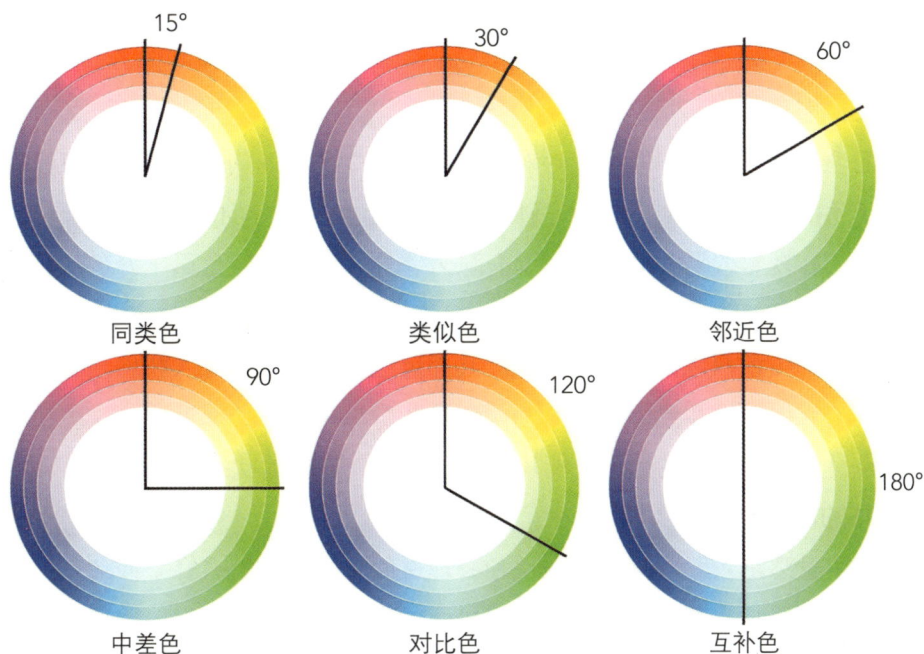

15°　30°　60°

同类色　　　　　类似色　　　　　邻近色

90°　120°　180°

中差色　　　　　对比色　　　　　互补色

图6-29　色环上的色相对比

2. 色彩的分类

色彩通常分为有彩色系和无彩色系。

（1）有彩色系

指具有明显色相、区别于黑白灰的颜色，能够给人带来视觉冲击。有彩色系包括红、橙、黄、绿、蓝、紫等基本色，及其混合以及基本色和混合色与无彩色系不同量的混合等产生的各种颜色，任何一种有彩色系都具有色相、纯度和明度属性（图6-30）。

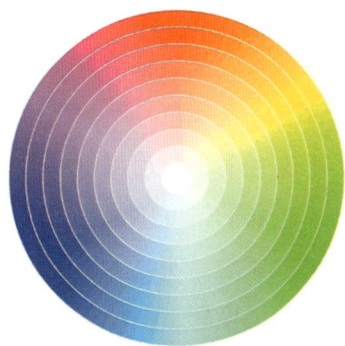

图6-30　部分有彩色

（2）无彩色系

色彩分类中的一类特殊色系，与有彩色系的鲜艳和丰富不同，无彩色系仅包含了黑、白、灰等色调，它们的主要特点是没有纯度和色相，只由明度的变化而组成（图6-31）。

图6-31　无彩色

三、色彩的情感属性

1. 色彩的温度感

色彩的温度感是指人们通过视觉对色彩产生的冷暖心理感受。色彩本身没有温度，这种感受源于生活经验和实践，成为一种普遍的视觉语言。色彩的温度感主要分为暖色调和冷色调，它们在视觉效果和情感表达上有显著差异，但一个颜色属于冷色还是暖色并不是绝对的，是相对其他颜色来说的。

一般来说，暖色调包括红、橙、黄及其邻近色，这些色彩让人联想到太阳、火焰等温暖的事物，给人以舒适和温馨感。冷色调包括蓝、绿、紫及其邻近色，这些色彩让人联想到水、天空、冰雪等凉爽的事物，能让人保持冷静，轻松的状态。

2. 色彩的重量感

色彩的重量感是人们对颜色在视觉和心理层面上感知到的"轻"或"重"，这种感知并不是物体本身所具有的重量。色彩的重量感主要取决于明度，一般情况下，明度高的色彩给人以轻盈的感觉，明度较低的色彩给人以厚重的感觉。在明度和色相相同的情况下，纯度也会影响色彩的轻重感，纯度高的给人"轻"的感觉，纯度低的给人"重"的感觉。在室内设计中，色彩的重量感可以用来平衡结构，例如，在以浅色为主的空间中，空间整体看起来明亮、整洁，但可能给人以轻飘，缺乏重心的感觉，因此，可以利用深色调的陈设品，平衡浅色空间的轻盈感，丰富空间层次感。

3. 色彩的尺度感

色彩的尺度感是通过颜色影响人的心理对空间大小的感知。明度高的颜色能使空间显得更加宽敞、明亮，而明度低的颜色则有收缩的效果。另外，色彩的纯度和色相也会影响色彩的尺度感，一般来说，纯度高的给人一种靠近的感觉，从而在视觉上"放大"物体，低饱和度的颜色给人一种后退的感觉，在空间中呈现出"远离"视觉的效果。在色相中，冷色调给人一种远离的感觉，可以使空间显得更远、更深远，产生视觉上的"扩展"效果。暖色调则具有较强的包围感，使得空间看起来更紧凑、亲近，在视觉上有"拉近"的效果，在空间可以增强舒适和亲密的氛围。

在实际设计中，色彩的尺度感常常是多种色彩属性的综合作用。例如，设计师可以通过明暗对比来增大空间感，又通过暖冷色调的搭配来调节空间的温度与舒适度。尺度感不仅仅是物理空间大小的感知，也是人们情感的反应。

4. 色彩的情绪感

"情绪感"是指通过色彩引发或传递的一种情感。色彩作为一种视觉刺激，能够直接影响个体的情感体验，甚至能够在无意识层面调节人的情绪状态。通过对不同颜色的感知，人们可能会产生快乐、悲伤、焦虑、放松等多种情感反应。这种情绪具有很大的主观意识，受多种因素的影响。首先受到色彩构成要素的影响，这也是色彩所传递情绪的普遍性，例如红色能传递喜庆，绿色代表新鲜、安全，紫色代表严肃、高贵，黑色或者深灰色传递肃穆、压迫的情绪。其次色彩的情绪感还受到地域、时间以及个体的文化背景和经历的影响，在不同文化中，颜色可能会有不同的情感象征。例如，红色在中国通常与庆祝或节日相联系，是传统婚礼和节庆中的主色，在西方，则经常与危险、愤怒等情绪挂钩。白色在某些文化中常与丧事、悲伤和死亡相联系，是传统丧葬礼仪中的主要颜色，而在其他地方又是纯洁的象征。此外，个人的生活经验也会影响其对颜色的情感反应。例如，某些人可能因某个特定的回忆或情感体验而对某种颜色产生特殊的情绪联想。

总之，色彩以一种无声的方式影响着我们的情感，而这种影响往往不易察觉。

通过对色彩情绪感的理解，我们可以更好地利用色彩来传递情感、调整氛围，甚至影响人的行为和决策。

四、室内色彩的设计原则与方法

色彩在室内设计中的作用远超视觉层面，它不仅能影响人的情绪，还能塑造空间的氛围并为人们带来独特的视觉享受。研究表明，人在进入一个空间的最初几秒钟内，首先感知到的就是色彩，然后才是形状和结构等其他元素，所以，色彩是室内设计中无法忽视的关键因素。为了达到理想的效果，色彩设计需要遵循一定的原则和方法。

1.室内色彩的设计原则

（1）以人为本的原则

在室内色彩设计中，"以人为本"的原则是设计的核心，它强调关注人的生理和心理需求，通过对色彩的科学运用，来营造一个满足使用者生理与心理需求的空间环境。色彩不仅仅是视觉艺术的体现，更是人类情感和体验的表达媒介。

不同色彩通过光波作用于人的视觉神经，会引起生理变化。如，红色具有较短波长和强烈的刺激感，会加速心跳、增强活力。因此，设计时需要充分考虑颜色给人带来的生理变化，为不同人群提供适宜的视觉环境。例如，儿童房通常采用明亮鲜艳的颜色，以激发创造力和活力，而老年人房间则偏向柔和的色调，营造安宁与舒适感。在心理层面，色彩具有情感联想和象征意义，对人的情绪和心理状态有潜移默化的影响。暖色调通常让人感到温暖、愉快，而冷色调则能带来宁静、沉稳的氛围。

此外，个性化表达也是以人为本的另一重要体现。每个人因年龄、性别、经历、性格、职业和文化背景等方面的不同，而对色彩的偏好和需求存在着显著的差异，因此，设计师需要在通用原则与个体需求之间找到平衡，创造一个既符合科学规律又反映个性的空间。

（2）协调统一的原则

在室内色彩设计中，协调统一的原则是实现整体视觉和谐的关键，也是提升空间美感和舒适度的重要手段。这一原则强调各个元素之间的色彩关系应相辅相成，使空间呈现出整体性和一致性。在协调统一方面，首先是色彩的搭配要主次分明，可以采用典型的6：3：1比例，即60%主色（墙面、地面）、30%辅色（家具）、10%点缀色（装饰品）的比例结构。例如浅灰主调的客厅，配白色家具与金色装饰，既统一又具活力。在色彩的主次分明外还应具备一定的关联性，这种关联性可以通过色相、明度和纯度的变化来实现。同类色、类似色、邻近色等可以形成柔和统一的效果，而对比色则需要控制对比强度，以免破坏整体协调。通过合理选择明度和纯度的搭配，可以避免空间色彩过于沉闷或过于刺眼，达到视觉平衡。软装细节与主色呼应也同样至关重要，窗帘、地毯等应与空间主调形成视觉延续，避免过多杂色破坏整体性。

（3）功能性原则

在室内色彩设计中，功能性原则是指导色彩运用的一项基本原则，通过色彩的选择和搭配，最大程度地服务于空间的功能需求，提升空间使用的舒适性和实用性。功能性原则需要根据空间的使用性质来选择色彩，例如，居住空间需要创造温馨、舒适的氛围，可以选用柔和、温暖的色调，如米色、浅黄、暖灰等，这些色彩有助于营造放松的环境。公共区域如走廊、休息区等可以采用中性色调或清新色系，有效减轻空间的压迫感，营造宜人的环境。某些功能性区域，如学习区或阅读区，应选用安静、宁静的色彩来促进集中精神，避免过于鲜艳或刺激的色彩分散注意力。此外，功能性原则还受到地理位置、人的心理等方面的影响。总之，功能性原则主要根据空间的实际功能需求，结合用户的心理反应及空间的具体条件等来进行合理选择与搭配，确保色彩能够最大限度地服务于空间使用的实用性和舒适性。

2. 室内色彩的设计方法

（1）单一色彩法

单一色彩法是在空间内使用一种颜色，运用明度和纯度的微妙的变化，创造出统一、和谐的视觉效果。这种方法通过单色的运用，使室内空间具有一致性和简洁感，避免了色彩的繁杂和冲突，适合那些追求简约、宁静和现代感的设计风格。单一色彩的选择，受到不同空间的功能，使用者的需求以及空间的氛围的影响。

尽管单一色彩可以创造出简单、纯粹的视觉效果，但它也存在一些明显的缺点。首先，因为颜色较为单一，缺乏对比性，可能导致空间的视觉冲击力不足，显得单调乏味。其次，对色彩选择要求较高，因为一个不合适的色彩会直接影响整个空间的氛围。再则，在使用单一色彩时，营造复杂的空间层次要通过材质、光线等方式来创造，但受限较高，尤其是细节方面的处理，易平面化。并且单一色不适合所有类型的空间，例如儿童房，儿童游乐场等需要多样色彩的空间。因此，设计师在使用单一色彩时需要谨慎，通过纹理和空间布局等元素来增加空间动感性和丰富性。

（2）色彩的对比法

在室内设计中，色彩的对比是一种常用的设计手法，通过将色彩性质相反或对比强烈的颜色组合在一起，达到强化视觉效果、凸显空间特色的目的。对比色彩设计通常运用色相、明度和纯度等方面的对比，使空间富有层次感和生动性。色相对比是利用色环中位置相隔较远的颜色，如红与绿、蓝与橙、黄与紫等。这些颜色在视觉上差异较大，能够形成鲜明的对比。例如，现代客厅中可以使用蓝色沙发与橙色靠垫的搭配，不仅使空间显得活泼，还能提升整体的设计感。色相对比适合用于需要强烈视觉冲击的场合，但要注意控制比例，以免产生视觉疲劳。明度对比是通过颜色的深浅来体现空间的层次。例如，黑白对比是经典的明度对比手法，可用于营造现代感强烈的空间。白色墙壁搭配黑色家具能够让空间显得简洁而不单调，同时在灯光的照射下更能突出明暗变化。纯度对比是运用饱和度高的颜色和饱和度低的灰色或中性色的对比。高纯度的颜色如红色、黄色常用于点缀，能够成为视觉焦点，而灰色、米色等低纯度色彩则起到平衡作用。例如，在餐厅设计中，可以采用灰色墙壁搭配鲜艳的黄色椅子，既能吸引目光，又避免色彩过于杂乱。

在使用对比色彩时，需要关注以下几点。

平衡感：过强的对比可能导致视觉疲劳，应通过中性色调和过渡。

功能性：不同空间需考虑色彩对情绪的影响，例如卧室应避免过于刺激的对比色。

文化和心理因素：不同颜色在文化和心理上的意义不同，对比设计需结合用户的需求和审美习惯。

（3）色彩的调和法

色彩调和法是一种常用的搭配方法，其核心在于使室内空间的色彩和谐统一，既满足视觉美感，又符合功能需求和心理舒适感。在色彩调和中常用的有同类色、类似色与邻近色调和，例如，蓝色与绿色、黄色与橙色等颜色的搭配，在统一中又具有变化，可以营造出柔和、自然的氛围。不同的明度也是实现调和的重要手段。一般可遵循"高明度为主，中明度为辅，低明度点缀"的原则，例如，在客厅设计中，墙壁和天花板可以使用高明度的浅色，家具选择中明度的木色或灰色，而地毯或抱枕则可以用低明度的深色作为点缀，既体现空间的整体统一，又避免单调乏味。当然这个原则并不是放之四海而皆准的准则，也可以根据空间位置、功能原则、客户需求等方面进行调整（图6-32）。

影响色彩设计方法的因素有很多，除了上述之外还受到材料、灯光等方面的影响。不同的运用原则和方法都是人们通过长期实践经验所得出来的一些规律，正确运用这些规律能够帮助设计师达到事半功倍的效果（图6-33）。

图6-32　古画中的色彩调和/河南师范大学　文伊丛

图6-33　餐饮空间室内色彩/河南师范大学　赵梦溪

第四节　室内陈设设计

室内陈设设计，是室内设计中不可缺少的重要组成部分，是一门研究如何进一步美化空间环境、丰富空间形式以及提高环境舒适度的学科。随着"轻装修，重装饰"的思想逐步深入人心，并开始追求个性化的空间环境，陈设设计也逐渐开始成为一个相对独立且具有广阔前景的一个行业。

一、室内陈设的定义与设计的元素

1. 室内陈设的定义

室内陈设是指在空间基本装修完成之后进行的二次装饰和深化设计（一般不涉及建筑的结构和改造），利用一些可移动的元素，例如家具、窗帘、工艺品等结合艺术手段进行美化空间或强化视觉效果，烘托室内的格调、氛围、品位和意境，使其更加符合人们生理心理需求的生活环境。

室内陈设并不是一成不变的，影响其因素有很多，例如客户的性别、年龄、地域、文化、职业、爱好甚至信仰等，同时也受到空间环境所处的位置、空间大小、周边环境、设计定位等多方面的影响。

2. 室内陈设的设计元素

室内陈设设计元素除了前文阐述过的还包括：家具、布艺、花艺绿植、装饰性陈设艺术等。

（1）家具

室内陈设中的主要构成部分，具有功能的双重属性、功能的认知属性、外观形式的符号化、内涵的文化性以及多样性。家具既要满足人们在空间的使用需求，需要具有美观的造型，家具的形态、色彩、肌理、比例等都会成为室内陈设成功与否的重要因素之一。同时家具还具有分隔组织空间的作用，传承和传播地域文化的作用。

家具的分类方式也比较多，可以按基本功能分类、按建筑空间分类、按材料结构分类、按结构形式分类，以及按固定形式分类等。本文以基本功能进行分类，主要分为支撑类家具（椅、凳、沙发、床类等）、凭椅类家具（桌台和几架类）和收纳类家具（衣柜、书柜、床头柜、餐柜等）。

（2）布艺

即纺织品，是将布进行一定的加工而成的一类室内陈设材料，主要包括窗帘、地毯、床上用品、沙发椅凳上用品等。具有软化空间、统一室内色彩、烘托空间氛围以及起到遮挡视线降低室外噪声和保护隐私的作用。

如今，一个空间中织物的美观与合理应用，已经成为当今人们衡量室内陈设水平的重要标准之一。

（3）花艺绿植

作为室内陈设元素之一，除了具有美化环境的作用之外，植物还可以吸收有害气体，吸附灰尘，调节室内温度、湿度，提高室内环境质量，改善人们生活、工作以及学习环境。同时植物能有效缓解神经紧张和生活压力，起到改善人们身心健康的作用。在进行植物的选择与布局时，需使植物和周围环境相互融合，形成一个整体。此外在选择的时候需要注意对花粉过敏的人群以及植物的属性。

花艺绿植大致分为盆栽植物和插花植物两种。从观赏角度也可分为观叶、观花、观果、观枝、观形等。

（4）装饰性陈设艺术

装饰性陈设种类众多，但都具有一定的观赏性，有些还具有一定实用功能。主要有装饰书画、古玩、工艺品、纪念品、摄影作品以及个人收藏品等等。纯观赏性陈设有装饰书画、古玩、艺术品等，具有一定实用性价值的有笔筒、画筒等。

①中式书画。作为我国传统艺术，中式书画蕴含了中国传统的哲学与个人思想，是书房、办公空间及中式风格空间中常用到的一种装饰元素。

②古玩工艺品。在室内陈设中运用时，需要注意其自身风格、大小、质地、色彩、内涵与空间是否匹配。例如一些古朴的、传统的古玩艺术品，则适合摆放在古色古香具有情调的空间中。摆放位置也要注意，尽量避免出现欣赏者踮脚、弯腰等现象，同时注意摆放的构图、疏密的关系。

③纪念品、摄影作品和个人收藏品。作为室内陈设，需要注意与室内整体风格相统一的原则，避免出现色彩杂乱无章的现象。这些都是反映出主人生活经历的物品，有助于增强空间的情感表达，同时能勾起美好回忆。

在摆放陈设物品时，需要注意安全性，使用稳定的支架位置，避免出现倒塌与滑落的意外，尤其在有儿童和宠物的家庭中需格外注意。

二、室内陈设的风格概述

不同的室内陈设风格代表了不同时期、不同地域所流行的室内物品的形态、布置与摆放形式，每一种风格都有其独特的形式和语言。只有抓住其形态和语言上的规律，才能在设计上得心应手。

目前室内陈设风格主要分为：东方风格、西方风格、现代简约风格等。

1. 东方风格

包括中式风格、日式风格以及东南亚风格等。

（1）中式风格

分为中式古典和新中式。

中式古典以传统文化为根基，融合儒家和谐理念，强调对称布局与轴线秩序，体现"中正平和"的哲学思想。空间以红木、紫檀等珍贵木材为主体，搭配天然石材与竹材，通过深红、棕黑主调与米白中性色交织，营造庄重静谧的氛围。家具多选用明清制式圈椅、罗汉床，配以书法、山水画及瓷器陈设，细节处精雕细刻，彰显东方审美特有的端庄雅韵。

新中式是在延续传统基因的基础上进行的现代化转译，一般保留对称布局与木质主体结构，但简化繁复装饰。色彩转向浅灰、米黄等淡雅基调，巧妙融入玻璃、金属等现代材质，形成传统榫卯结构与简约线条的对话。空间陈设保留水墨元素与博古架等符号，同时引入抽象艺术装置，实现"古意今用"的美学平衡，满足当代生活功能需求。

中国传统室内陈设所包含的文化内涵

中国传统室内陈设蕴含着深厚的文化内涵，体现了中华民族的历史、哲学、审美和生活方式。

1. 崇尚自然

中国传统室内陈设强调与自然的和谐共生，注重将自然元素融入室内空间。例如，通过花窗、门、挂落等装饰构件，将室外景观引入室内，同时利用盆景、绿色植物等增添自然氛围。

2. 哲学思想的体现

儒、道、禅等哲学思想深刻影响了中国传统室内陈设。例如，儒家的"中庸"思想体现在空间布局的对称与均衡；道家的"自然无为"则体现在对自然元素的大量运用；禅宗的"空灵"则通过简洁的空间和装饰进行表达。

3. 情感与意境的表达

中国传统室内陈设追求的不仅是视觉上的美感，更是情感和意境的传递。一般可以通过字画、古玩、盆景等陈设品，营造出一种宁静、雅致的氛围，体现主人的品位和修养。

（2）日式风格

以"侘寂"美学为核心，追求不完美中的自然美。空间布局强调极简与通透，采用低矮家具（榻榻米、矮几）实现坐卧自由。材质偏好原木、竹编和纸等天然材料，色彩素雅柔和，通过留白与简洁线条营造禅意氛围。

（3）东南亚风格

展现热带风情与异域文化，空间充满自然生命力。运用藤编家具、棕榈叶装饰与热带绿植，搭配手工木雕、蜡染布艺等民俗工艺品。色彩体系以大地色为基底，点缀橙红、翡翠绿等浓郁色调，材质多取竹木、麻绳等原生材料，塑造粗犷质朴的热带雨林感。

2. 西方风格

西方风格包括美式乡村风格、法式风格、地中海风格等。

（1）美式乡村风格

体现拓荒精神的实用主义美学。家具厚重敦实，多见做旧原木柜体、铁艺吊灯与皮质沙发，装饰元素包含格纹布艺、鹿角挂饰、复古搪瓷器具。色彩采用陶土黄、橄榄绿、铁锈红等大地色系，墙面常饰以乡村风景油画，整体营造温暖怀旧的农舍氛围。

（2）法式风格

承袭宫廷艺术精髓，呈现华丽优雅气质。空间通过雕花护墙板、拼花大理石地面与水晶吊灯构筑奢华基底，家具强调洛可可式曲线与鎏金描边工艺，搭配丝绸幔帐、鎏金镜饰与油画真迹。色彩以香槟金、珍珠白、灰蓝等柔和高雅色系为主，细节处体现精工雕刻与对称美学。

（3）地中海风格

受到地中海沿岸国家（如西班牙、希腊和意大利等）文化和自然环境的启发，主打营造清新明快的海洋意象。经典蓝白配色象征海天相接，搭配陶土黄、珊瑚红等暖色点缀。空间特征包含拱形门窗、马赛克拼贴与水波纹装饰，配饰多采用船锚、贝壳、陶罐等海洋元素，家具以做旧木艺与铁艺为主，整体呈现阳光浸润的度假气息。

3. 现代简约风格

遵循"少即多"理念，装饰性元素较少，强调功能主义与空间本质。采用开放式布局增强通透感，运用钢构、玻璃、大理石构筑极简骨架，通过隐藏式收纳保持视觉纯净。中性色调打底，局部点缀高饱和度色块形成视觉焦点，家具以几何造型为主，兼顾人体工学与模块化组合，最终营造出理性克制的空间气质。

三、室内陈设的设计原则与方法

1. 室内陈设的设计原则

（1）整体性原则

室内陈设的整体性原则是指在进行室内设计时，要确保空间中的各个元素彼此协调、统一，形成一个完整的视觉和功能体系。整体性原则包括整体风格的整体性，不应出现混乱不协调的视觉效果元素，如在中式风格中出现地中海风格中拱门这一典型元素。其次是比例和尺度的整体性，每一件陈设在整体空间中都应服从协调统一，既不过大而显得突兀，也不过小而被忽略。最后是材质和质感的整体性，不同的材质具有独特的肌理、质感以及触感，合理的搭配能够丰富其效果，如木材和布艺则会营造出田园风。

整体性原则作为室内陈设设计的核心理念之一，是让空间具备和谐美感与一致氛围的同时满足需求功能的必备条件。

（2）生态性原则

在现代室内设计中，生态性已经成为一种趋势，旨在减少对环境的负面影响，实现良性循环发展。生态性原则以可持续发展为导向，贯穿材料选择至空间运维全周期。优先采用天然环保材质，如竹木替代塑料构件调节湿度，绿植墙净化空气，再生石材减少资源消耗。设计摒弃短效潮流，以经典且实用的设计理念为核心，使空间在美观、功能和环保方面保持持久的价值，延长使用周期，也避免了过多的资源浪费。

总之，生态性原则是将功能需求、环境保护、资源节约和人类健康作为共同体，创造一个健康、舒适、可持续发展生活环境的原则。

（3）文化性原则

文化性原则是指在设计中应体现出特定地域、民族或时代的文化特征，使陈设融入空间的整体文化氛围中，创造出独特的文化感受。这需要设计师充分理解和尊重当地文化，将传统文化与现代设计相结合。例如在中国的室内设计中，常使用红色、木雕、屏风等传统元素，以体现中国文化的内敛、优雅和祥和。在继承传统文化之时，也需要根据时代的发展、人们的需求进行创新，使其适应当代审美和生活方式。

总之，通过室内陈设将空间与文化记忆相连，可以让人们在日常生活中感受到文化的美感和内涵，这种原则不仅提升了设计的艺术价值，还在现代空间中实现了对传统文化的继承与创新。

（4）创新性原则

随着经济的不断发展，新的材料、新的理念等也在不断地更新人们的认知，在全面发展的同时，越来越多的人开始追求个性化、创新性。希望借助独特的创意与独特的表达方式来展现自己。但是创新性不仅仅是单纯的装饰或视觉冲击，还涉及多种方面，一般来说，有以下几种方式。首先是需要突破传统的设计思维，例如突破传统的布局方式，传统的家具造型或者是传统的材料等等，赋予空间更多的可能性。其次是模块化组合，相比传统固定的方式来说，让空间展现出更大的灵活性。最后是使用智能化、科技化的陈设元素，不仅提升了用户体验，也赋予空间更多的未来感和科技感。此外创新的同时还需要关注细节的设计，它能让你的设计"锦上添花"，也能让你的设计"土崩瓦解"。

2. 室内陈设的设计方法

（1）丰富空间的层次

室内陈设设计中，丰富空间的层次是一种通过巧妙布置和搭配元素来增强空间感和视觉效果的设计方法。它不仅关注视觉上的美感，还强调通过细节和结构的变化，提升空间的深度和立体感。通过利用不同的材质、颜色、纹理等元素，创造出丰富的层次关系，为空间带来更加丰富的视觉体验（表6-4）。例如，通过利用不同大小和造型的植物形成不同的层次感，打破空间的单调；利用屏风、隔断或书架等元素进行空间划分，有效地增加空间层次，同时也能形成一定的私密性（图6-34）。

（2）文化保留与再现

室内陈设设计中的文化保留与再现方法，是借助空间传达特定文化背景、历史传统或地方特色，保留并再现文化的独特性和情感价值。这一方法强调在现代设计中对传统文化元素的尊重与延续，使历史和文化在当代得到新的表达和再生。在全球化与现代化的背景下，文化保留与再现成为室内设计中不可忽视的重要方向。在设计时，我们不仅要考虑空间的实用性与美观性，还要注重空间中的文化内涵，每个文化元素的选取，都不仅仅是因为其外观的装饰，也是一个历史故事或情感的传递。文化的传承也不仅限于物质本身的传播，可以通过设计让这些文化元素在当代语境中重新焕发活力。

图6-34　层次化陈设布局/河南师范大学　吴阿航

表6-4　陈设的材料与功能

材料类别	典型元素	功能属性
布艺	窗帘/地毯/抱枕	调节氛围/吸音
木质	家具/摆件/相框	自然质感/温润感
金属	灯具/装饰架/镜框	现代感/线条强化
玻璃	花瓶/隔断/器皿	通透性/空间延伸
陶瓷	雕塑/餐具/花器	艺术性/文化表达

（3）主题氛围的渲染

空间都有其特定的主题与围绕主题所形成的氛围，是室内陈设设计中塑造空间个性和情感表达的核心方法。在室内空间中，将家具、艺术装饰等元素通过艺术化的处理，营造出符合特定情绪和主题的氛围，或者进一步强化空间的视觉效果，通过感官，引发情感上的共鸣，使空间具备独特的体验感和感染力，从而给使用者身临其境的感受（表6-5）。例如，对于表达自然、舒适主题的空间设计，可能会优先选择使用天然材质和粗犷质感的元素，赋予空间一种回归自然的氛围。现代或艺术主题的空间会更倾向于简约、几何感强的家具与艺术装饰，使空间更具都市感和现代性（图6-35）。

表6-5　主题风格与陈设材料组合

设计风格	材质组合建议
北欧风	原木+亚麻+哑光陶瓷
轻奢风	丝绒+黄铜+大理石
工业风	皮质+铁艺+做旧木材

图6-35 室内陈设/河南师范大学 吴阿航

AI技术拓展应用

　　利用AI室内设计工具，在上传房间照片或输入房间尺寸后，可以生成数种不同风格的室内设计方案，一些工具支持3D可视化预览，提供个性化设计建议、家具摆放指导和风格匹配建议。

　　AI可以通过图像识别和分析技术，自动识别房间的形状、大小和布局，进行更准确的空间分析。例如，在室内设计中，AI算法可以根据空间的使用需求，优化家具布局，提高空间利用率。在建筑设计中，AI还可以通过模拟人流动态，优化建筑内外空间的布局。

　　AI可以通过机器学习技术，自动识别和推荐各种色彩搭配方案，并根据用户需求调整和优化。此外，AI还可以分析不同材质的视觉效果和性能，帮助设计师选择最适合的材料。

● 思考

1. 试分析室内空间中材料与色彩之间的关系。

2. 室内灯光设计的影响因素有哪些？

3. 室内陈设在整体空间中的作用有哪些？

第七章
专题设计后期
——项目方案展示

知识目标

1. 电脑模型制作：了解当下电脑建模所应用的相关主流软件，掌握电脑模型制作的相关知识、方法与过程。

2. 分析说明图设计制作：了解分析说明图的形式及作用，把握分析说明图的关键特点，能够准确应用不同的分析说明图来解释设计。

3. 实体模型制作：了解实体模型的制作材料、工具和基本方法，从而指导实体模型的制作实践。

4. 整体方案展示：了解展板、海报、图册等方式在方案展示中的作用，掌握排版的原则与方法。

技能目标

1. 设计软件应用能力：学习建模的过程与方法，分析图设计与制作的方法，掌握一定的软件制作方法与思路。

2. 方案展示与表达能力：掌握方案的说明与表达方法，加强表达方案的能力。

素养目标

1. 红色文化的认知：了解红色在中国从古至今的深刻含义，培养对红色文化的深入思考和理解。

2. 民族精神的传承：认识红色文化在革命历史中的重要地位，增强文化自信和民族自豪感。

第一节　电脑模型制作

　　电脑模型对于环境设计来说意义重大。使用软件技术能够在项目建设之前模拟实际效果，对于项目的尺度能够精准控制，对项目的造型进行全面展示。同时能够模拟项目所在的环境状态，甚至对于项目在不同季节、时间、天气、自然环境下的状况进行真实的展现。基于电脑模型还可以制作出项目的展示动画及漫游动画，从而对项目建成后投入使用时的状态进行模拟。

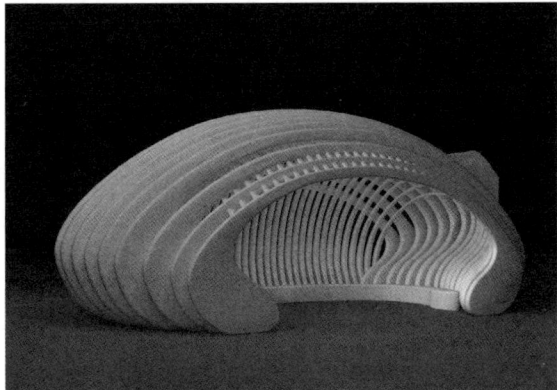

图7-1　景观凉亭设计电脑模型

　　电脑模型的制作过程中也能够方便及时发现设计中的问题，有利于设计调整方案，并且，在电脑模型的基础上能够方便快捷地生成各种项目所需图纸，大大提高工作效率（图7-1）。

一、电脑建模工具分析

　　制作项目设计的电脑模型通常需要使用多种软件，以下是一些常见的软件及其主要功能分析。

1. AutoCAD

　　用于绘制精确的二维图形和进行基本的三维建模，适用于建筑平面图、立面图、剖面图等的制作。在项目设计中的主要作用包括以下几点。

　　①精确绘图。能够绘制各种精确的二维图形，如平面图、立面图、剖面图等，满足工程设计的精度要求。

　　②三维建模。支持基本的三维建模功能，可以创建简单的三维对象，用于初步的设计展示。

　　③标注和注释。方便添加尺寸标注、文字注释等，使图纸更加清晰易懂。

　　④图层管理。通过图层功能，有效管理不同元素，便于编辑和控制图形的显示。

　　⑤协同设计。可与其他软件进行数据交互，方便团队协作和信息共享。

⑥打印输出。支持多种打印设置，能将图纸高质量地输出。

AutoCAD具有以下优势。

①行业标准。是许多行业广泛使用的软件，具有通用性和兼容性。

②精确性。确保绘图的准确性，减少误差。

③丰富的功能。提供了众多工具和命令，满足各种设计需求。

④文件格式支持。能打开和保存多种文件格式，便于与其他软件协作。

AutoCAD的不足之处有以下几点。

①学习曲线较陡峭。对于初学者来说，需要一定时间来掌握其复杂的操作。

②三维功能相对有限。与专业的三维建模软件相比，其三维建模能力可能不够强大。

③渲染效果一般。在效果图制作方面，可能需要借助其他渲染软件来获得更好的效果。

2. SketchUp

又称草图大师，是简单易用的三维建模软件，可快速创建建筑、景观等模型，并进行初步的设计构思和展示。SketchUp在项目设计中的主要作用包括以下几点。

①快速概念设计。能快速创建三维模型，帮助设计师在早期阶段探索和表达设计概念。

②直观的建模。以简单直观的方式进行建模，易于上手和操作。

③场景构建。可用于构建建筑、景观等场景，展示设计的整体效果。

④与其他软件的兼容性。可以与多种软件进行数据交换，如导入和导出其他格式的文件。

⑤丰富的插件资源。有大量的插件可供选择，扩展了软件的功能。

SketchUp具有以下优势。

①易学易用。操作简单，学习成本相对较低，适合初学者和快速建模。

②实时反馈。即时显示建模结果，方便设计师进行实时调整和修改。

③丰富的模型库。可获取大量的现成模型，节省建模时间。

④便携性。文件较小，便于在不同设备上进行查看和分享。

SketchUp的不足之处有以下几点。

①精度相对较低。在处理高精度的设计时可能不够精确。

②复杂模型处理能力有限。对于过于复杂的模型，可能会出现性能问题。

③渲染效果有限。内置的渲染功能相对简单，需要借助其他渲染软件获得更逼真的效果。

3. 3ds Max

功能强大的三维建模、动画和渲染软件，常用于制作高质量的效果图和动画。3ds Max在项目设计中的主要作用包括以下几点。

①高质量建模。可创建复杂、精细的三维模型，适用于各种设计项目。

②逼真的渲染。提供强大的渲染功能，能生成高质量、逼真的效果图和动画。

③动画制作。用于制作建筑漫游、产品演示等动画，展示设计的动态效果。

④特效制作。可以创建各种特效，如火焰、烟雾、水流等，增强视觉效果。

⑤与其他软件集成。能与多种设计软件进行数据交换和协作。

3ds Max的优势有以下几点。

①功能强大。具备丰富的建模、渲染和动画工具，满足专业设计需求。

②高质量输出。可生成高分辨率、逼真的图像和动画。

③广泛的应用领域。在建筑、游戏、影视等行业都有广泛应用。

④第三方插件支持。有众多第三方插件可扩展软件功能。

3ds Max的不足之处有以下几点。

①学习难度较高。软件功能复杂，需要一定的学习时间和经验。

②资源占用较大。对计算机硬件配置有一定要求。

③价格较高。正版软件的购买成本相对较高。

4. Rhino

擅长处理复杂的曲面和异形造型，适用于工业设计、珠宝设计等领域。主要作用包括以下几点。

①异形建模。擅长创建复杂的自由曲面和异形造型，适用于工业设计、珠宝设计等领域。

②精确建模。可以实现高精度的建模，满足对细节要求较高的设计项目。

③与其他软件协作。能与多种CAD软件和渲染器进行数据交换，方便团队协作。

④快速原型制作。可将模型导出为STL等格式，用于3D打印快速制作原型。

Rhino的优势有以下几点。

①灵活性。提供了丰富的工具和命令，允许设计师自由发挥创意。

②NURBS建模。基于非均匀有理B样条技术，能够创建光滑流畅的曲面。

③强大的编辑功能。对模型的编辑和修改非常方便，可以实时调整设计。

④兼容性好。支持多种文件格式的导入和导出。

Rhino的不足之处有以下几点。

①学习曲线较陡。对于初学者来说，掌握Rhino需要一定的时间和耐心。

②渲染功能相对较弱。在渲染方面可能不如一些专业的渲染软件强大。

③对硬件要求较高。处理复杂模型时，可能需要较高配置的计算机。

5. Revit

建筑信息模型（BIM）软件，用于创建建筑的三维模型，并包含丰富的建筑信息。Revit在项目设计中的主要作用包括以下几点。

①建筑信息建模（BIM）。创建包含丰富信息的三维建筑模型，实现设计、施工和运营的协同工作。

②图纸生成。自动生成各种平面图、立面图、剖面图等施工图纸。

③工程量统计。可以快速准确地计算建筑构件的数量和材料用量。

④碰撞检测。检测不同专业之间的模型冲突，提前发现问题并解决。

⑤可持续设计分析。支持能耗分析、采光分析等可持续设计方面的应用。

Revit的优势有以下几点。

①参数化设计。通过参数驱动模型，方便进行设计修改和优化。

②协同工作。多个专业可以在同一模型上协同工作，提高工作效率和质量。

③信息集成。将建筑的各种信息集成在模型中，方便管理和共享。

④减少错误。自动生成图纸和工程量统计，减少了人工绘图和计算的错误。

Revit的不足之处有以下几点。

①软件学习成本较高。需要一定时间来熟悉软件的操作和功能。

②对硬件要求较高。处理大型项目时，可能需要较高性能的计算机。

③灵活性相对受限。在某些特殊造型或设计方面可能不如其他专门软件灵活。

6. Lumion

实时渲染软件，可将模型导入并快速生成逼真的效果图和动画。Lumion在项目设计中的主要作用是进行实时的三维可视化和渲染，为设计师和建筑师提供了一种快速、高效地展示设计方案的方式。其主要作用包括以下几点。

①快速可视化与真实感呈现。将二维图纸或三维模型快速转化为逼真的三维可视化效果，支持高质量的图像、视频和360度全景效果。通过先进的渲染技术，生成逼真的光影效果、材质质感和环境氛围。

②丰富的素材库与环境模拟。Lumion内置了丰富的素材库，包括数千种植被、建筑元素、人物、动物、水体等，模拟不同的环境条件，如天气、季节和时间的变化，展示不同环境下的设计场景。

③高效的设计沟通与展示。实时预览和调整设计效果，创建流畅的漫游动画，支持虚拟现实（VR）技术，进一步提升了设计展示的沉浸感。

④多软件兼容与工作流程整合。支持多种主流设计软件的文件格式，如SketchUp、Revit、AutoCAD、3ds Max等，能够无缝集成到现有的设计工作流程中。

⑤后期处理与优化。丰富的后期处理功能，如色彩校正、景深调整、环境氛围优化等，进一步提升渲染效果的真实感和视觉质量。帮助设计师在最终输出前对图像和视频进行精细化调整。

Lumion的优势有以下几点。

①快速渲染。能够在短时间内生成高质量的渲染图像和动画，大大提高了设计展示的效率。

②丰富的素材库。提供了大量的材质、植物、人物等模型，方便用户快速创建逼真的场景。

③实时预览。可以实时查看渲染效果，方便进行设计调整和优化。

④简单易用。操作相对简单，不需要专业的渲染知识，适合广大设计师使用。

⑤输出多种格式。支持输出多种图像和视频格式，便于在不同场合展示设计成果。

Lumion的不足之处有以下几点。

①细节表现有限。对于一些非常精细的模型和材质，可能无法完全呈现出真实的效果。

②对计算机配置有一定要求。较高的渲染质量需要较好的硬件支持。

③学习曲线较浅。虽然上手容易，但要深入掌握其功能和技巧，还需要进一步学习和实践。

7. Photoshop

用于后期处理效果图，调整色彩、添加背景、修饰细节等。Photoshop在项目设计中的主要作用涵盖了多个方面。

①图像处理。可以对图片进行修饰、调整色彩、亮度、对比度等，使图像达到更好的效果。

②创意合成。将不同的元素组合在一起，创造出独特的视觉效果。

③界面设计。用于设计软件界面、网站页面等的布局和外观。

④效果图后期处理。对3D渲染图或其他设计效果图进行进一步的美化和修饰。

⑤插画绘制。借助各种工具和画笔，绘制出精美的插画作品。

Photoshop的优势有以下几点。

①强大的功能。提供了丰富的工具和滤镜，满足各种设计需求。

②广泛的应用领域。在平面设计、摄影、网页设计等领域都有重要地位。

③与其他软件的兼容性。能与多种设计软件协同工作，方便导入和导出图像。

④创意发挥空间大。允许设计师充分发挥创意，实现独特的视觉效果。

Photoshop的不足之处有以下几点。

①学习成本较高。掌握其众多功能需要一定的时间和学习投入。

②对硬件要求较高。处理大型图像或进行复杂操作时，需要较好的计算机性能。

③不适合精确绘图。对于需要精确尺寸和比例的设计，可能不是最佳选择。

8. Illustrator

Illustrator可用于制作矢量图形，如平面图的标注、分析图等。在项目设计中的主要作用包括以下几点。

①矢量图形绘制。用于创建精确、清晰的矢量图形，可无限放大而不失真。

②标志与图标设计。非常适合设计各种标志、图标等需要简洁、清晰表达的元素。

③排版与字体设计。可以进行复杂的排版工作，以及设计独特的字体效果。

④插画创作。提供丰富的绘图工具，便于创作各种风格的插画。

⑤与其他软件协作。能与Photoshop等软件无缝配合，提高工作效率。

Illustrator的优势有以下几点。

①矢量优势。图形质量高，文件大小相对较小，便于存储和传输。

②精确性。确保图形的准确性和一致性，适合印刷和制作高质量的输出。

③可编辑性强。随时修改图形的颜色、形状、大小等属性。

④丰富的效果和样式。提供多种效果和样式，增强图形的表现力。

Illustrator的不足之处有以下几点。

①学习难度。对于初学者来说，掌握软件的操作和技巧可能需要一定时间。

②不适合处理照片。在处理位图图像方面相对较弱，不如Photoshop功能强大。

③系统资源占用。在处理复杂图形时，可能会占用较多的计算机资源。

以上软件在项目设计的不同阶段发挥着各自的作用。具体使用哪些软件取决于项目的需求、个人偏好和团队协作情况。在实际工作中，通常会结合使用多种软件，以充分发挥各自的优势，实现高效的项目设计和展示。同时，还需要掌握软件的基本操作和技巧，不断提升建模和设计能力。

二、电脑建模过程及步骤

1. 规划与准备

（1）基地资料准备

电脑模型建立在准确的尺度与单位基础上，因此需要对项目的基地状况、范围、环境

等资料进行准备，对地形的图纸，基地
及周边一定空间范围的卫星图等进行收
集与整理。其中地形图能够作为建模初
期地形模型创建的参考，甚至数字格式
的地形图能够直接用于建模。卫星图对
建模的意义十分重要，既能辅助创建基
地及周边环境的模型，又能够将实际的
尺度与建模时的尺度进行对应，使后续
模型具有正确的尺寸单位（图7-2）。

图7-2 卫星图

（2）项目图纸的准备

在电脑建模的准备阶段，项目图纸的准备是非常重要的一步。首先需要准备建模需要
依据的卫星图、地形图以及在设计中所制作的平面图、立面图等图纸。然后将这些图纸进
行整理，通常按照从大范围到小范围的顺序，并结合建模的过程，使图纸能够配合建模的
思路，从而提高建模的逻辑性与准确性。其次，建模前需要熟悉图纸，仔细研究图纸，了
解项目的设计要求、尺寸、比例等信息，确保在建模过程中保持准确性。从图纸中提取关
键信息，如建筑的轮廓、墙体位置、门窗尺寸等，这些信息将作为建模的基础。最后，在
图纸上添加必要的标注和注释，以便在建模过程中参考，记住重要的细节和要求。

（3）制图软件的准备

根据项目建模的需要准备相应的软件，为电脑模型的制作创造良好的环境。一方面，
环境设计电脑模型是较为复杂的，在制作的过程中需要占用较大的运行内存，同时，电脑
模型是以图形的形式呈现的，对于显示的要求较高。因此，用于建模的计算机必须具备一
定的硬件条件。另一方面，需要注意软件与系统之间的兼容性，以及软件与软件之间的兼
容性问题。通常情况下，软件的版本越高，其功能就越强大，所占的空间与运行环境要求
就越高，在建模过程中所使用到的不同设计软件版本差距过大会导致文件无法正常读取，
同一设计软件低版本通常无法打开高版本所制作的模型文件。总而言之，制图软件的准备
并不一定使用最新的高版本，也不要使用过于落后的低版本，而是选择与计算机系统及硬
件条件较为匹配的软件。

2. 选择建模软件

（1）根据项目的性质选择软件

设计软件分工细致，专业性和针对性较强，市场中针对不同的设计方向也开发出了不
同的优秀建模软件以应对需求，一些软件也根据不同的使用场景提供适合个人和适合团队
的不同版本。一些功能强大的软件适合创建较为复杂的模型，而一些较为简单，易于上手

的软件能够很好地解决基础模型的创建问题，但功能难以支持较为复杂的模型。在选择软件时，可通过对项目性质的分析来整合所需的软件。

环境设计涵盖的范围较广，包括了室内外及建筑空间等范畴，而每一个项目的重点都属于具体的某一范畴，例如公园、广场的设计倾向于室外空间，展馆、餐厅等倾向于室内设计，还有一些项目倾向于整个建筑及内部空间的设计，不同的目标所需要建模的规模不同，精细程度也有所不同，例如，大型的室外项目对空间的平面规划设计要求较高，但对具体的景观、设施、铺装等细节的模型要求不高，制作太过细致反而会使表现的重点模糊不清，并且占用过多的电脑资源。而一些小型的室内设计需要对空间中的装饰要素进行交较为细致的展示，例如室内的墙面装饰、家具陈设、灯光效果、材质表现等，需要更为精细的模型支持。

（2）根据设计师个人的建模习惯选择软件

选择软件时，设计师的使用习惯也非常重要。在建模过程中，模型的实现并不一定只有一种方法或思路，也并不是只有使用某一个软件才能实现，设计师在长期专业学习与实践的过程中会积累一套个性化的建模习惯，包括建模的思路、方法及熟悉的软件。对于学生而言，在没有形成自己的建模习惯或掌握熟悉的软件前提下，可以按照行业中普遍认可的建模思路和软件进行建模，掌握较为规范的建模操作流程和方法。

（3）根据需要表现的图纸选择软件

电脑建模最终是为了输出展示设计的图片或动画，项目的各类说明图、效果图可以作为建模的目标，应根据图纸的需要来选择适合的建模软件。例如，项目需要展示出较为真实的效果图，那么可以选择擅长模拟真实场景的渲染软件，如Vray。如果项目需要制作大范围的平面图，那么可以使用CAD+Photoshop来制作。根据

图7-3 三维模型与二维素材相结合制作的效果图/
郑州航空工业管理学院 李滢琛

图纸来选择软件，需要对项目所要制作哪些图纸有较为清晰的计划，甚至在建模的过程中，不一定需要完整的模型，局部的模型加以制作即可满足图纸的需要，避免一些不必要的建模工作，提高效率节约时间（图7-3）。

3. 电脑模型创建

（1）室外空间项目

①创建地形。创建地形模型：根据地形图纸对项目的基地及周边区域创建地形模型，基地地形较为特殊且复杂的项目，需要参考含有等高线等数据的地形图纸，而对于较为普通的地形，可根据情况来把握，例如平原地区城市中的项目，可以以平面作为基地的地形，不需要创建复杂的地形模型。准确创建基地地形对后续的建模十分重要。

设置尺度单位：严格按照实际的单位尺度进行建模，如果模型的尺度与实际尺度存在差异，会直接影响后续的模型的准确性。

优化地形模型：根据需要调整模型的精度，对于项目具有直接影响的地形，模型可以制作得细致一些，如项目的基地地形，而周边环境的地形可适当简单一些，这是因为周围环境大多只用于说明项目是在什么样的环境中，而并不是需要设计的部分。

②创建项目的地面模型。参照平面图创建地面模型，可根据构成要素依次在平面方向划分出活动场地、绿化区域、水体、建筑所占区域、道路等地面区域，然后根据图纸对不同高度的地面进行抬高和降低，创建出项目内部的地面层次。

完善地面模型，按照设计图纸将不同高度的地面区域进行连接，例如在地面模型基础上创建具有坡度或层次的草坪、水体，设置阶梯、坡道等，完善地面模型。

细化地面模型，将地面模型中区域间的衔接进行处理。

如果项目包含多个层次，那么可以将每个层次的地面按照上述方法进行模型创建，最后将多个层次的模型进行组合，形成整体。

③创建项目中主体物的模型。根据立面图及其他设计图纸创建主要景观及建筑等主体物的模型，从外部到内部、从整体到细节进行模型的创建，在建模过程中严格按照实际的尺度数值。创建完成后对模型进行调整和优化，包括模型造型的调整和模型参数的调整。造型上的调整主要是使模型更加准确、美观，符合设计的要求，如在建模过程中产生更好的想法，也可对最初的设计方案进行适当的调整，但必须做出说明。参数调整是将模型的参数进行优化，例如在不影响模型的效果前提下进行减面操作，使模型占用更少的资源。最后，将制作好的主体物模型放置在地面模型中相应位置，进行模型合并。

④完善项目中的其他模型。制作项目中所需要的其他模型，例如设施、植物等，一些不需要专门设计的模型可以从网络或软件自带的素材库中获取，例如一些树木模型、假山模型、公共座椅模型等，但需要获得使用版权。然后对模型进行优化与整理，这些模型并非主体物，但依然是项目中不可缺少的要素，因此，需要综合考虑模型的质量与模型文件大小之间的关系，避免过多占用资源。最后，将制作好的模型放置在地面模型相应的位置，进行模型合并。

⑤设置材质、灯光、摄像机和渲染参数。设置材质，依次为创建的模型赋予材质，这一步骤也可以在每个模型创建完成后直接操作。但如果整体模型中包含不同软件制作的模型，则需要统一创建材质，否则很可能因为不同软件之间的兼容性问题导致材质出错。

设置光线，一般包含自然光（天光）的模拟和人工光线（灯光）的模拟，一般室外空间常以天光为主，如表现夜间的效果则需要灯光的模拟。

创建摄像机，在模型特定的位置和角度创建摄像机，以此来确保所需要输出的图纸视角，同时，通过调节摄像机参数也可以灵活地模拟不同的效果，包括不同视角、天气、空气状态等。室外空间常需要制作整体或局部的鸟瞰图、节点效果图、分区效果图等，摄像机可以根据所需角度进行放置。

设置渲染参数，设置参数后，对模型进行渲染得到需要的效果图。

⑥后期处理。对输出的效果图进行后期处理，添加人物、植物和其他装饰性素材。

调整构图，对图像的构图进行微调，确保主体突出，画面平衡。

调整色调，如对比度、饱和度等，使图片达到预期的色彩效果。

适当锐化图像，增强细节和清晰度，但要注意避免过度锐化导致的噪点和失真。使用修复工具去除图像中的瑕疵、污点或其他不完美之处。

添加特效，根据需要添加一些特效，如模糊、阴影、光晕等，以增强效果图的氛围和视觉效果。

添加文字和标识，根据需要，添加项目名称、说明文字或标识等信息。通常用于对设计的解释和说明。

优化细节，仔细检查效果图，对细节进行再次优化，如调整材质的质感、光影效果等。

输出和保存，选择合适的格式和分辨率输出效果图，并妥善保存备份。

（2）室内空间项目

①创建基础空间模型。首先参考相关的设计图纸，如原始平面图、立面图等，对室内的楼板、墙体等进行创建，制作基本的空间框架模型。通常情况下，使用CAD等专业的制图软件绘制墙体的平面图，将绘制好的平面图纸文件导入三维模型制作软件中进行挤出或推拉等操作，形成空间墙体模型。在这个过程中需要注意尺度的精确绘制，并且在导入三维软件之前将图纸中不需要的内容去除或隐藏，以免对墙体的建模产生干扰。如果项目是多层的室内空间，则按照从底层到顶层的顺序依次进行建模。最后，按照图纸的尺寸在墙体上进行门窗的开口，需要注意位置与高度。

②创建内部模型。按照设计图纸对室内中的底界面、侧界面和顶界面进行模型创建，将对于较为复杂的界面造型，可以单独建模再导入墙体模型中进行合并。

　　然后对门窗、楼梯等构件进行建模。再对室内家具及陈设进行建模，按顺序在每个空间中依次创建家具，对较为复杂的模型可以单独建模后导入整体模型中，每个空间内的家具及陈设按照从底层到表层的顺序建模。建模时应注意模型的优化，使其具有合理的布线与面数。

　　③设置材质、灯光、摄像机和渲染参数。设置材质，依次为创建的模型赋予材质，按照从外向内的顺序，首先为地面，墙体等模型设置材质，然后为门窗、界面设置材质，最后为家具与陈设设置材质。

　　设置光线，室内空间通常兼具自然光的表现与灯光效果的表现，根据真实的环境进行模拟，灯光的种类较多，每种灯光的形态、色彩、亮度、照射范围及产生的投影都有所差别，同时需要灵活应用主光源与辅助光的配合。

　　创建摄像机，在模型特定的位置和角度创建摄像机，室内空间中由于视距较近，因此容易产生较强的透视感，从而导致图像的失真，因此需要对摄像机的参数进行一定的调整以确保图像的舒适。

　　设置渲染参数，设置参数后，对模型进行渲染得到需要的效果图。

　　④后期处理。对输出的效果图进行后期处理，添加其他所需的素材。步骤参考室外空间项目的后期处理。

三、电脑模型制作技术要点

1. 理解电脑三维模型的原理

（1）模型的构建

三维模型最基础的构建方式是通过定义一系列的顶点（空间中的坐标点）来确定物体的形状轮廓。这些顶点按照一定的顺序连接形成多边形（常见的如三角形、四边形等），众多的多边形拼接在一起就构成了模型的表面。众多复杂的三维物体都是基于大量的顶点和多边形组合来实现其精细形状的呈现的。

除了多边形表示法外，对于一些具有流畅外形的物体，会采用曲线和曲面来描述。例如贝塞尔曲线、B样条曲线等，通过控制点的设定来定义曲线的形状，再由曲线构建曲面，利用这种方式能更精准且高效地塑造出顺滑自然的外观，避免使用多边形表示时可能出现的"锯齿感"。

（2）材质与纹理

在几何形状基础上，需要赋予模型相应的材质来模拟真实物体的外观特性。材质包含了如颜色、光泽度、透明度、反射率、折射率等诸多属性。例如，金属材质一般具有较高的光泽度和反射率，看起来光亮且能反射周围环境，而木质材质则相对光泽度低，颜色偏暖色调。设定不同的属性值，能让模型在渲染后呈现出不同的质感效果。

为了让模型更加逼真，设计师有时还会运用纹理映射技术，将二维的图像（纹理）按照一定的规则"贴"到模型表面上，就好像给物体穿上了一层带有图案的"外衣"。比如给一个墙面模型贴上瓷砖纹理，使其看起来像真实的贴了瓷砖的墙面。纹理可以通过拍照、数字绘制等方式获取，通过坐标映射等手段准确地与模型表面结合，可以丰富模型的细节表现。

（3）光照模拟

模拟真实世界的光照效果对于呈现逼真的电脑模型至关重要。常见的光源类型有环境光（模拟整体均匀的基础光照氛围）、点光源（类似灯泡，向四周发光）、平行光（如太阳光，光线平行照射）、聚光灯（有明确的照射方向和范围，像舞台上的聚光灯）等。不同的光源有其各自的强度、颜色、衰减范围等特性，设定这些参数可以营造出不同的光照场景。

光照模型需要依据光线与模型表面的相互作用来计算物体表面的明暗程度等效果。比如根据光线入射角和物体表面法线的夹角来计算漫反射光照强度，以及基于物理的渲染（PBR）的光照模型，能够综合考虑光线的反射、折射、散射等多种物理现象，通过复杂的数学计算来精确模拟光照效果，最终通过渲染算法将带有光照效果的模型图像输出，使其在屏幕上呈现出接近真实光影变化的视觉效果。

2. 熟练掌握图层的应用方法

（1）通过图层组织管理模型元素

在电脑模型制作过程中，往往会涉及众多不同类型的元素，比如建筑模型里有墙体、门窗、屋顶、装饰构件等，角色模型包含身体各部位、服装、配饰等。图层就如同一个个虚拟的收纳盒，可将这些不同的元素分类放置在不同图层中。这样一来，模型结构更加清晰有序，方便设计师快速定位和查找特定的元素，避免出现整个模型空间内元素混杂、难以分辨和操作的情况。例如，当需要对建筑模型中的门窗进行修改时，只要知道门窗元素所在的图层，就能迅速聚焦该图层进行操作，而不用在众多模型部件里逐个寻找。

（2）通过图层实现元素的独立编辑与控制

每个图层上的元素都可以进行独立的编辑操作，不会影响其他图层上的元素。比如调整某一图层中物体的位置、大小、旋转角度、材质等属性时，其他图层对应的元素保持不变。这为模型的精细化制作提供了极大便利，使得设计师可以灵活地对不同部分分别进行调整和完善。以制作一个室内场景模型为例，将家具放在一个图层，墙面装饰放在另一个图层，若想改变家具的布局，只需在家具图层里进行移动、旋转等操作，而不用担心会意外改变墙面装饰的状态。

（3）通过图层辅助控制为建模过程提供便利

图层具备显示和隐藏的功能，通过切换图层的显示状态，可以选择性地让某些元素可见或不可见。在复杂模型的制作过程中，这一功能十分有用。比如在创建一个包含大量细节的景观模型时，为了更专注于主体结构的搭建，暂时可以将包含其他元素的图层隐藏起来，减少视觉干扰；或者在查看模型整体效果时，隐藏一些辅助建模的参考线、临时搭建的结构等图层，使画面更加简洁，突出重点。而且，还可以根据不同的展示需求，快速切换显示的图层组合，呈现出模型不同角度、不同细节层次的样子。

（4）通过图层实现多人协作与版本管理

在团队协作制作电脑模型的场景下，图层的作用尤为凸显。不同的团队成员可以负责不同图层对应的模型部分，各自独立开展工作，然后再将所有图层整合在一起，形成完整的模型。合理分配图层工作能有效提高协作效率，减少工作冲突。同时，在模型版本迭代过程中，通过记录不同版本中图层的变化情况，也能更清晰地追溯和管理模型的修改历史，便于回溯和对比不同阶段的设计成果。

（5）通过图层有效进行渲染输出与后期处理

在渲染电脑模型时，图层可以帮助确定哪些元素参与渲染以及它们的渲染顺序等。某些图层可以设置为单独渲染，便于后期在图像合成软件中进行合成调整，添加特效等操作。并在渲染后根据需要灵活调整各图层的透明度、色彩平衡等参数，以达到理想的画面效果，满足不同镜头画面的需求。

3. 规范操作软件

（1）文件管理规范

合理命名与分类存储，为模型文件赋予清晰、表意明确且具有唯一性的文件名，最好能够体现项目名称、模型版本、制作阶段等关键信息。例如"XX商业建筑模型_V1.0_初稿"，这样方便在众多文件中快速识别和查找。同时，要建立合理的文件夹结构，按照项目类型、时间顺序、功能模块等方式对文件进行分类存储。

同时，养成定期备份模型文件的好习惯十分重要，这有助于防止因软件崩溃、电脑故障、误操作等意外情况导致文件丢失或损坏。具体操作过程中，可以利用软件的自动储存功能进行定期备份，也可以根据制作的进展主动进行备份。备份文件最好存储在不同的物理存储介质或云端空间，增加文件的安全性。

（2）建模操作规范

①遵循尺寸标准与单位统一。根据项目的实际需求和行业惯例，确定合适的尺寸单位，并在整个建模过程中保持统一。例如在建筑和室内设计模型制作中通常采用毫米为单

位。严格按照实际的尺寸数据进行建模，确保模型的比例、大小与现实对象相符，避免出现随意缩放、尺寸不准确的情况，这样才能保证后续应用（如渲染、动画制作、与实际工程对接等）的准确性。

②保持模型结构简洁合理。尽量采用简洁的几何形状和结构来构建模型，避免过度复杂、冗余的建模方式。例如能用简单的长方体、圆柱体等基本几何体组合表达的部分，就不要刻意去创建过于复杂的异形结构，除非有特殊的设计要求。同时，合理利用模型的层级关系，对相关的模型元素进行分组、关联等操作，使模型的逻辑结构清晰，便于后续的编辑、修改和管理。

③精确的顶点与多边形控制。在创建和编辑模型时，要精准地控制顶点的位置和多边形的数量及分布。对于需要光滑曲面的地方，要通过合理的细分、加线等操作来实现自然的过渡，而不是简单地增加大量多边形导致模型面数过多，影响软件运行效率和渲染速度。同时，避免出现孤立的顶点、重叠的面、非流形几何体等错误情况，这些问题可能会在后续的渲染、动画制作等环节引发异常。

（3）材质与纹理应用规范

首先应根据设计需求和现实中物体的材质特性，准确设置模型的材质属性，如颜色、光泽度、透明度、反射率、折射率等。例如，模拟金属材质时，要将光泽度和反射率设置得较高，体现金属的光亮质感。模拟布料材质时则相应地调低光泽度，并设置合适的纹理和颜色来表现布料的柔软和纹理特征，确保材质效果逼真且符合实际物体的外观表现。

其次要合法获取与正确使用纹理。纹理图像的获取要遵循合法合规的途径，优先使用有版权授权的纹理资源，或者自行拍摄、绘制的纹理素材。将纹理映射到模型表面时，要确保纹理的坐标映射准确，避免出现拉伸、扭曲、重复不自然等现象，使纹理能够自然地贴合在模型上，真实地展现物体表面的细节。

（4）光照设置规范

首先根据场景的特点和想要营造的氛围，选择合适的光源类型，如环境光、点光源、平行光、聚光灯等，并合理确定光源的数量、位置、强度、颜色等参数。例如在模拟室内场景时，可能需要多个点光源来模拟灯光照明效果，而模拟室外白天场景可能以平行光（类似太阳光）为主光源，同时要注意光源布置避免出现光照过强、过暗或阴影效果不自然等情况，使整个场景的光照均匀、自然且符合现实逻辑。

其次，光照效果符合物理规律。在计算光照效果时，尽量遵循物理规律，采用符合实际的光照模型，如基于物理的渲染（PBR）光照模型等。考虑光线的反射、折射、散射等物理现象以及物体之间的相互影响，让模型表面的光照表现更加真实，避免出现不符合常理的光照现象，比如物体在没有光源照射的情况下却出现异常反光等情况。

（5）动画制作规范

在为模型添加动画效果时，要准确地设置关键帧，明确每个关键帧上模型的位置、旋转角度、缩放比例等状态信息。关键帧之间的过渡要自然流畅，符合动画的运动规律，例如物体的加速、减速、停顿等动作变化要合理，避免出现生硬、跳跃的动画效果。另外要注意动画时间与节奏把控。合理安排动画的时间长度以及各部分动作的节奏，根据动画的主题和表现目的来确定整体的快慢节奏。例如在某室外空间项目的漫游动画中，对于节点处可适当做一定时间的停留、减缓等操作，对于道路或较为普通的空间可适当加快速度。

（6）团队协作规范

首先应明确分工与沟通机制。在团队协作制作模型时，要提前明确每个成员的工作职责和负责的模型部分，制定详细的分工计划，避免工作重叠或出现职责空白的区域。同时，建立良好的沟通机制，如定期的团队会议、即时通信群组等，方便成员之间及时交流项目进展、遇到的问题以及解决方案等，确保整个团队协作顺畅，模型制作高效推进。

其次，注意版本控制与整合流程。采用合适的版本控制系统，对模型文件进行版本管理，记录文件的修改历史、版本差异等信息，方便回溯和对比不同阶段的模型情况。在整合团队成员各自制作的模型部分时，要遵循统一的整合流程，检查模型之间的兼容性、比例一致性、坐标系统是否匹配等问题，确保整合后的模型完整、准确且能正常使用。

第二节　分析说明图设计与制作

分析说明图用于对设计方案进行全方位的解释和说明，在方案完成之后，往往需要通过展板、设计说明书等形式进行对项目完整的讲解，因此需要制作大量的分析说明图，分析说明图的质量也直接影响到项目能否被更容易地理解。在后期方案展示过程中十分重要，分析说明图包括对项目设计前期的各项调研分析及对项目设计方案进行的解释说明。也可以将分析图与说明图作为同一概念来指代所有用于分析及说明的图示。

一、分析说明图的构成要素和形式

1. 分析说明图的构成要素

分析说明图由图形、文字和一些标记符号构成，其目的是通过各要素的组织与表达从而精准说明某一问题或阐述某种理念。其构成要素可以从以下两方面理解。

（1）主体图形

分析说明图中的主体图形是说明某一问题的关键，在前期分析图中，主体图形用来表现基地的现状，其中包含了区位、地形特征、自然环境、人群、交通、历史文化和周边环境等相关信息，而这些要素的内容复杂，信息量大，那么主体图形的设计与表现能够在一定程度上概括多种信息、强调关键信息、表现不同的信息之间的关系。因此，设计主体图形时需要进行深入的思考，例如，在分析某项目基地周边环境的时候，可以将周围的交通情况、人群分布、区域类型、城市节点等信息综合在一张图中，通过这张图，能够了解项目周围的多种因素。但这张图由于信息量较大，需要精心设计，使各种信息互相之间能够清晰且明确，不会相互混淆，这也对设计这张分析图提出了更高的要求。

（2）说明文字

文字的辅助说明同样至关重要，环境设计说明的过程中大多数图纸都需要辅助文字说明，对前期的调研分析图来说，每一张分析图都在说明特定的现状或现象，而这个现状或现象一定是某个或多个问题的反映，而文字说明就是将这些现状所反映的问题进行总结，使之被明确地提出，这样才能引导提出问题的解决方案，也就是设计的方向及目标。

对设计完成后用于解释设计方案的说明图来说，说明文字更是必要的环节，在这个过程中，文字用于进一步解释设计的思路、创意或造型特征，确保所有人都能够正确理解设计的意图。例如某建筑外观设计的整体造型较为抽象，在对该建筑造型进行解读时，如果只有效果图，那么最多会让人们以为这是一个造型非常抽象的建筑，也许较为时尚，也许较为另类，对其设计的解读也仅停留在每个人的主观理解层面。但辅助文字说明之后，就可以让每个人准确了解建筑的设计思路，例如使用了什么元素、为什么要用这个元素、造型有什么含义等等，只有全面了解设计的思路和手法，才能体会到设计的巧妙之处（图7-4）。

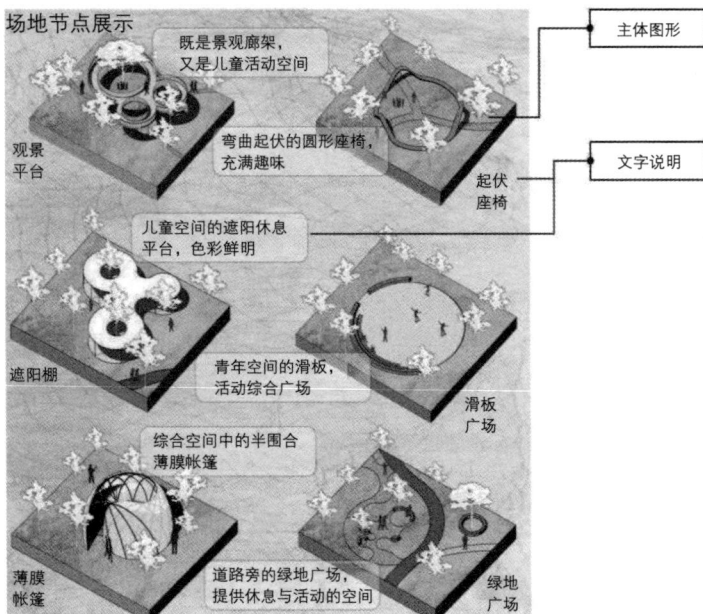

图7-4　文字说明/郑州航空工业管理学院　罗博文

2. 分析说明图的形式

（1）图表

在环境设计分析图中，图表是直观呈现各类信息的重要工具，由于图表的形式较为抽象，因此多用于分析各类数据信息，如降水量、人流量、比例分布或数据变化等前期分析。不同类型的图表适用于展示不同的数据与分析内容。环境设计分析图中常见的图表有以下几种。

①柱状图。以等宽的柱状图形表示数据，柱状图形的高度与所代表的数据大小成正比。它能清晰地对比不同类别数据的数量或数值大小，视觉效果直观明了。在环境设计中，常用于对比不同区域的面积、不同功能空间的使

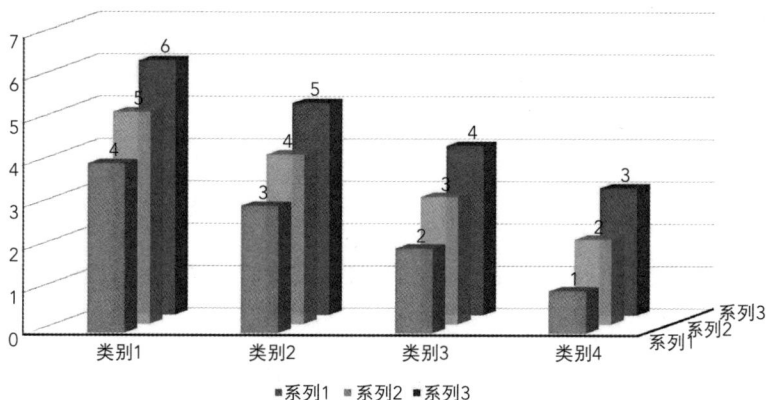

图7-5　柱状图参考

用频率、不同时间段内的人流量等。例如，展示不同功能区（如休闲区、商业区、办公区）的占地面积，通过柱子高度差异，能快速看出各功能区面积的大小关系，帮助设计师合理规划空间布局（图7-5）。

②折线图。通过将数据点连接成折线，来展示数据随时间或其他连续变量的变化趋势。折线的起伏能清晰地反映出数据的增减变化情况。折线图适用于分析环境设计中与时间相关的数据，如不同季节的温度变化对场地使用情

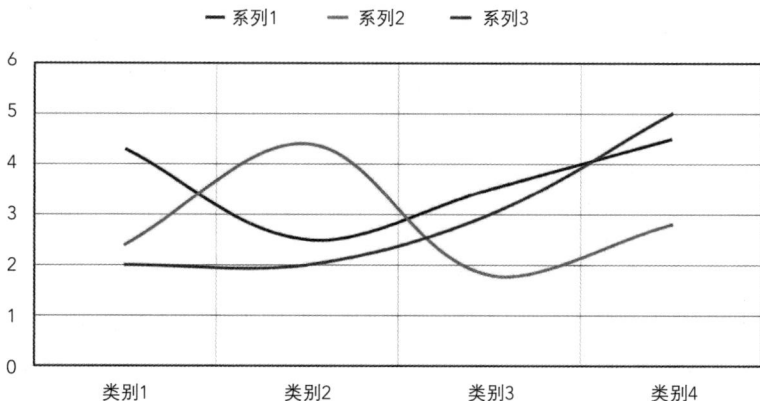

图7-6　折线图参考

况的影响、建筑能耗随时间的变化趋势等。例如，分析某公园在一年中不同月份的游客数量变化，通过折线图可直观看到游客数量的高峰和低谷，为公园的运营管理和设施规划提供依据（图7-6）。

③饼状图。将一个圆形划分为若干扇形，每个扇形的面积代表该部分数据在总体中所占的比例。它能直观地展示各部分数据与整体之间的比例关系。常用于呈现环境设计中各组成部分的占比情况，如场地内不同植被类型的覆盖面积占比、不同功能空间在总建筑面积中的占比等。例如，在一个景观设计项目中，用饼状图展

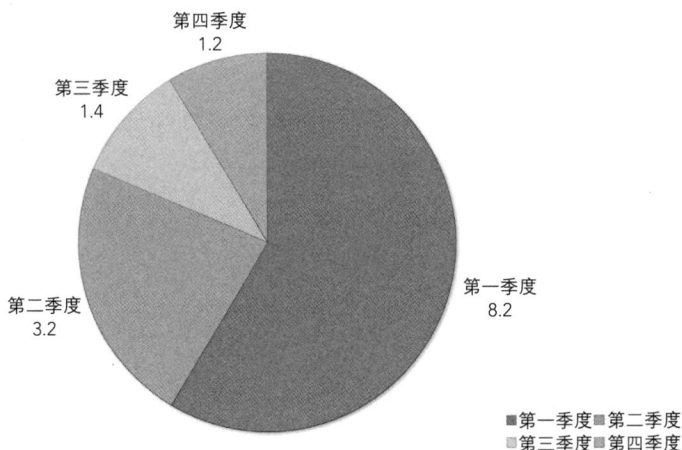

图7-7　饼状图参考

示不同花卉品种在花坛中的种植面积占比，可帮助设计师了解花卉配置的合理性，以便做出调整（图7-7）。

④散点图。在平面坐标系中，通过散点的分布来展示两个变量之间的关系。散点的位置由两个变量的值决定，通过观察散点的分布形态，可以判断变量之间是否存在某种关联。在环境设计中，散点图可用于分析环境因素之间的关系，如建筑的采光系数与窗户面积和朝向之间的关系、场地的噪声水平与距离交通干道距离的关系等。例如，研究不同住宅户型的采光效果与窗户面积的关系，将每个户型的窗户面积和对应的采光系数作为坐标值绘制散点图，若散点呈现出一定的趋势，说明两者之间存在相关性，为优化户型设计提供参考。

⑤雷达图。以从同一点开始的轴上表示的三个或更多个定量变量的二维图表的形式呈现。每个变量都有自己的坐标轴，这些坐标轴以相同的中心为起点，呈辐射状分布，轴上的点连接起来形成一个多边形。它能直观地展示多个变量在不同类别或个体上的综合表现。雷达图用于评估环境设计方案的多个方面，如对不同建筑设计方案从美观性、功能性、经济性、环保性等多个维度进行综合评价。通过雷达图，可清晰看到每个方案在各个维度上的表现，以及各方案之间的优势和劣势对比，辅助设计师做出决策。

⑥面积图。类似于折线图，但将折线与坐标轴之间的区域填充颜色，以强调数据的总量和变化趋势。面积的大小直观地反映了数据的累积量。面积图常用于展示环境设计中随时间或其他变量变化的总量数据，如某城市在不同年份的绿化面积增长情况、建筑在不同施工阶段的能耗累积情况等。通过面积图，能更直观地感受到数据的总体变化趋势和增长幅度（图7-8）。

（2）图标

图标是经过高度提炼和概括的图形，通常以简洁的几何形状、图案或形象化的符号组成，用于代表特定的事物、行为、概念或信息。它不依赖于文字描述，而是凭借直观的视觉形象让观者快速理解其含义。图标具有简洁性、直观性、象征性、通用性等特点，同时具有信息传递、引导操作、美化装饰、分类与组织等功能，在环境设计分析说明中灵活应用图标表现能够为设计说明带来良好的效果（图7-9）。

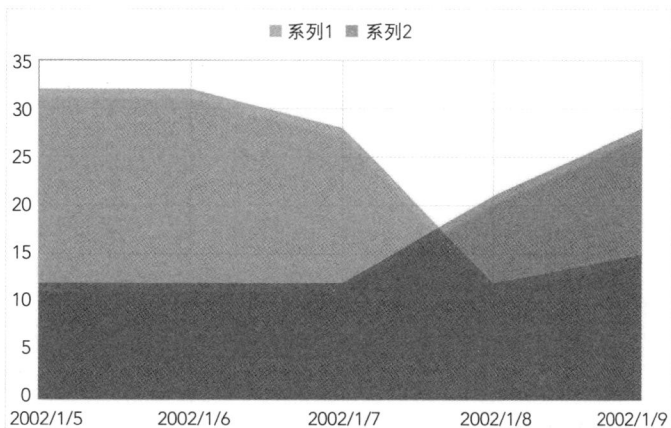

图7-8　面积图参考

图7-9　图标

①信息可视化。环境设计涉及众多复杂元素，如地形地貌、建筑布局、交通流线等。图标能将这些信息简化为易于识别的图形，快速传达核心内容。通过独特的图标设计，可强调重要信息。如在分析场地生态要素时，濒危物种栖息地用特定图标醒目标识，设计师能聚焦关键区域，优先考虑保护与设计策略。

②增强可读性。图标具有图形化特征，不受语言限制，全球通用。不同地区设计师、客户及公众都能轻松理解其含义。在进行国际合作项目或向不同文化背景人群展示设计方案时，图标能确保信息准确传达，避免语言翻译造成的误解。当前很多专业学科竞赛都是国际赛事，运用图标可有效增强设计方案的可读性。同时，相比文字，图标更直观形象。对于非专业人士，理解环境设计专业术语和复杂数据较困难，图标能将专业信息转化为大众易懂的图形，如用轮椅图标表示特殊群体。

③提升专业性。环境设计行业有一套约定俗成的图标体系，使用这些标准图标，能使分析图更规范、专业。如统一用特定图标表示不同类型建筑，体现设计师对行业规范的掌握，提升设计方案可信度。丰富多样的图标也体现了设计师对环境各要素的全面考量。从地形地貌、植被绿化到交通设施、功能分区，各类图标运用表明设计师对场地进行深入分析，为设计方案提供有力支撑。

④强化视觉效果。图标形状、颜色多样，为分析图增添视觉元素，丰富画面层次。彩色图标在黑白线条图基础上，可以增强视觉吸引力，使分析图更生动。合理布局图标，有助于引导受众视线。重要信息图标置于中心或突出位置，吸引受众关注关键内容，如场地核心景观图标吸引目光，强调设计重点。

（3）图例

图例是可视化表达中不可或缺的部分，它以列表、图示或说明文字的形式，对可视化作品中出现的各种视觉元素赋予明确含义。通过图例，观众能够将看到的图形符号与实际代表的事物、概念或数据相对应，从而准确解读可视化内容所传达的信息。例如在一张地质地图上，不同颜色的区域代表不同的岩石类型，图例就会详细说明每种颜色具体对应的岩石种类，让读者能够读懂地图所展示的地质信息。在环境设计的分析说明图中，图例有以下作用。

①图标、色彩及图案的解释。环境设计分析图会使用大量图标代表不同元素，通过颜色在环境设计分析图中常传达特定信息，使用各种图案来表示不同元素或特征。如用特定图标、色块或图案表示建筑、树木、水体，让读者清晰了解每个要素所代表的具体内容。确定图例，可以保证整个分析图中图标、色彩和图案使用的一致性和规范性。所有相同类型的元素一定要统一表示，避免因使用混乱导致读者误解（图7-10）。

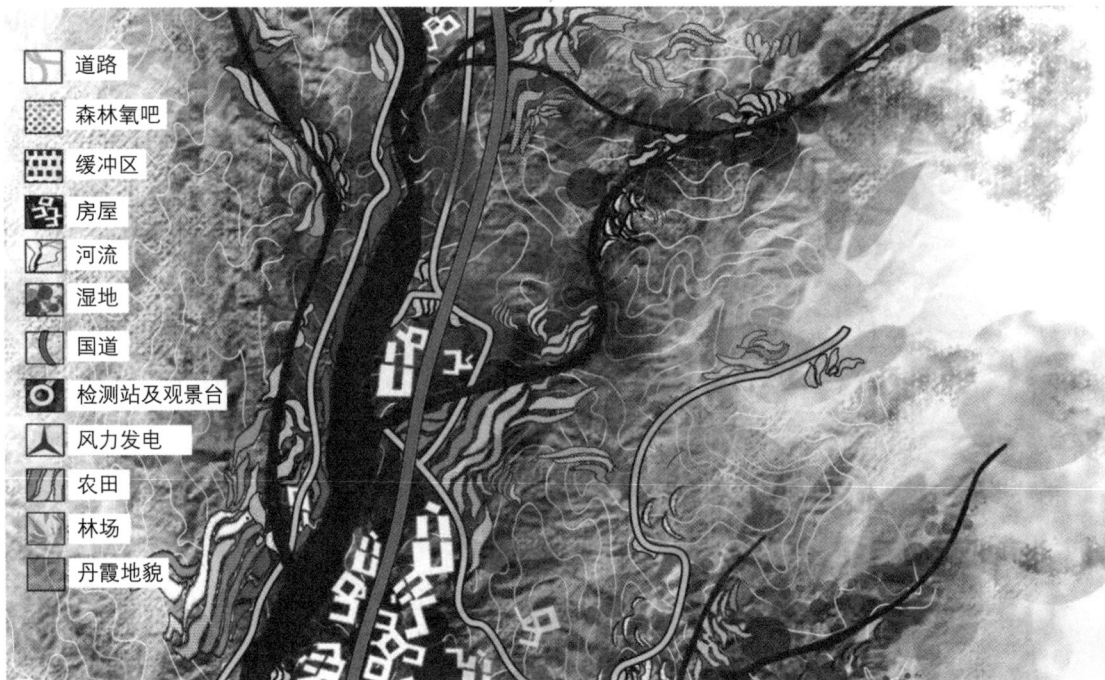

图7-10　环境设计中的图例/郑州航空工业管理学院　王梓筱

②数据及分析结果说明。当分析图包含量化数据，如用不同颜色或图案的柱状图表示不同区域的面积、不同时间段的人流量等，图例可以对这些数据的含义及所代表的具体数值范围进行解释。对于分类数据，如不同类型的土壤、不同材质的建筑表面等，图例可以清晰界定每个类别对应的图形或颜色。同时环境设计分析图最终会得出一些分析结果，图例可以对这些结果进行说明。

分析图往往会结合设计策略一同展示，图例将分析结果与相应的设计策略进行关联。比如在日照分析图中，图例说明"阴影部分表示日照不足区域，对应设计策略为在此区域种植耐阴植物或设置休闲遮阳设施"，可以使读者清晰了解分析结果与设计策略之间的逻辑关系。

③引导阅读。图例通常位于分析图的显著位置，方便读者在查看分析图时快速定位。当读者对某个图标、颜色或数据有疑问时，能迅速从图例中找到答案，提高阅读效率。例如，在一张复杂的城市规划分析图中，读者可通过查看图例快速了解不同功能区的图标表示，进而准确理解各区域的分布和相互关系。合理编排的图例能引导读者按照一定逻辑顺序阅读分析图。例如，先解释基础元素的图标，再说明基于这些元素的分析数据和结果，最后阐述相关设计策略，帮助读者逐步深入理解分析图所传达的整体信息。

（4）图示

图示是专门用于解释、说明或展示某一特定内容的示意图，一般配有解释性的文字说明，在环境设计中具有不可替代的重要作用。通过图示，设计师能够清晰、直观地传达设计理念、空间布局和功能划分等信息。图示可以展现设计方案的细节，如景观节点、交通流线、绿化配置等，使读者能够快速把握设计的核心要点（图7-11）。图示具有以下特征。

①明确的目的性。图示的设计始终围绕着其要解释或展示的内容进行，确保每一个元素、每一条线条都有其存在的意义，不添加任何冗余的信息。这种明确的目的性使得图示在传达信息时能够直击要害，避免读者的注意力被分散。

②高度的概括性。图示通过简化、提炼设计方案的关键信息，以简洁明了的方式呈现出来。这种高度的概括性不仅使得图示易于理解，还能够让读者在短时间内获取大量的设计信息，提高阅读效率。

③直观的形象性。图示利用图形、线条、色彩等视觉元素，将抽象的设计理念、空间布局和功能划分等信息转化为直观的形象。这种直观的形象性使得图示在传达信息时能够跨越语言和文化的障碍，实现无障碍的沟通。

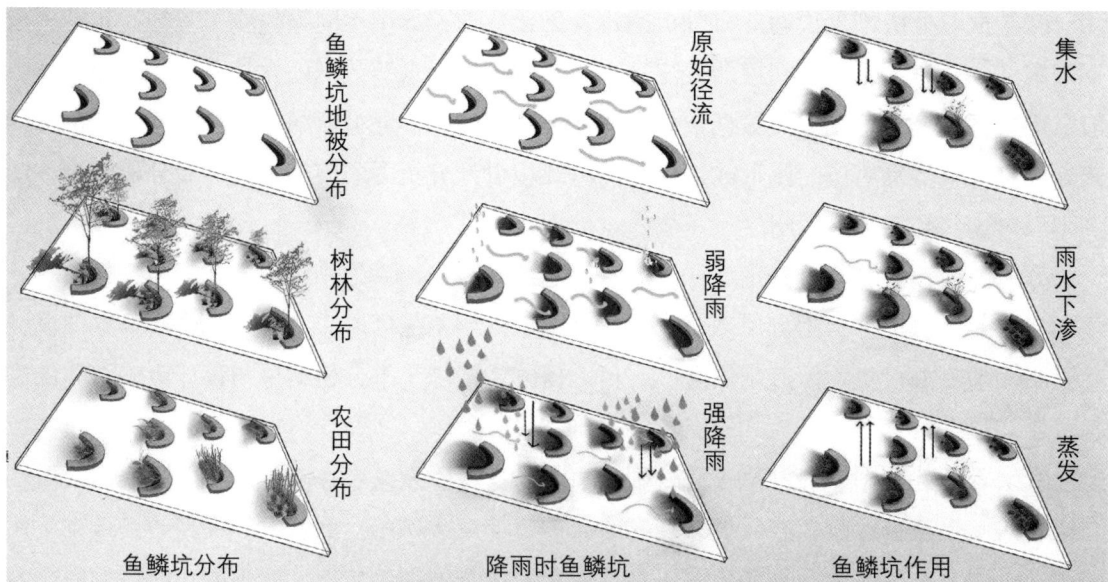

图7-11　环境设计中的图示/郑州航空工业管理学院　王梓筱

二、分析说明图的设计原则

1. 综合使用各种表现形式

在环境设计方案展示中，综合运用不同的分析说明图表现形式，能从多个维度提升展示效果，帮助设计师更好地传达设计理念，让受众深入理解设计方案。

（1）全面呈现设计思路

①多维度分析。环境设计涉及众多因素，不同表现形式可分别聚焦不同方面。例如等高线图和地形剖面图能精确展示场地的地形地貌，让受众了解地势起伏、坡度变化，为建筑布局和景观规划提供基础。而区位图则从宏观角度展示场地在城市或区域中的位置，以及与周边基础设施、自然环境的关系，帮助受众把握场地的整体背景。

②深度阐释设计逻辑。功能分区图以直观的图形和色彩，划分不同功能区域，展示各功能区的布局与相互关系。流线分析图则用箭头和线条表现人流、物流等的流动方向和路径。两者结合，能清晰呈现设计如何满足使用者的功能需求，以及各功能之间的互动逻辑。

（2）增强受众理解

①满足多元认知需求。受众对信息的接受方式各异，有人擅长从数据中获取信息，有人则更易理解直观的图形。数据图表可提供精确的数据支撑，如不同功能区的面积占比、场地内不同植被的数量统计等。而意象图、概念草图等图像化形式，能以生动的视觉形象传达设计的理念和氛围。

②建立系统认知框架。通过综合运用多种分析说明图，受众能在脑海中构建起关于设计方案的系统认知框架。从场地分析到功能规划，再到空间设计和细节展示，不同表现形式的分析图相互关联、层层递进。例如，先通过场地分析图了解现状，再依据功能分析图理解设计如何满足需求，接着通过空间分析图感受设计营造的空间效果，最后通过细节放大图关注设计亮点，使受众全面、深入地理解设计方案的全貌。

（3）提升视觉吸引力

①丰富视觉层次。单一的表现形式易使展示显得单调，而多种分析说明图结合能创造丰富的视觉层次。例如，在展示中交替使用简洁的线条图、色彩丰富的渲染图、数据清晰的图表等，使画面在简洁与丰富、抽象与具象之间切换，吸引受众的注意力。在景观设计展示中，先用线条勾勒的平面图展示整体布局，再用色彩绚丽的效果图呈现景观节点的实际效果，最后用图表分析植物配置的生态效益，丰富的视觉变化能让受众始终保持关注。

②强化设计亮点。针对设计中的重点和亮点部分，可采用特写图、对比图等形式加以突出。比如，对于创新性的生态设计元素，用特写图展示其细节构造，再通过对比图展示采用该设计前后环境指标的变化，以强化亮点，加深受众对设计独特之处的印象。在绿色建筑设计展示中，用特写图展示太阳能板的安装细节，对比图呈现使用太阳能前后建筑能耗的降低，突出绿色设计的优势。

（4）提高沟通效率

①适应不同展示场景。不同的展示场景对信息传递的要求不同。在正式的汇报场合，可能需要详细、规范的分析图和数据图表，以体现设计的科学性和严谨性。而在与团队成员的讨论或与客户的初步沟通中，草图、示意图等简单直观的形式更便于快速交流想法。综合运用多种形式，能灵活适应各种场景。

②促进跨专业协作。环境设计涉及多专业领域，不同专业人员对信息的关注点不同。设计师通过综合运用多种分析说明图，能更好地与各专业人员沟通。例如，用工程图纸向施工团队展示建筑结构和技术细节，用效果图向市场营销团队传达设计的市场吸引力，用生态分析图与生态专家探讨设计的生态影响，促进各专业间的协作与配合，确保设计方案顺利实施。

2. 灵活把握抽象与具象表现

在环境设计方案展示中，分析说明图的抽象与具象表现形式各有其独特优势，适用于不同的场景和目的。

（1）抽象的表现形式适用情况

①概念初期探索与表达。在设计项目的起始阶段，设计师脑海中的想法往往较为模糊和宽泛。抽象表现形式能够快速捕捉这些初步的灵感，将其以简洁的图形、线条或符号呈

现出来。例如，用简单的几何图形代表不同功能区域，通过线条连接表示它们之间的关系，帮助设计师梳理功能分区的逻辑，确定空间组织的大致方向。当设计方案围绕着某种抽象的理念展开，如"流动的空间""生态共生"等，抽象表现形式能更好地传达这种概念。

②突出关键信息与关系。环境设计涉及众多复杂因素，如场地的地形地貌、交通流线、功能布局等。抽象表现形式可以对这些信息进行高度概括和提炼，去除无关细节，突出关键要点。通过抽象的图形和符号，能够清晰展示各元素之间的逻辑关系。在功能分析中，使用不同形状的图形代表不同功能区，用线条的粗细或虚实表示功能联系的紧密程度，帮助受众理解设计方案中各部分如何相互作用（图7-12）。

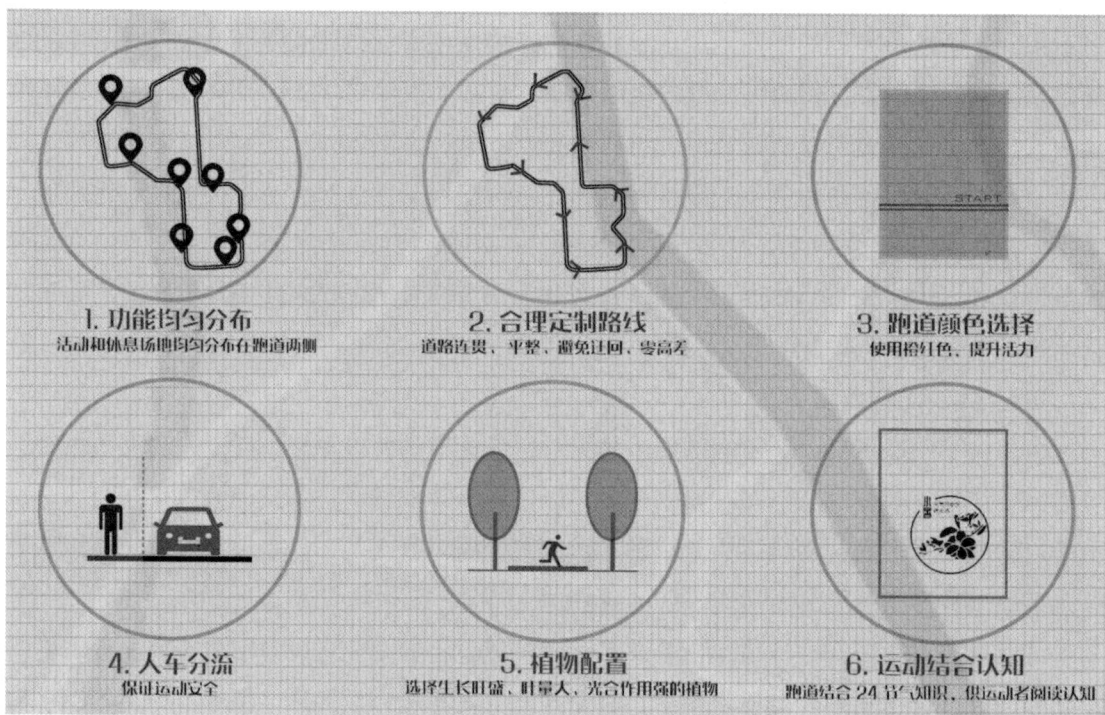

图7-12　抽象的分析图表现形式/郑州航空工业管理学院　武淑静

③激发受众想象与思考。抽象的表现形式不追求对现实的精确描绘，而是要留给受众更多的想象空间。在展示一些创新性或实验性的设计方案时，这种开放性能够激发受众的思考，让他们根据自己的经验和理解去解读设计意图，从而产生更深入的讨论和交流。某些抽象的图形、色彩和布局能够唤起受众特定的情感反应。

④快速沟通与讨论。在设计团队内部讨论过程中，时间通常较为紧迫，需要快速表达想法和交换意见。抽象表现形式可以在短时间内绘制完成，方便设计师之间快速沟通设计思路、提出修改建议，提高讨论效率。在与客户进行初步沟通时，抽象的分析说明图能够

以简洁的方式传达设计的大致方向和主要概念，避免过早陷入细节，让客户在短时间内对设计方案有一个整体的认识，便于他们提出针对性的反馈和意见。

（2）具象的表现形式适用情况

①展示真实效果与细节。当需要向受众展示设计方案的最终呈现效果时，具象表现形式能够以逼真的图像让受众直观地感受到设计完成后的样子。对于设计中的关键细节，如建筑的材质纹理、景观小品的具体造型、室内家具的款式等，具象表现形式可以精确地描绘出来。这对于确保设计方案的质量和可实施性非常重要，同时也能让受众更好地理解设计的独特之处和价值所在。

②增强可信度与说服力。在一些需要依据实际数据或科学依据进行设计的项目中，具象表现形式可以通过图表、模型等方式准确呈现相关信息，增强设计方案的可信度。具象的分析说明图如详细的施工图、节点大样图等，能够提供准确的尺寸、材料和工艺等信息，指导施工过程，确保设计方案能够准确无误地实施。

③面向非专业受众。对于不具备专业设计知识的受众，如普通居民、社区业主等，具象的表现形式更容易理解。相比于抽象的图形和符号，逼真的图像和直观的模型能够让他们更轻松地明白设计方案的内容和对他们生活的影响。具象的展示能够让非专业受众更直接地感受到设计方案的魅力和优势，从而更容易获得他们对设计方案的认可和支持。在城市公共空间设计中，通过精美的效果图展示新的广场、公园等空间的活力与吸引力，有助于争取公众对项目的支持。

3. 表现风格与项目主题一致

在环境设计方案展示中，分析说明图的表现风格与设计方案主题一致，能增强方案的整体表现力与传达效果，使受众更好地理解设计意图。具体方法如下。

（1）紧扣主题选择视觉元素

①提炼主题核心元素。深入解读设计方案主题，挖掘其中最具代表性的元素。例如，以"工业遗址改造"为主题的设计，可提取旧机器零件、生锈金属、废弃管道等元素；若主题是"热带雨林风情"，则可提炼出高大的棕榈树、色彩斑斓的热带花卉、蜿蜒的溪流等元素。

②元素应用。将这些元素融入到分析说明图的各个部分。比如在场地分析图中，用旧机器零件的简化图形作为标注符号，或在功能分区图里，以热带花卉的图案来标识休闲区域，使分析图从视觉元素上就与主题紧密相连。

（2）依据主题设定色彩基调

①主题关联色彩情感。不同主题传达不同情感，色彩是表达情感的重要手段。例如，"活力校园"主题可选用充满活力的色彩，如象征活力与热情的橙色、代表生机与希望的

绿色等；"历史文化街区"主题则适合使用沉稳、古朴的色彩，如灰色、棕色，以体现历史的厚重感。

②色彩应用。确保选定的色彩基调在所有分析说明图中统一运用。无论是交通流线分析图，还是植物配置分析图，都遵循这一色彩体系。如在"活力校园"的交通流线图中，用橙色表示主要人流路线，绿色表示次要路线；在"历史文化街区"的建筑风貌分析图中，以灰色描绘建筑主体，棕色表现木质结构部分。

文化小课堂

红色与中国文化

红色不仅是自然界的一种颜色，更是中华民族精神的重要象征，代表着吉祥、喜庆、热烈、勇敢、奋斗和牺牲等多重意象。在传统文化中，红色象征着火与太阳，寓意光明、希望和吉祥如意，广泛应用于婚嫁、节日装饰和建筑等场景，展现了其祥瑞喜庆的文化内涵。在近现代，红色被赋予了革命和进步的象征意义，成为中国共产党党旗、国旗、军旗以及少先队队旗的颜色，象征着革命先烈的鲜血和对共产主义理想的追求。在艺术与设计领域，红色被广泛运用于绘画、建筑和装饰中，反映了古代中国人对色彩的深刻理解和精湛技艺。红色的色彩来源丰富多样，包括矿物质颜料、植物颜料和动物颜料等。在现代社会，红色文化依然具有重要的时代价值，它不仅是中华民族传统文化的重要组成部分，也是中国共产党精神谱系的重要象征。通过保护和传承红色文化资源，红色文化在新时代焕发出新的光彩，继续激励着中国人民不断前进。

（3）根据主题确定图形风格

①选择契合主题的风格。根据设计方案主题特性选择图形风格。现代简约风格的主题，图形应简洁明了，多运用几何形状和简洁线条；自然生态风格的主题，图形可采用较为写实、生动的手绘风格，以表现自然元素的形态。比如在"现代简约办公空间"设计中，用简洁的矩形和线条来表示办公区域和家具；在"自然生态公园"设计里，用手绘的树木、花草图形展示植物分布。

②保持风格统一连贯。在整个方案展示的分析说明图中，始终保持一致的图形风格。若在功能分区图中采用了卡通风格的图形来表示不同功能区，那么在其他分析图如景观节点分析图中，也应延续这种卡通风格，确保视觉上的连贯性。

（4）结合主题规划文字表述

①语言风格符合主题。文字表述要与主题风格相符。对于科技感十足的主题，文字应简洁、专业，多使用科技词汇；对于强调人文关怀的主题，文字则应更具亲和力和故事性。例如在"智能生态住宅"的分析说明中，可以使用"智能感应系统""生态节能技

术"等专业词汇；在"社区共享花园"的介绍里，就可以讲述居民参与花园建设的故事，使文字充满人文气息。

②字体选择符合主题。字体的选择能够强化主题氛围。传统风格的主题可选用书法字体或具有传统韵味的衬线字体；现代风格的主题适合简洁的无衬线字体。比如在"中式园林"设计方案中，可以使用书法字体来书写景点名称和相关说明；在"现代艺术广场"的设计方案中，可以采用简洁的无衬线字体体现现代感。

（5）围绕主题统一表现手法

①确定主要表现手法。根据设计方案的特点和主题需求，确定一种主要的表现手法。如对于强调真实效果的商业建筑设计，可采用写实的效果图表现手法；对于注重创意和概念的景观设计，概念草图的表现手法可能更合适。

②辅助手法协调统一。如果在展示中需要结合多种表现手法，要确保它们之间相互协调。例如在以写实效果图为主的酒店设计展示中，为了说明设计理念，可在前期的概念分析部分使用简单的概念草图，并且草图的绘制风格、线条粗细等要与写实效果图在整体风格上保持一致，使整个展示和谐统一。

三、分析说明图的制作方法

1. 明确分析或说明的目的与内容

在明确设计项目的性质与需求的基础上，根据项目要求，确定分析及说明的重点，例如场地现状、交通分析等。以城市公园设计为例，应重点分析场地周边人流、现有地形地貌对公园功能布局的影响。围绕确定的分析方向，梳理具体分析内容。例如，场地分析应涵盖地形地貌、植被分布、周边环境等方面，功能分析则涉及各功能区的定位、面积及相互关系。以校园设计为例，功能分析需明确教学区、生活区、运动区的位置与联系。

2. 收集与整理资料

对现场调查所获得的各项成果进行细致整理。涵盖场地尺寸、地形数据、建筑布局、植物种类等详细信息。通过现场拍摄的照片，为分析图提供直观的素材支持。例如，在老旧街区改造项目中，可以通过实地调查建筑的外立面状况、街道宽度以及周边店铺的经营状况，从政府部门和专业机构获取与项目相关的数据，包括人口统计数据、气候资料、城市规划文件等。然后将搜集到的资料按照不同类别进行整理，例如地形资料、人文资料、功能需求资料等。最后通过制作表格、图表对数据进行初步处理，例如统计不同植被的覆盖面积、不同年龄段的人口比例等，使资料更加清晰有序，便于后续的分析工作。

3. 选择合适的图示类型

根据分析和说明的内容，选择适当的图表类型。例如：地形分析宜采用等高线图或剖面图以展示地形的起伏变化；功能分区则可通过气泡图或色块图来反映各功能区域之间的关系及其分布状况；交通流线分析则适宜使用箭头线图来表示人流和车流的走向。选择图表类型时还应考虑目标受众的不同，若目标群体为非专业人士，应选用简洁明了、易于理解的图表，反之，若面向专业同行，则应使用更为精确和专业的图表，如附有详细标注的专业分析图。在向社区居民介绍小区改造方案时，采用直观的示意图，帮助居民更好地理解；而在向专家汇报设计方案时，则应使用专业分析图以展现设计的深度和专业性。

4. 绘制分析说明图

首先，在纸上或利用绘图软件的草图功能，初步构建分析图的框架。明确图示的布局、元素位置以及大致的比例关系。例如，在绘制场地分析图的草图阶段，需先确定地形、建筑、道路等元素的位置，并考虑如何清晰地展现它们之间的相互关系。基于草图，在专业的绘图软件（例如AutoCAD、Adobe Illustrator、GIS等）中进行精确的绘制工作，接着运用软件工具精确地绘制图形，并设置颜色、线条样式等参数。最后在图中加入必要的标注，如尺寸标注、数据标注等，以确保信息的准确性。同时可以编写简洁的文字说明，阐释图示的含义、分析结果等。

第三节 实体模型制作

环境设计实体模型是依照环境设计方案，按特定比例，选用诸如纸材、木材、塑料、金属等各类材料制作而成的三维立体实物，用于直观展示设计内容与效果。

实体模型在环境设计方案展示中意义重大，其以三维立体形式呈现，突破二维限制，可以增强观者对空间尺度、比例、层次及连贯性变化的感知，提供直观空间体验。实体模型能清晰呈现微观细节，精确展示建筑装饰构件、景观小品纹理等，还可通过选用合适材料及色彩处理，模拟实际建成后的材质质感与色彩搭配。在沟通协作方面，实体模型直观展示设计方案可行性，便于非专业客户理解方案，据此提出针对性反馈，也促进设计团队内部不同专业成员围绕模型讨论，实现高效沟通与协作。实体模型还可以帮助设计师提前发现潜在问题并优化，强化设计方案可信度（图7-13）。

一、实体模型的材料及工具

1.实体模型的材料

环境设计实体模型的材料丰富多样，不同材料具有独特的特性，适用于不同的设计需求与模型制作阶段。常用的模型材料包括以下几种。

（1）纸材料

纸材价格低廉，易于获取，在各类实体模型制作材料中成本较低。其质地轻薄，加工难度小，可通过简单的折叠、切割、粘贴等手工操作，快速塑造出各种形状与结构，能满足不同复杂程度的模型制作需求。同时，纸材具有一定的可塑性，可通过卷曲、压折等方式模拟一些特殊的形态。

由于其易加工和成本低的特点，纸材常用于设计初期的概念模型制作。此时，设计师需要快速将脑海中的想法以实体形式呈现，探索设计的可能性与空间关系，纸材模型能快速搭建，帮助设计师进行

图7-13　环境设计实体模型/郑州航空工业管理学院　康壮

初步的空间布局与形态研究。例如，在构思一个新的建筑设计方案时，设计师可先用纸材制作简单的体块模型，快速确定建筑的大致体量与各部分的组合方式。

（2）木材料

木材料具有自然的质感与纹理，给人温暖、亲切的感觉，能够为模型增添独特的艺术氛围。其加工性能良好，可使用常见的木工工具如锯子、刨子、雕刻刀等进行切割、打磨、雕刻等操作，制作出较为精细的结构与细节。木材的强度适中，能承受一定的压力与重量，适合构建具有一定稳定性的模型结构。

木材料常用于表现建筑结构与纹理的模型制作。在建筑设计模型中，木材可精准模拟建筑的框架结构，展现木材在实际建筑中的应用方式，如木屋架、木梁柱等。同时，其天然纹理可用于表现建筑的外立面材质，或在景观模型中模拟树木、木质栈道等元素，增强模型的真实感与自然氛围。

（3）塑料

塑料种类繁多，具有较强的可塑性。通过注塑、热弯、3D打印等工艺，可制作出各种复杂形状与高精度的模型部件。许多塑料材料表面光滑，质感均匀，能使模型呈现出整洁、现代的外观效果。部分塑料还具有较好的耐久性与耐腐蚀性，便于模型的长期保存与展示。

塑料适合制作对细节要求较高、外观较为精致的模型。在室内设计模型中，可使用塑料制作家具、装饰品等小型构件，精确呈现其造型与细节。在一些大型公共建筑或景观设计模型中，塑料可用于制作具有复杂曲线与造型的建筑外壳、景观小品等，展现设计的独特性与创新性。

（4）金属材料

金属材料如铝合金、钢材等，具有坚固耐用的特点，强度高，能够承受较大的外力，适合构建需要强调结构强度的模型。金属表面具有独特的光泽与质感，可展现出工业风格与现代感。部分金属材料还可通过焊接、锻造等工艺进行加工，塑造出独特的形态与结构。

金属材料常用于一些强调结构力学或工业风格的环境设计模型。例如在桥梁设计模型中，金属材料可准确模拟桥梁的钢结构，展示其支撑体系与力学原理。在一些现代工业风格的建筑或景观设计中，金属材料可用于制作模型的主体结构或关键部件，突出设计的力量感与科技感。

（5）泡沫材料

泡沫材料质地轻盈，重量轻，便于搬运与操作。其切割方便，可用热丝切割机等工具轻松切割成各种形状，且价格相对较低。泡沫材料具有一定的柔韧性，可通过适当加工模拟一些具有弧度或曲线的造型。同时，它还具有良好的保温与隔音性能，在某些特定模型制作中可作为功能性材料体现。

泡沫材料常作为模型的基础材料或用于制作一些大型、形态简单的造型。在大型景观模型中，可使用泡沫材料制作地形基础，通过切割塑造出山丘、谷地等地形起伏。在一些概念性模型中，泡沫材料可快速搭建出大致的形态框架，为后续的细节处理提供基础。

（6）黏土材料

黏土具有良好的可塑性，可直接用手或借助简单工具进行捏塑、雕刻，能轻松塑造出各种复杂的形状与细节，且在塑造过程中可随时修改调整。黏土材料来源广泛，价格较为亲民。此外，黏土干燥后质地坚硬，可对其进行上色、打磨等后期处理，以增强模型的表现力。

黏土材料适合用于制作具有艺术感与个性化的模型，尤其是在景观模型中塑造自然景观元素。例如，可使用黏土塑造逼真的假山、岩石、人物等，通过细腻的手工塑造展现独特的艺术风格。在一些小型建筑或室内设计模型中，也可使用黏土制作一些特色的装饰构件或家具模型，体现设计的独特创意。

（7）有机玻璃

有机玻璃具有高透明度，类似玻璃但更具韧性，不易破碎，能清晰展示模型内部结构或营造通透的空间效果。它可通过切割、热弯等工艺加工成各种形状，表面光滑，质感好，能为模型增添精致感与现代感。有机玻璃的颜色多样，可选择透明、有色等不同类型，满足不同设计需求。

有机玻璃常用于制作需要突出空间感与通透感的模型部分。在建筑设计模型中，可使用有机玻璃制作玻璃幕墙、采光顶等部分，模拟真实的玻璃材质效果，展现建筑内部空间与外部环境的互动关系。在景观模型中，可用于制作水景、玻璃栈道等元素，营造出逼真的视觉效果。

除以上常见材料外，还有多种材料可用于环境设计实体模型制作：石膏质地细腻，流动性好，凝固后硬度适中、表面光滑，成本低且来源广泛，制作工艺简单；纤维材料如玻璃纤维、碳纤维等，强度高、重量轻，具柔韧性与耐腐蚀性；橡胶材料弹性和柔韧性良好，耐磨且防水，可通过多种方式成型；织物材料种类多，质感、纹理独特，柔软可折叠，色彩丰富；电子元件如LED灯珠、小型电机、传感器等，体积小巧易集成；3D打印材料多样，像光敏树脂、尼龙、金属粉末等，能精确成型复杂精细结构；回收材料如废旧塑料瓶、易拉罐、纸板等，环保经济，有可塑性与再利用价值。这些材料各有特性，为环境设计实体模型制作提供了多样选择，可以满足不同设计需求。

2. 实体模型制作的工具

实体模型的制作工具种类多样，包括各种工具刀、钢尺、锯、刨、锉等。制作模型工具选择可以因地制宜随机应变，针对不同的材料选用不同的工具，运用不同的技术。有时需要动手制作针对性的工具，或借助于其他手工艺的工具。常用工具如下。

（1）切割工具

①美工刀。美工刀又名墙纸刀，主要用于切割纸板、墙纸、吹塑纸、苯板、即时贴等较厚的材料。刀片可收入刀柄，用时推出。当刀刃因使用过度产生顿挫时，可依刀片的斜痕，用刀柄尾部的插卡折断顿挫部分后再继续使用。

②单、双面刀片。这两种刀片的刀刃较薄，适合切割吹塑纸。但刀片较软，不易切割较厚的苯板材料。

③钩刀。钩刀适合切割各种有机玻璃、亚克力板、胶片和防火胶板。利用钩刀可以对上述材料进行直线钩割。钩刀刀片可以更换，备用刀片藏于刀柄之中。

④手术刀。手术刀主要用于各种薄纸的切割与划线，适合制作建筑门窗类的模型。手术刀的规格品种较多，有圆刀、尖刀、斜口刀等。

⑤剪刀。剪刀用于剪裁纸张、双面胶带、薄型胶片和金属片等材料，一般需备有医用剪刀、大剪刀和小剪刀3种。剪刀的选用要注意刀口锋利，铰位松紧适当。

⑥尖头刻刀。这种刀很锋利，硬度高，是刻制细小线框和硬质材料的理想工具，使用方便。

⑦线锯床。线锯床主要用于切割有机玻璃、胶片、软木、薄板和金属片的曲线和弯位。锯片小细，可快速转弯。线锯床可配用不同锯片。

⑧雕花锯。雕花锯用于精细地切割曲线及弯位，构造和线锯床相似，但配用的锯片比线锯床稍粗。可锯切胶片和薄金属片，适合制作模型中的建筑装饰浮雕、围墙等。

⑨手锯。手锯有木锯、板锯、钢锯和线锯，主要用来切割线材与人造板材。木锯背有条线弓，控制锯片松紧，不易弯曲，适合锯割木料横切面；板锯用来锯割人造板材及有机玻璃；钢锯用来锯割金属材料；线锯用来锯割曲线与弯位。

⑩电热锯。电热锯是利用电流通过电阻丝产生热量，使电阻丝发热变红，当把需要切割的材料靠近发热的电阻丝时，材料会因受热熔化或软化，从而被切割开。其发热温度通常可以通过调节电流大小或电压来控制，以适应不同材料和切割要求。

（2）刨锉工具

①木刨。木刨分短刨（粗刨）、长刨（滑刨）和特种刨（槽刨）3种，主要用来刨平木料及有机玻璃。模型有机玻璃面罩和木制沙盘的制作离不开刨削技术。可根据不同要求而选用合适的刨。

②木工凿。木工凿分方边凿和斜边凿两种，主要用于凿和切削木料、有机玻璃，可切削直角和槽位等。凿削（切）时需用木槌或锤敲打木工凿的木柄。

③锉。锉主要用于修平与打磨有机玻璃和木料。锉分木锉与钢锉两种，木锉用于木料加工，钢锉用于有机玻璃与金属材料加工。按锉的形状与用途，可分方锉、圆锉、半锉、三角锉、扁锉、针锉，可视工件的形状选用。按锉的锉齿分粗锉、中粗锉和细锉。锉的使用方法有横锉法、直锉法和磨光锉法。

（3）钻孔工具

①手摇钻。手摇钻可配用直径8mm以下的直身麻花钻嘴，常用于钻直径细小的孔，例

如模型沙盘上的路灯眼、树眼，以及上木螺丝或铆钉。使用时可一手握手柄，肩顶圆柄，另一手摇动伞齿轮柄。

②手提电钻。手提电钻用电力推动马达，令夹头转动，带动钻嘴钻孔，用途与手摇钻相同，但更为方便、省力。普通手提电钻可配用12mm以下的直身麻花钻嘴。

③棘齿弓钻。为防止有机玻璃等材料发生倾斜、爆裂情况，还可以使用棘齿弓钻。其利用杠杆原理转动，操作准确，方便省力。

（4）计算绘图工具

①直角尺。直角尺用于角度测定。

②分规。分规用以在纸材、有机玻璃上划分等分和刻度。

③圆规。圆规用于建筑立面绘图。

④三棱比例。尺三棱比例尺用以放缩建筑平面、立面比例，分1∶50、1∶100、1∶150、1∶200、1∶250、1∶300、1∶500等多种规格，也有集多种比例为一体的多面比例尺。

⑤卷尺。选用5m长，便携式钢卷尺为宜，用于底盘及面罩制作。

⑥长钢尺。选用1m长钢尺，用以辅助切割有机玻璃、纸张等材料。

⑦计算器。计算器用以尺寸计算，比例放缩计算。

⑧特种铅笔。玻璃铅笔、陶瓷铅笔等属于特种铅笔，可在胶片、有机玻璃片上划线作记号。

⑨其他工具。丁字尺、卡尺、镊子、三角板、鸭嘴笔等其他绘图工具，也是模型制作所必备的。

（5）模型黏结剂

①立时得。立时得又称万能胶，为黄色胶液，主要黏结夹板、防火胶板。黏合时需将被黏体清扫干净，用刮刀（亦可用夹板条、金属片）将胶液刮涂于被黏体表面，刮涂要薄而匀，待10~15分钟干固后再黏合并稍加压力。

②模型胶。模型胶又称UHU胶，为透明胶液，主要黏结各类胶片、纸张，凝固速度较快。黏结后无明显痕迹，挥发快，用后要紧盖，防止胶液干结后堵塞出液口。

③502胶。502胶又称瞬间快干胶，为透明胶水，极易干。瞬间胶使用方便，主要用来黏结各种塑料、木料、纸料。黏性极强，对皮肤有一定的腐蚀性，使用时需谨慎操作。

④乳胶。乳胶又称白胶，为白色胶浆，白胶由在水中会膨胀的人造树脂所组成。在水分蒸发后，人造树脂会形成一层几乎无色的薄膜。这种黏剂使用前提是黏结的材料中至少有一种材质是可以透气的，溶剂的水分才能蒸发。乳胶干固时间较慢（约24小时），干固后是透明状，易溶于水，使用方便，常用于大面积黏合木料、墙纸和沙盘草坪。

⑤生胶。生胶又称水胶，为弹性透明胶，主要用于纸张的黏合。黏合后的纸张可撕起，不会损坏。

⑥其他黏合剂。黏合剂除上面介绍的种类外，还有双面胶、玻璃胶、单面胶、不干胶、309胶水（功能类似万能胶）、801大力胶、泡沫胶、4115建筑胶等。这类黏结剂都用于模型制作中不同材料的黏结，选用时可视不同材料、用途、装饰和经济情况而定。

二、实体模型制作过程及步骤

1. 设计解读与规划

（1）深入理解设计方案

全面研读环境设计图纸、文本说明，明确空间布局、功能分区、风格定位及关键设计元素。例如，在建筑设计模型中，要清楚建筑的层数、各层功能分布、外立面特色等，景观设计模型则需掌握地形地貌、植物配置、景观节点位置等信息。

（2）确定模型比例与尺寸

依据设计规模与展示需求选定合适比例，如大型城市规划用1∶1000或1∶5000，小型室内空间用1∶50或1∶100。同时，需考虑展示场地大小，确定模型实际尺寸，确保模型既展示细节，又便于观看。

（3）制定详细制作计划

规划制作流程，按先后顺序安排基础搭建、细节塑造、组装整合等环节。为每个环节分配合理时间，预估可能出现的问题及解决办法，确保制作顺利推进。

2. 材料与工具准备

（1）挑选合适材料

根据设计特点与模型用途选材料。纸材易加工、成本低，适合概念模型；木材自然质感好，用于表现建筑结构或景观小品；塑料精度高、可塑性强，制作细节丰富部件；泡沫轻便，塑造地形基础；金属强度高，强调结构时可使用。

（2）准备工具设备

准备测量工具（卷尺、卡尺）保证尺寸精确；切割工具（美工刀、电锯、激光切割机）处理材料；塑形工具（雕刻刀、镊子）打造细节；连接工具（胶水、螺丝、钉子）拼接部件；表面处理工具（砂纸、喷枪）优化外观。复杂工艺还需3D打印机、热弯机等。

3. 基础框架搭建

（1）制作底盘

选择平整、坚固的板材（木板、亚克力板）作为底盘，依模型尺寸切割。用铅笔、尺子在底盘标记关键位置与尺寸线，为后续搭建定位。

（2）构建主体结构

依设计方案，用选定材料搭建主体。如建筑模型用木条、塑料棒构建框架，确定柱、梁位置与高度；景观模型用泡沫塑造地形轮廓，划分不同区域。搭建时严格控制尺寸比例，用直角尺保证角度准确，确保结构稳定。

4. 细节塑造

（1）建筑细节

建筑模型需添加门窗、阳台、装饰线条等。门窗用薄塑料片、卡纸切割制作，阳台用塑料板或木条搭建，装饰线条复杂时，可使用3D打印或手工雕刻后粘贴。

（2）景观细节

景观模型需制作植物、道路、水体等。植物用海绵、纸艺、塑料制作，通过染色、修剪模拟出不同种类的植物；道路用纸条、塑料条铺设，刻画纹理；水体用蓝色亚克力、透明树脂表现，添加反光材料模拟波光。

5. 部件组装与整合

（1）部件连接

依材料与部件特性选连接方式。纸材、木材常用胶水粘贴；金属用焊接、螺丝固定；塑料可用胶水、卡扣。连接时确保位置准确，涂抹胶水应适量，避免溢出，影响美观。

（2）整体整合

连接部件后，从整体审视模型，检查各部分比例、位置、角度。对不协调处进行微调，使模型整体和谐统一。

6. 表面处理与上色

（1）表面处理

用砂纸打磨模型，去除切割、连接痕迹，使表面光滑。模拟特殊材质质感，如用粗砂纸打磨模拟石材粗糙的质感，用刻刀刻画或贴纸呈现木材纹理。

（2）上色处理

依据设计色彩方案选颜料，如喷漆均匀覆盖大面积区域，水彩、丙烯用于细节手绘。上色前先涂底漆增加附着力，遵循由浅到深、先大面积后局部原则，注意色彩过渡自然，多次上色达到理想效果。

7. 检查与完善

（1）全面检查

从整体到局部检查模型。查看尺寸比例是否准确，结构有无松动，细节是否清晰，色彩是否均匀，整体效果是否达设计预期。

（2）细节完善

针对检查出的问题修复完善。加固松动部件，补色不均匀处，调整不协调细节，确保模型质量与展示效果。

8. 展示与保护

（1）展示布置

选择适宜的展示环境与方式，如展示架搭配灯光突出重点。根据设计主题营造场景，景观模型配人物、动物模型增添生动感。

（2）模型保护

制作保护罩（透明亚克力、玻璃）防尘、防碰撞。搬运时用海绵、泡沫等柔软材料包裹，确保模型安全。

第四节　整体方案展示

在环境设计方案展示中，海报、展板及图册各自发挥着独特且重要的作用，它们从不同维度助力设计师有效地向受众传达设计理念与方案内容。

一、整体方案展示的形式与作用

1. 海报展示

海报是一种通过文字、图像和色彩等元素组合而成的平面设计作品，主要用于传达特定的信息、宣传某个主题或推广某种产品和服务。它具有强烈的视觉冲击力和信息传达能力，能够在短时间内吸引观众的注意力，并传递核心内容。在环境设计领域，海报不仅仅是一种视觉传达工具，更是一种重要的展示和宣传媒介。海报展示具有以下作用。

（1）快速传达核心信息

海报以其简洁的文字和引人注目的图像，迅速传递设计概念的核心要义和突出特点。通过巧妙运用色彩、排版和图像，海报能在短暂的时间内吸引观众的注意力。海报能够凸显设计的关键元素，例如项目标题、设计理念、效果图等。

（2）宣传与推广

海报适用于多种场合，包括展览、竞赛、发布会等，有助于设计方案的广泛传播。在公共场所展示海报，能够提升设计项目及其所属单位的知名度。

（3）激发兴趣

海报所呈现的视觉效果具备激发观众兴趣的能力，促使他们进一步探究设计方案。海报通过色彩、图像与文字的巧妙结合，能够唤起观众的情感共鸣，从而加深对设计方案的认同。

（4）辅助讲解

在进行设计汇报或展览时，海报作为辅助工具，能够协助设计师更直观地阐释其设计方案。海报通过提供文字描述和图像辅助，有助于观众深入理解设计的细节。

2. 展板展示

展板是用于展示设计作品信息的板状介质，通常用于展览、竞赛、汇报等场合。它的主要功能是通过视觉化的手段，将设计方案的关键信息传递给观众，帮助观众快速理解设计意图和成果（图7-14）。其主要作用在于以下几点。

（1）系统展示设计方案

展示板能够呈现设计项目的多个维度，涵盖设计背景、理念、功能区域划分、效果图以及分析图等诸多方面。通过恰当的布局与区域划分，展示板得以清晰地展现设计项目的逻辑架构，从而助力观众更深入地理解设计的思维过程。

（2）增强视觉效果

展示板借助高品质的图像与简洁的文字描述，强化了设计方案的视觉冲击力。通过运用色彩、光影等设计要素，展示板能够营造出与设计方案相协调的氛围，从而增进观众的沉浸体验。

（3）促进沟通与交流

在设计竞赛、学术展览等专业场合，展板作为专业人士沟通与交流的关键媒介，发挥着至关重要的作用。在公共展览领域，展板以通俗易懂的形式向公众普及设计知识，有效提升了公众对设计领域的认知水平及审美能力。

（4）互动体验

当代展示板借助二维码、触摸屏等互动技术，能够显著提升观众的参与度与体验。恰当的展示板布局设计有助于引导观众的参观路径，从而优化参观体验。

（5）记录与存档

展示板能够呈现设计草图、分析图等多种设计元素，记录并展现设计过程的全貌，便于日后的回顾与总结。展示板作为设计方案的实体记录，便于长期保存及展示。

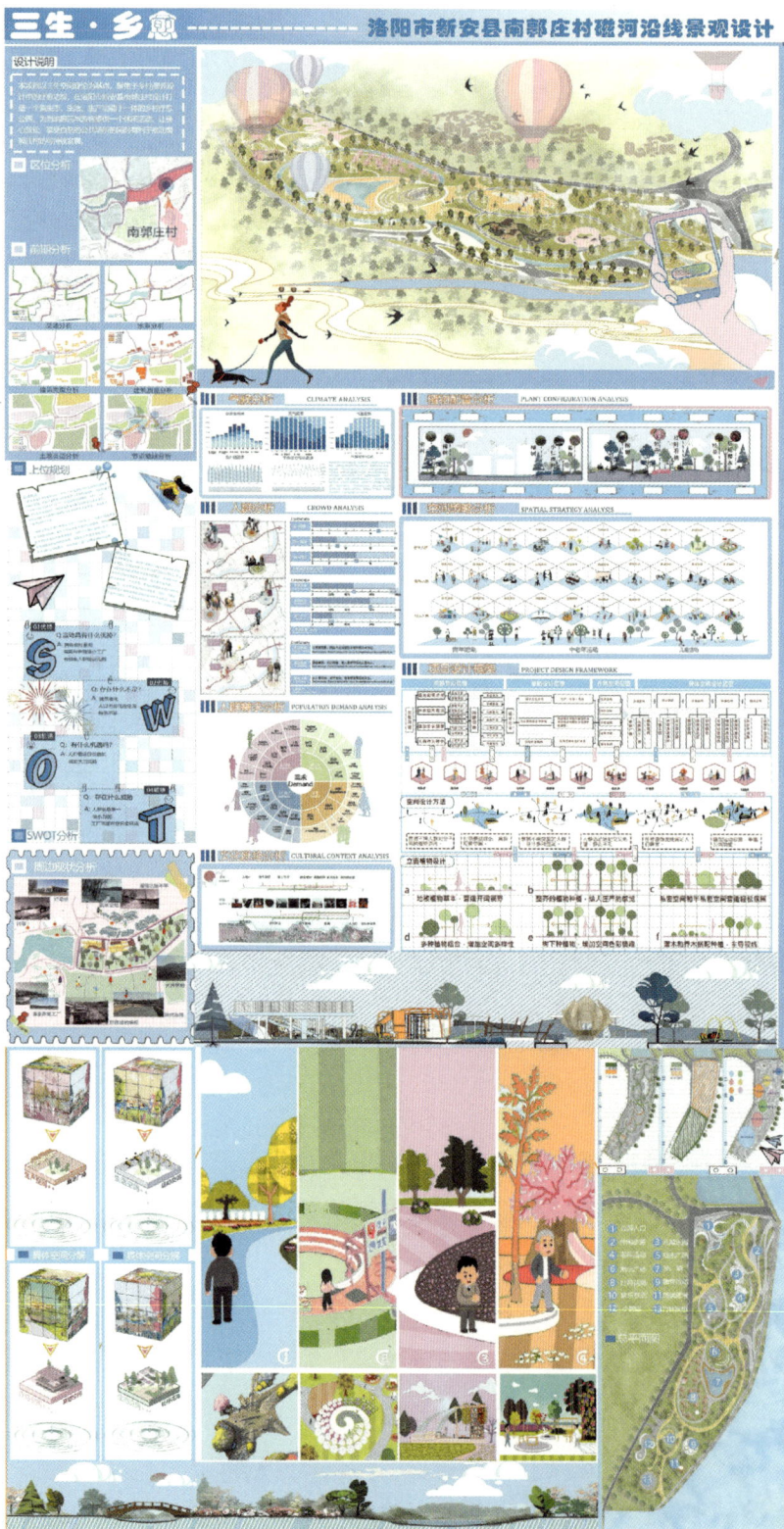

图7-14　环境设计方案展示展板/郑州航空工业管理学院　余鑫

3. 图册展示

图册是一种更详细、更系统的展示工具，通常用于记录和展示设计方案的全貌。以下是图册在设计方案展示中的主要作用。

（1）详细记录设计方案

图册能够详尽地记录设计项目的各个层面，深入阐释设计方案，包括设计背景、理念、功能分区、效果图、分析图、施工图等众多方面。详实的文字描述与图像呈现可以帮助读者更全面地理解设计意图及其细节。

（2）宣传与推广

图册适用于多种场合，包括设计竞赛、学术展览、客户汇报等，有助于设计方案的广泛传播。通过展示高质量的设计方案，图册能够提升设计单位或设计师的品牌形象，增强其市场竞争力。

（3）教育与启发

在设计院校与学术展览领域，图册呈现了杰出的设计案例，为学生及年轻设计师提供了学习与借鉴的宝贵机会。在设计行业举办的展览会上，图册展示了前沿的设计理念与技术，推动了行业内部的交流与创新。

（4）长期保存

图册作为设计方案的实体记录，便于长期保存与展示。其能够详细记录设计演进的历程，从而具备一定的历史价值。

二、整体方案展示的制作步骤

1. 明确目标

首先要清晰方案展示的用途，是用于设计竞赛、项目汇报，还是展览展示等。同时，深入了解目标受众，如专业评审人员注重设计的专业性和创新性，普通观众更关注设计的直观效果和对生活的影响。这将指导后续内容的选择与呈现方式。

2. 确定设计概念和主题

思考展示内容的主题，并围绕着主题思考通过什么样的角度和方法来呈现，以确保展示内容能够精准传达设计理念和价值。这一过程需要深入挖掘设计背后的故事、灵感来源以及创新点，将抽象的设计理念转化为具体、生动的展示内容。同时，还需要考虑展示内容的层次感和逻辑性，使观众能够循序渐进地理解设计的全貌。

3. 收集资料

全面收集与环境设计项目相关的各类资料，包括设计方案文档、设计图纸（平面图、效果图、剖面图、分析图等）、图片（场地现状照片、设计相关图片）、文字说明（设计理念、设计说明、项目背景等）以及数据图表等。确保资料完整且准确，为后续制作提供丰富素材。

4. 选择软件

依据个人技能与设计需求，挑选合适软件，如Adobe InDesign（专业排版软件）、Adobe Photoshop（图像处理软件）、Adobe Illustrator（矢量图形绘制软件）等。

5. 创建文档

在软件中新建文档，设置合适的尺寸、分辨率和颜色模式。

海报尺寸根据使用场景而定，如常见的室内宣传海报尺寸可能为A3（297mm×420mm）或A2（420mm×594mm），户外海报尺寸更大。分辨率一般设置为300dpi，颜色模式选择CMYK（用于印刷）或RGB（用于电子屏幕展示）。

展板标准尺寸包括1.0m×2.5m（国际通用标准尺寸）、0.8m×2.0m（小型展板）、1.0m×2.0m（中等尺寸）和1.2m×2.4m（大型展板）。此外，标准展位展板尺寸通常为3m×3m（背板宽2940mm×高2480mm）和2m×3m（背板宽2940mm×高2480mm）。KT板展板常见尺寸有90cm×240cm、120cm×240cm、90cm×60cm和120cm×60cm。其他常见尺寸还包括60cm×90cm、80cm×120cm和70cm×100cm。

常见的图册尺寸包括A4（210mm×297mm，适合展示详细内容，便于携带和存放）、A5（148mm×210mm，便于携带，适合简洁内容）、B5（176mm×250mm，适合较多内容展示）、正方形（210mm×210mm，视觉独特，适合艺术作品集）以及大16开（210mm×285mm，适合小型画册）。

6. 梳理内容逻辑

按照一定逻辑顺序梳理收集到的资料，常见逻辑结构有"项目背景—设计理念—设计方案—预期效果"或"提出问题—分析问题—解决问题"等。例如，在一个城市公园设计方案展示中，先介绍公园所在区域的现状及需求（项目背景），接着阐述生态、人文等设计理念，再展示公园的布局、景观节点等设计方案，最后呈现公园建成后的预期效果。

7. 提炼核心内容

在海报和展板制作过程中，由于展示内容有限，需要从繁杂资料中提炼关键信息，突出设计亮点与特色，去除不必要的细节。例如，设计方案中的独特空间布局、创新的生态技术应用等应重点展示，而一些常规的设计细节可简要提及或省略。确保主题明确，内容简洁明了，便于观众快速理解。对于图册而言，展示内容的限制较少，可根据情况选择重点展示内容。

8. 组织相关要素

对图片进行筛选、裁剪、调色等处理，确保图片清晰、美观且符合设计风格。调整图片分辨率、色彩模式，使其适应印刷或电子展示需求。运用图像合成、特效等手段，增强图片表现力。选择与设计风格相符字体，注意字体的大小与位置，确保能够清晰识别。合理划分页面区域，规划文字、图片、图表位置，保持整体布局平衡与协调。图册制作时还需确定页面尺寸、边距、页码等基本设置。根据内容量与展示效果，选择合适的页面布局，如单页、对页或跨页排版。

9. 添加素材

对海报、展板及图册的页面进行素材添加，例如人物、图形等，以增强页面的展示效果，提升视觉冲击力、风格特色、文化内涵和概念元素等（图7-15）。这些素材可以自己制作，也可通过网络进行下载，但需要注意版权问题。

10. 校对审核

仔细核对文字信息，包括项目名称、地点、设计理念、数据等，确保准确无误，避免误导受众。从整体设计效果出发，检查视觉焦点是否突出，信息层级是否清晰，排版布局

图7-15　设计素材添加/郑州航空工业管理学院　武淑静

是否合理，色彩搭配是否协调，元素之间的比例是否恰当等。同时，对细节进行优化，如图片的边缘是否处理干净，文字是否有断行、错别字，图形的线条是否流畅等。对发现的问题及时进行修改，确保质量符合要求。

11. 输出保存

根据使用场景选择合适的输出格式。如果用于印刷，就保存为PDF、TIFF等格式，确保文件包含所有必要的字体、图像和颜色信息；如果用于电子屏幕展示，如网页、社交媒体等，可保存为JPEG、PNG格式，注意选择合适的压缩比例，在保证图像质量的同时减小文件大小。同时提供详细制作要求，如印刷物的材质（常见有KT板、亚克力板等）、工艺（覆膜、裱板等），确保制作效果符合设计预期。制作完成后，再次检查实物，确保无印刷瑕疵、色彩偏差等问题。

三、方案展示排版方法

1. 版面的布局方法

（1）图块与区块

无论是海报、展板抑或是图册页面，皆由多样化的图像与文字元素构成。排版之宗旨，在于对这些元素进行有序的整理与布局，确保其具备清晰的辨识度、良好的可读性以及愉悦的视觉体验。此过程中，涉及了平面设计的相关理论知识以及形式美学的原则。首先，我们需要将独立的图片与文字或者经过组合的图片和文字要素看作一个"图块"，"图块"以其纵向的尺度最大值及横向的尺度最大值构成的

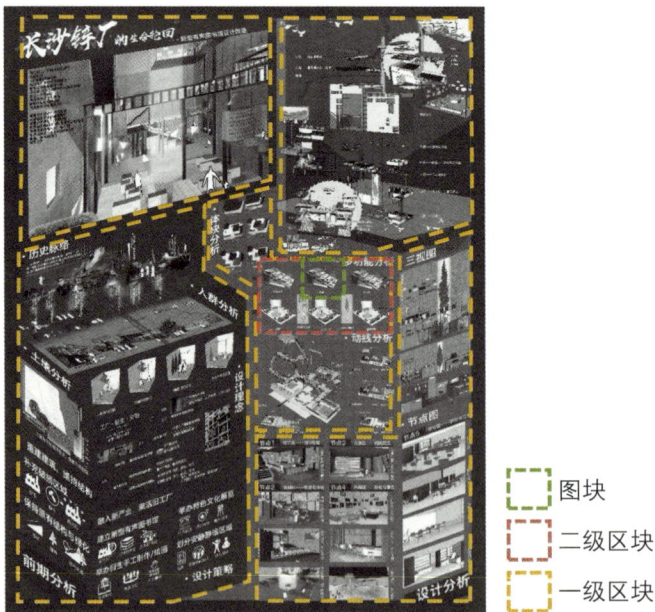

图7-16　展板中的图块与区块/郑州航空工业管理学院　段诗昀

矩形区域作为边界，是版面中的最小单位。同时我们将某一类图块所组成的区域看作一个"区块"，即分区图形化。一个"区块"内的图片和文字应说明同一类内容。在此基础上进行图块与区块的组织与组合（图7-16）。

（2）合理定义区块

区块分为不同层级，大的区块包含小区块，小的区块可能包含更小的区块或若干图块，每个区块中的内容为同一类，例如，"项目介绍"区块包含了项目位置、背景分析，项目介绍等内容；"前期分析"区块包含了各类调研分析的资料，如气候分析、生态分析、人群分析等小区块，而这些小的区块内可能包含更细致的内容。例如人群分析中可能包含人群类型分析、数量分析、活动方式分析等。在排版时应合理定义区块，即将设计内容按照特定的方式进行归类，然后组织为区块层级，这样观者在读图的过程中就能够按照分类有序地了解设计方案。在实际制作中，可以将大的区块划分为主题图区、分析图区、说明图区、效果图区，也可根据需要灵活划分（图7-17）。

（3）按照逻辑顺序组织分区

在方案展示的版面中，正常读图的顺序一般按照从上到下、从左到右的顺序。因此在版面组织的时候需要将体现设计过程的顺序和读图的顺序相一致，使读者及观众能够按照正常的顺序理解版面中的内容。

从分区的识读角度来看，整体上按照一个分区从大到小的顺序，完成后再按照版面位置顺序看下一个分区，也就是说，读者会将一个大的分区内所有小分区看完后，再去识读下一个大分区。因此，在大区块内组织小区块和图块时也需要按照从上到下、从左到右的顺序进行布局，在一套方案的展示版面中逻辑顺序要统一（图7-18）。

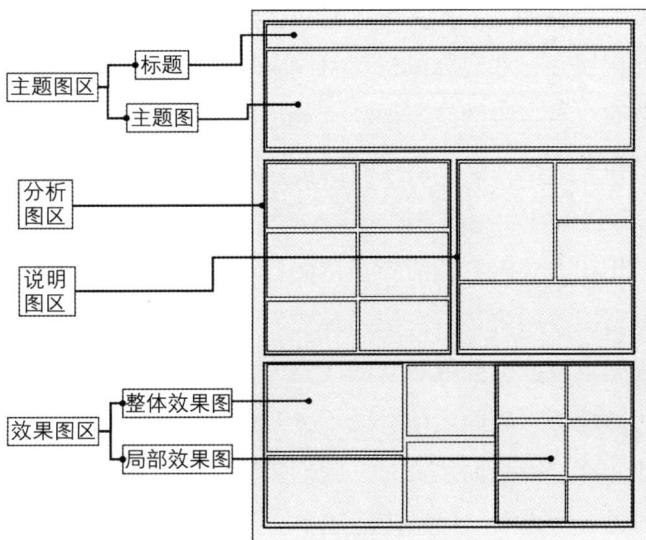

图7-17　展板分区示意

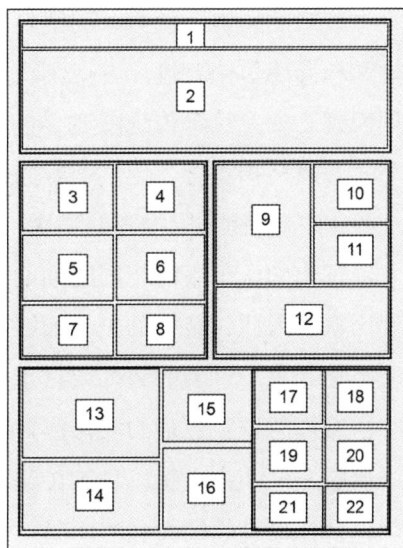

图7-18　版面读图顺序示意

（4）区块间隙的控制

为了使每个区块具有明确的识别性，需要控制区块之间的空隙尺度，空隙越大区块间的区分就越明显，对于识图的顺序具有引导作用。一般而言，遵循大区块间隙大于小区块间隙的原则，一个版面最大的区块间隙是版面四周最外层的留白或背景的尺度，最小的间隙是图块之间的尺度。但需要注意的是，区块间隙整体的尺度比例要和版面的内容数量及版面的尺度相适应，控制在舒适的视觉比例范围内，不宜过大也不宜过小（图7-19）。

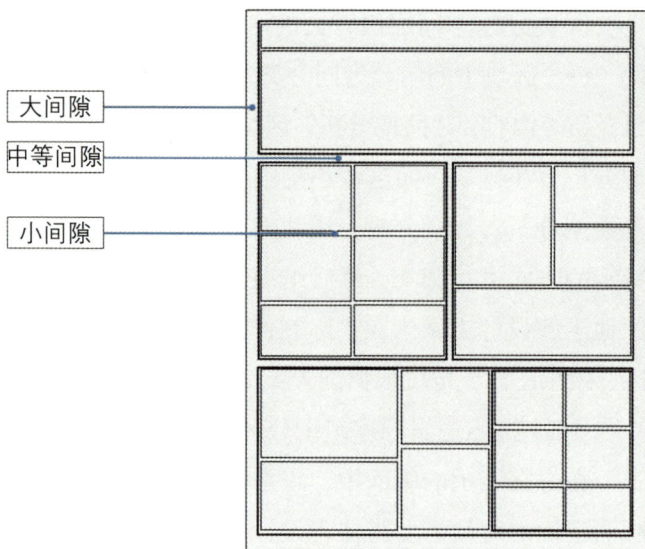

大间隙
中等间隙
小间隙

图7-19　区块间隙的控制示意

2. 版面的装饰方法

版面的装饰对于设计方案的展示具有很大的意义。不仅可以提升版面的美观度，还能增强设计方案的吸引力和专业性。适当的装饰可以突出设计的重点，引导观众的视线，使设计方案的信息传达更加有效。在版面的装饰过程中需要注意以下几方面。

（1）根据主题风格进行装饰

装饰的风格、色彩、图案等元素需要与设计方案的主题风格相协调，确保整体的一致性和和谐感。倘若设计方案围绕传统文化展开，那装饰风格就可以采用古典中式，比如使用回纹、如意纹等传统图案，色彩可选取庄重典雅的红、黑、金等色调，如此便能很好地与主题风格相契合，让整个版面呈现出和谐统一且富有韵味的视觉效果（图7-20）。

（2）把握装饰内容的作用

正确的认识版面装饰的辅助作用，相比方案内容的清晰表达而言，版面的装饰属于次要因素，因此，装饰首先不能够影响方案内容的表达。它应当是对内容的补充和点缀，不应喧宾夺主。过多的装饰或过于复杂的图案可能会分散观众的注意力，导致设计方案的核心信息被忽视。合理的装饰应该能够巧妙地融入版面之中，既不突兀也不简陋，既能够增添美感，又不会干扰信息的传递。因此，在进行版面装饰时，我们需要把握好装饰的度，确保其在提升版面美感的同时，不会削弱设计方案的信息传达效果。

（3）创新装饰风格

　　版面的装饰风格种类繁多，相似元素的大量使用也容易导致审美疲劳，因此，创新装饰风格十分必要。例如，对于国内的设计项目而言，除了结合现代元素与传统文化外，也可以从当下流行的艺术潮流、时尚趋势中寻找创新点，像将抽象艺术的表现形式融入到传统的具象装饰图案中，创造出具有朦胧感与现代艺术气息的新风格。这样的创新装饰风格既能避免审美疲劳，又能赋予版面装饰更多元化的魅力，更好地展现设计方案的独特性。

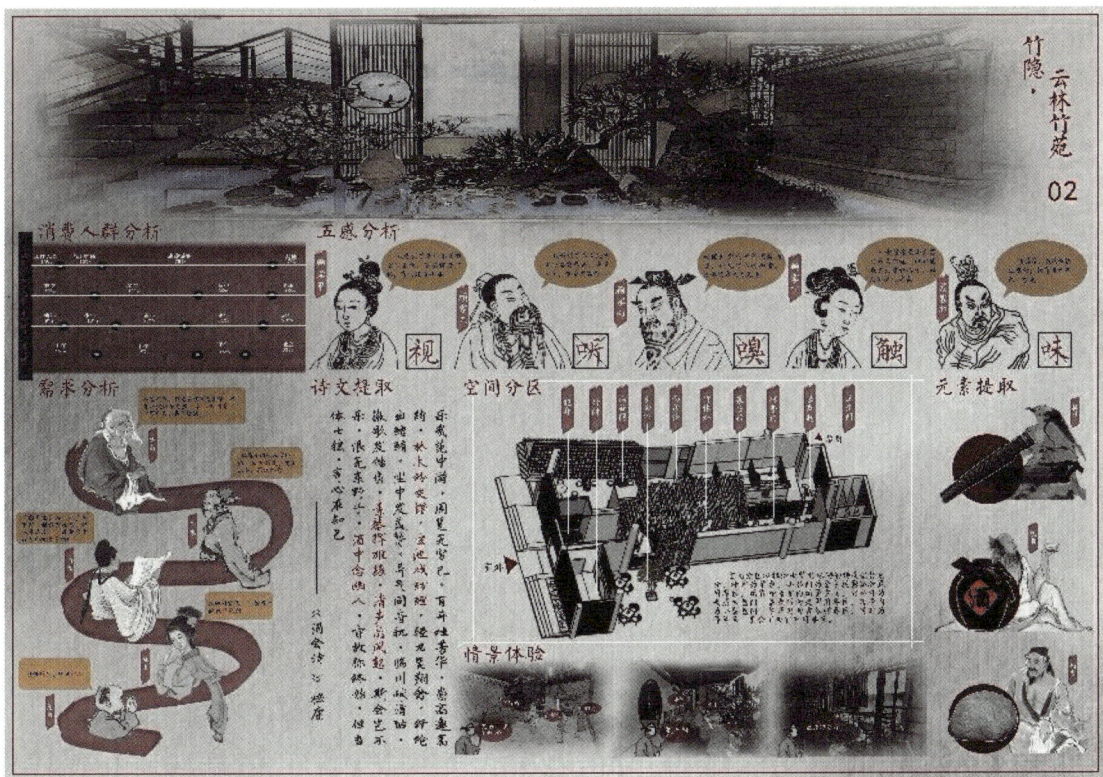

图7-20　融入中国传统风格元素的展板装饰/郑州航空工业管理学院　刘淑敏

AI技术拓展应用

通过专业建模软件的AI工具，可实现模型和各类图纸之间的转换，如通过图纸生成模型，或者通过模型生成相关图纸，基于上述功能，可以实现由模型到图纸的反向设计，这有助于创建出适合不同需求的分析图和更为简洁明确的说明图，使设计表现更加方便。

通过AI图像处理技术，还能够对使各类图纸进行修饰与加工，例如使效果图具有古画的风格，就可以通过AI工具进行风格化的加工。

思考

1. 当设计项目规模较大且内容较多时，应如何完成项目的电脑模型制作？
2. 分析说明图的表现有哪些形式？分别适合表现哪些内容？
3. 实体模型表现有哪些优势和不足之处？
4. 如何使设计展板表现内容清晰且充实？

附：专题资料参考

专题资料参考

参考文献

[1] 王受之. 世界现代设计史[M]. 北京：中国青年出版社，2015.

[2] 刘滨谊. 景观规划设计[M]. 北京：中国建筑工业出版社，2016.

[3] 李砚祖. 环境艺术设计概论[M]. 北京：中国建筑工业出版社，2017.

[4] 张绮曼. 室内设计资料集[M]. 北京：中国建筑工业出版社，2018.

[5] 陈六汀. 环境设计心理学[M]. 北京：中国建筑工业出版社，2019.

[6] 俞孔坚. 景观设计学：场地规划与设计手册[M]. 北京：中国建筑工业出版社，2020.

[7] 王向荣. 现代景观设计理论与方法[M]. 北京：中国建筑工业出版社，2021.

[8] 李迪华. 城市公共空间设计[M]. 北京：中国建筑工业出版社，2022.

[9] 王立雄，王爱英. 建筑力学与结构：高校建筑学与城市规划专业教材[M]. 北京：中国建筑工业出版社，2007.

[10] 张季超. 建筑设计[M]. 武汉：华中科技大学出版社，2009.

[11] 宁绍强，谢杰，卫鹏. 建筑设计表现技法[M]. 合肥：合肥工业大学出版社，2007.

[12] 张颖，李勇. 可持续性景观设计技术[M]. 武汉：机械工业出版社，2005.

[13] 徐卫国. 快速建筑设计方法：建筑设计指导丛书[M]. 北京：中国建筑工业出版社，2001.

[14] 郝赤彪. 景观设计原理[M]. 北京：中国电力出版社，2009.

[15] 刘晓雯. 关于城市环境艺术设计的思考[J]. 当代建设，2003（01）：28-29.

[16] 夏凤连. 中国传统装饰纹样在平面设计中的应用研究[D]. 湖南科技大学，2013.

[17] 银丁山. 视觉识别系统设计在洪江古商城旅游景区开发中的应用研究[D]. 湖南科技大学，2014.

[18] 谭玲玲. 意象符号转化视域下的红色文化产品设计研究[D]. 湖南科技大学，2014.

[19] 董莉莉. 建筑快速设计[M]. 北京：中国建筑工业出版社，2023.

[20] 邱林金. 乡村景观规划设计现状及提升对策[J]. 农村科学实验，2024（23）：60-62.

[21] 肖奇. 园林景观工程施工与后期养护的衔接策略[J]. 农村科学实验，2024（23）：151-153.

[22] 曾朝旭，魏绪英. 2000–2023年中国植物景观研究热点与进展[J]. 园林，2024（12）：50-56+2.

[23] 田然. 园林景观与水稻农业融合设计的生态系统服务优化[J]. 北方水稻，2024，54（06）：82-84.

[24] 张倩茜，王志蓉，罗芷妮. 基于符号学的儿童友好通学街道文化景观设计研究——以宁波市大榭第二小学最美放学路项目为例[J]. 华中建筑，2024，42（12）：115-119.

[25] 戴代新，唐嘉佳. 现成品艺术视角下的景观无废设计策略研究[J]. 园林，2024，41（12）：15-24+49.

[26] 魏方，班馨月，昝鹏. 时空的压缩与延展——后工业景观中的废墟图景与历时表达[J]. 园林，2024，41（12）：25-31.

[27] 戴代新，刘倩. 无车城市背景下中心城区车行空间的绿色复写——以伦敦斯特兰德奥尔德维奇街区为例[J]. 园林，2024，41（12）：32-41.

[28] 陈俊延，丁纯，陈凯扬，等. 城市滨水空间生态修复循证设计研究[J]. 园林，2024，41（12）：42-48.

[29] 王觅. "美丽乡村"视角下建筑垃圾在乡村景观设计中的应用[J]. 居舍，2024（35）：112-115.